採用最新植物分類系統APG IV

台灣原生植物

Illustrated Flora of Taiwan

全圖鑑

第五卷 榆科——土人蔘科

呂福原 ◎ 總審定　許再文 ◎ 審定　鐘詩文 ◎ 著

貓頭鷹

台灣原生植物全圖鑑第五卷：
榆科──土人參科

作　　者　鐘詩文
總 審 定　呂福原
內文審定　許再文
責任主編　李季鴻
特約編輯　胡嘉穎
協力編輯　林哲緯、趙建棣
校　　對　黃瓊慧
版面構成　張曉君、張靖梅
封面設計　林敏煌
影像協力　李文琇、許盈茹、廖于婷
總 編 輯　謝宜英
行銷統籌　張瑞芳
行銷專員　段人涵

出 版 者　貓頭鷹出版
發 行 人　凃玉雲
發　　行　英屬蓋曼群島商家庭傳媒股份有限公司城邦分公司
　　　　　104台北市民生東路二段141號11樓
劃撥帳號：19863813；戶名：書虫股份有限公司
城邦讀書花園：www.cite.com.tw購書服務信箱：service@cite.com.tw
購書服務專線：02-25007718～9（週一至週五上午09:30～12:00；下午13:30～17:00）
24小時傳真專線：02-25001990～1
香港發行所　城邦（香港）出版集團　電話：852-25086231／傳真：852-25789337
馬新發行所　城邦（馬新）出版集團　電話：603-90563833／傳真：603-90576622
印 製 廠　中原造像股份有限公司
初　　版　2018年1月／二刷2021年6月
定　　價　新台幣 2500 元／港幣 833 元
ISBN　978-986-262-342-8

貓頭鷹

讀者意見信箱　owl@cph.com.tw
投稿信箱　owl.book@gmail.com
貓頭鷹臉書　facebook.com/owlpublishing/
【大量採購，請洽專線】(02)2500-1919

國家圖書館出版品預行編目(CIP)資料

台灣原生植物全圖鑑. 第五卷, 榆科-土人蔘
科 / 鐘詩文著. -- 初版. -- 臺北市：貓頭鷹出
版：家庭傳媒城邦分公司發行, 2018.1
416面 ; 21.6 x 27.6公分
ISBN 978-986-262-342-8(精裝)
1.植物圖鑑 2.台灣

375.233　　　　　　　　　　106023329

目次

如何使用本書

本書為《台灣原生植物全圖鑑》第五卷，使用最新APG IV分類法，依照親緣關係，由榆科至土人參科為止，收錄植物共46科641種。科總論部分詳細介紹各科特色、亞科識別特徵，並以不同物種照片，清楚呈現該科辨識重點。個論部分，以清晰的去背圖與豐富的文字圖說，詳細記錄植物的科名、屬名、拉丁學名、中文別名、生態環境、物種特徵等細節。

以下介紹本書內頁呈現方式：

❶ 科名與科描述，介紹該科共同特色。
❷ 以特寫圖片呈現該科的識別重點。

---

❶ 葫蘆科 CUCURBITACEAE

攀緣性草本。葉互生，有柄，卷鬚與葉成90度角側生；葉片不裂，或掌狀淺裂至深裂，稀為鳥足狀複葉。花單性，罕兩性，雌雄同株或異株，萼片與花瓣各5枚，合生。雄花：花萼輪狀、鐘狀或管狀，花冠裂片全緣或邊緣成流蘇狀，雄蕊5或3，花絲分離或合生成柱狀，花藥分離或靠合。雌花：花萼與花冠同雄花；子房下位或稀半下位，3室或1（～2）室，側膜胎座，胚珠通常多數，花柱單一或在頂端三岔，稀完全分離，柱頭膨大，二岔或流蘇狀。果實大型至小型，常為肉質漿果狀或果皮木質，不開裂，或成熟後蓋裂或3瓣縱裂，1或3室。種子常多數。

❷ 特徵

攀緣性草本，葉互生，有柄，具卷鬚。果實大型至小型，常為肉質漿果狀或果皮木質。（扁蒲括樓）

花瓣合生，花冠先端五裂。（青牛膽）

雌花，花柱單一，常在頂端三裂。（雙輪瓜）

雄花，花絲有時合生成柱狀。花冠裂片全緣或邊緣成流蘇狀。（王瓜）

❸ 屬名與屬描述，介紹該屬共同特色。

❹ 本種植物在分類學上的科名。

❺ 本種植物的中文名稱與別名。

❻ 本種植物在分類學上的屬名。

❼ 本種植物的拉丁學名。

❽ 物種介紹，包括本種植物的詳細形態說明與分布地點。

❾ 本種植物的生態與特寫圖片，清晰呈現細部重點與植物的生長環境。

❿ 清晰的去背圖片，以拉線圖說的方式說明本種植物的細部特色，有助於辨識。

❹ 榆科・13

❸ **榆屬 ULMUS**

落 葉喬木。葉鋸齒緣，羽狀脈，側脈伸入鋸齒。花兩性、單性或雜性，簇生或單生，萼片 3 ～ 8 枚，雄蕊 3 ～ 8 枚。果實圓形或卵形，周圍有膜質果翅。

台灣有 2 種。

❺ **榔榆** | 屬名 ❻ 榆屬
學名 ❼ *Ulmus parvifolia* Jacq.

❽ 落葉中喬木，幹皮灰紅褐色，不規則雲片狀剝落，遺留有雲形剝落痕。葉長約 3 公分，單鋸齒緣，兩面粗糙。花萼四裂，雄蕊 4 枚。果實為膜質翅果，卵形或橢圓形，長 0.7 ～ 1.2 公分。秋季開花。

產於中國、韓國及日本；在台灣分布於全島低海拔地區。

❾

秋季開花，萼四裂，雄蕊 4。

果實為膜質翅果

葉鋸齒緣，兩面粗糙。

阿里山榆 特有種 | 屬名 榆屬
學名 *Ulmus uyematsui* Hayata

落葉喬木，幹皮灰褐色，不規則縱向細淺短溝裂，薄片狀剝落。葉橢圓形或長橢圓形，長 6 ～ 11 公分，重鋸齒緣，表面殆平滑，側脈 11 ～ 15 對，中肋及側脈於上表面凹下而於下表面顯著隆起。花兩性或單性，花萼五裂，雄蕊 5 枚，花葯 2 室縱裂，花柱二岔。翅果扁倒卵形，除先端宿存花柱部分有毛外，餘光滑無毛。

特有種，分布於台灣中部中海拔山區。

翅果扁倒卵形

兩性花或單性花；雄蕊 5，花葯 2 室縱裂；花柱二岔。

三月的新綠及果實

滿樹的榆莢

葉重鋸齒緣，表面殆平滑，側脈 11 ～ 15 對。

推薦序

台灣地處歐亞大陸與太平洋間，北回歸線橫跨本島中部，加以海拔高度變化甚大，植被自然分化成熱帶、亞熱帶、溫帶及寒帶等區域，小小的一個島上，孕育了多達4,000餘種的維管束植物，是地球上重要的生物資科庫。

　　台灣的植物愛好者眾，民眾從圖鑑入門，識別植物，乃是最直接途徑；坊間雖已有各類植物圖鑑，但無論種類之搜集或編排之系統性，均尚有缺憾。有鑑於此，鐘詩文君，十年來披星戴月，奔走於全島原野與森林，親自觀察、記錄、拍攝所有植物的影像，並賦予正確的學名，已達4,000餘種，且加以詳細描述撰寫，真可謂工程浩大，毅力驚人。

　　這套台灣原生植物的科普圖鑑，每個物種除描述其最易識別的特徵外，並佐以清晰的照片，既適合初學者，也是專業研究人員不可或缺的參考書；作者更特別貼心的為讀者標出每一物種與相似種的差異，讓初學者更易入門。本書為了完整性及完備性，作者拍攝了每一種植物的葉及花部特徵，並鑑之分類文獻及標本，以力求每一物種學名之正確性。更加難得的是，本圖鑑有許多台灣文獻上從未被記錄的稀有植物影像，對專業研究人員來說也是極珍貴的參考資料。

　　在我們生活的周遭，甚或田野、海邊、山區，到處都有植物，認識觀察它們，進而欣賞它們，透過植物自然美，你會發現認識植物也是個身心安頓的良方。好的植物圖鑑，可以讓你容易進入植物的世界，《台灣原生植物全圖鑑》完整呈現台灣原生的各種植物，內容詳實，影像拍攝精美，栩栩如生，躍然紙上，故是一套值得您永遠珍藏擁有的圖鑑。

歐辰雄

國立中興大學森林學系

教授　歐辰雄

作者序

在小學二年級之前，南投中寮的小山村，就是我孩提時代的縮影。那時，我常常在山上悠晃，小西氏石櫟的種子，是林子內隨手可得的玩具，無患子則撿拾作為吹泡泡及洗衣服之用，當然了，不虞匱乏的朴樹子，便權充竹管槍的子彈，消磨在與玩伴的戰爭中；已經忘記最初從哪聽聞，那時，我已嫻熟於採摘魚藤，搗碎其根部後放置水中毒魚，不時帶回家中給母親料理。

稍長，舉家移居台中太平，彼時，房屋周遭仍圍繞著荒野，從小自由慣了的我，成天閒逛戲耍，有時或會採擷荒草中的龍葵及刺波（懸鉤子台語）生食；而由住家望出，巷外濃蔭的苦苓樹，盛花期籠罩著霧紫的景象，啟蒙了我的園藝想像，那時，我已喜愛種植花草，常一得閒，便四處搜括玫瑰或大理花；而有了腳踏車之後，整個後山就形同我的祕密花園，流連忘返……。一一回憶起我的童年，竟是如此縈繞著植物，密不可分；接續其後，半大不小的國中時代，少年的我仍到處探尋山林谷壑的神祕，並志讀森林系，心想着日後隱於山中，鎮日與草木為伍；這段時期，奠定了我往後安身立命的依歸。

及長，一如當初的理想，進入森林系，在其中，我僅僅念通了一門學科——樹木學，這門課，也是我記憶中唯一沒有蹺課的科目；課堂前後經歷了恩師呂福原及歐辰雄老師的授課，讓我初窺植物分類學的精奧與妙趣，也自許以其為志業。歐老師讓我在大三時，自由往來研究室；在這之前，我對所有的植物充滿了興趣，已開始滿山遍野的植物行旅，但那時，如何鑑定名稱相當困難，坊間的圖鑑甚少，若有，介紹的植物種類也不多，心中時常充滿了許多未解的疑問，於是我開始頻繁的，直接敲歐老師的門請教；敲了那扇門，慢慢的，等於也敲開了屬於我自己的門，在研究室，我不僅可請教植物相關問題，也開始隨著老師及學長們於台灣各山林調查採集，最長的我們曾走過十天的馬博橫斷、九天的八通關古道，而大小鬼湖、瑞穗林道、拉拉山、玫瑰西魔山、玉里、中橫、雪山及惠蓀，也都有我們的足跡，這段求學期間的山林調查，豐富了我植物分類的根基。

接著，在邱文良老師的引薦下，我進入了林試所植物分類研究室，在這兒，除了最喜愛的學術研究外，經管植物標本館也是我的工作項目之一，經常需要至台灣各地蒐集標本。在年輕時，我是學校的田徑隊，主攻中長跑，在堪夠的體力支持下，我常自己或二、三人就往高山去，一去往往就是五、六天，例如玉山群峰、雪山群峰、武陵四秀、大霸尖山、南湖中央尖、合歡山、秀姑巒山、馬博拉斯山、北插天山、加里山、清水山、塔關山、關山、屏風山、奇萊、能高越嶺、能高安東軍等高山，可說走遍台灣的野地。長久下來，讓我對台灣的植物有了比較全面性的認知，腦中隱然形成一幅具體的植物地圖。

2006年，我出版了《台灣野生蘭》一書，《菊科圖鑑》亦即將完稿，累積了許多的植物影像及田野資料，這時，我想，我應該可以做一個大夢，那就是完成一部台灣所有植物的大圖鑑。人

生，總要試試做一件大事！由此，就開始了我的探尋植物計畫。起先，我列出沒有拍過照片的植物名單，一一的將它們從台灣的土地上找出來，留下影像及生態記錄。為了出版計畫，台灣植物的熱點之中，蘭嶼，我登島近廿次；清水山去了六次；而浸水營及恆春半島就像自己家的後院一般，往還不絕。

我的這個夢想，出版《台灣原生植物全圖鑑》，想來是個吃力也未必討好的工作，因為完成這件事的難度太高了。

第一，台灣有4,000餘種植物，如何將它們全數鑑定出正確的學名，就是一件極為困難的事情。十年來，我為了植物的正名，花了許多時間爬梳各類書籍、論文及期刊，對分類地位混沌的物種，也慎重的觀察模式標本，以求其最合宜的學名，這工作的確不容易，也相當耗費時力。

第二，要完成如斯巨著，必得撰述大量文字，就如同每種都要為它們一一立傳般，4,000餘種植物之描述，稍加統計，約64萬餘字，那樣的工作量，想來的確有點駭人。

第三，全圖鑑，當然就是所有植物都要有生態影像，並具備其最基本的葉、花、果及識別特徵，這是此巨著最大的挑戰。姑且不論常見之種類，台灣島上存有許多自發表後，百年或數十年間未曾再被記錄的、逸失的夢幻物種，它們具體生長在何處？活體的樣貌如何？如同偵探般，植物學家也需要細細推敲線索，如此，上窮碧落下黃泉，老林深山披荊斬棘，披星戴月的早出晚歸，才有可能竟其功啊！

多年前蘇鴻傑老師曾跟我說過：「一個優秀的分類學家，要有在某個地點找到特定植物的能力及熱忱」；也曾說：「找蘭花是要鑽林子，是要走人沒有走過的路」。老師的話我記住了；也是這樣的信念，使得至今，我的熱忱依然強烈，也繼續的走著沒人走過的路。

鐘詩文

作者簡介

中興大學森林學博士，現任職於林業試驗所，專長為台灣植物系統分類學與蘭科分子親緣學，長期從事台灣之植物調查，熟稔台灣各種植物，十年來從未間斷的來回山林及原野，冀期完成台灣所有植物之影像記錄。

目前發表期刊論文共64篇，其中15篇為SCI的國際期刊，並撰寫Flora of Taiwan第二版中的菊科：千里光族及澤蘭屬。發表物種包括蘭科、菊科、木蘭科、樟科、山柑科、野牡丹科、蕁麻科、茜草科、豆科、繖形科、蓼科等，共22種新種，3新記錄屬，30種新記錄，21種新歸化植物及2種新確認種。

著作共有：《台灣賞樹春夏秋冬》、《台灣野生蘭》、《台灣種樹大圖鑑》之全冊攝影，以及貓頭鷹出版的《臺灣野生蘭圖誌》。

《台灣原生植物全圖鑑》總導讀

一、植物分類學，是一門歷史悠久的科學，自17世紀成為一門獨立的學科後，迄今仍持續發展。傳統的植物分類學，偏重於使用植物之解剖形態特徵，而現今由於分子生物工具的加入，使得植物分類研究在近年內出現另一層面的發展，即是利用分子系統生物學，通過對生物大分子（蛋白質及核酸等）的結構、功能等等之研究，闡明各類群間的親緣關係。由於生物大分子本身即是遺傳信息的載體，以此為材料進行分析的結果，相對於傳統工具，更具可比性和客觀性。本套書的被子植物分類，即採用最新的APG IV系統（Angiosperm Phylogeny IV；被子植物親緣組織分類系統第四版），蕨類及裸子植物的分類系統則依據最近研究之成果排序。被子植物親緣組織（APG，Angiosperm Phylogeny Group）是一個非官方的國際植物分類學組織，該組織試圖將分子生物學的資訊應用到被子植物的分類中，企圖尋求能得到大多學者共識的分類系統。他們所提出的系統，大異於傳統的形態分類，其主要是依據植物的三個基因編碼之DNA序列，以重建親緣分枝的方式進行分類，包括兩個葉綠體基因（*rbc*L和*atp*B）和一個核糖體的基因編碼（nuclear 18S rDNA）序列；雖然該分類系統主要依據分子生物學的資訊，但亦有其它資料或訊息的加入，例如參考花粉形態學，將真雙子葉植物分枝，和其他原先分到雙子葉植物中的種類區分開來。由於這個分類系統不屬於任何個人或國家而顯得較為客觀，所以目前已普遍為世界上大多數分類學者所認同及採用，本書同步使用此一系統，冀期為台灣民眾打開新的視野。

二、本書在各「目」之下的「科」，係依照科名字母順序排列；種論亦以字母順序為主要原則，每種介紹多以半頁至全頁為一篇，除文字外，以包含根、莖、葉、花、果及種子之彩色照片完整呈現其識別特徵，並以生態照揭示其在生育地之自然生長狀態。

三、植物的學名、中名以《台灣維管束植物簡誌》、《台灣植物誌》（*Flora of Taiwan*）及《台灣樹木圖誌》為主要參考，形態描述除自撰外亦參據前述文獻之書寫。

四、書中大部分文字及照片由鐘詩文博士執筆及拍攝，惟蘭科、莎草科及穀精草科全由許天銓先生主筆及拍攝，陳志豪先生負責燈心草科之文圖，禾本科則由陳志輝博士及吳聖傑博士共同執筆及攝影，蕨類部分交由陳正為先生及洪信介先生合作撰述。本套書包含8卷，共收錄4,000餘種的台灣植物，每一種皆有清楚的照片供讀者參考，作者們從10萬餘張照片中，精挑約15,000張為本套巨著所用，除少數於圖片下署名者係由其他人士提供之外，未特別註明者，皆為鐘博士本人或該科作者所攝影。

五、本套書收錄的植物種類涵蓋台灣及附屬離島之原生及歸化的所有植物，並亦已儘量納入部分金門、馬祖及東沙群島的特殊類群。

第五卷導讀（榆科——土人參科）

本卷包含薔薇目、葫蘆目、桃金孃目、燧體木目、殼斗目、無患子目、錦葵目、十字花目、檀香目、石竹目、檀香目等11個目，從榆科起，止於土人參科，多達46個科641種。

殼斗目，在台灣共有樺木科、殼斗科、胡桃科及楊梅科等四科，它們的共同特徵即是雄花聚生成柔荑花序（或稱穗狀花序）。其中的殼斗科是本卷最大的科，本卷中收錄46個分類群，為台灣產木本植物的第二大科，在台灣森林生態系中有著舉足輕重的位置。

無患子目，有漆樹科、楝科、芸香科、無患子科及苦木科，大多為熱帶分布，且具羽狀或稀為掌狀複葉；若你在台灣山野，發現具有羽狀複葉的樹木，或可優先於這五個科中檢索；楝科中有多種熱帶的大喬木，許多都生長在台灣恆春半島及蘭嶼等不易到達的山區，我們遠赴熱帶叢林，將它們的樣子透過攝影引介於你。而芸香科，是一群全株充滿柑橘香氣的芳香植物，吾人熟悉的柑橘及花椒就屬於這一科，想要認識台灣原生的柑橘及花椒嗎？這卷也蒐集了它們的各種資料及影像，相信能讓大家更熟識這一群香料植物們。

檀香目，本卷含有蛇菰科、桑寄生科、檀香科、鐵青樹科、山柚科及青皮木科等科，檀香目中的植物，其種子大多無種皮，在開花植物中十分特殊，且多為半寄生植物，除了可自體行光合作用外，亦會將自己的根深入其它宿主的莖或根內部吸取養分；其中，蛇菰科終年都隱匿在地表下，而只有在開花期才會冒出地面，本卷將台產六種蛇菰形態各異的花序，鉅細靡遺的記錄下來；桑寄生科及檀香科是另一群奇特的寄生植物，通常出現在高高的喬木枝條上，開著漂亮奇特的花，展現各式各樣的葉片，也許看了本卷，你會開始想要去認識它們。

蕁麻科也是一個大科，長在台灣各處山野，幾乎只要到山區，就一定可以看到它們；能製麻成衣的苧麻屬，會螫人的咬人貓及咬人狗，滿佈林道旁的冷清草及樓梯草都是這個大家族的一份子，它們的辨識特徵相當細緻而不易區分，我們在這一卷會仔細的跟大家說分明。

秋海棠科、野牡丹科、桃金孃科、石竹科是本卷中最亮麗的一群。秋海棠花葉俱美，為國際上著名的觀賞植物，野牡丹科、石竹科及桃金孃科也因為具有美麗的花朵或株態，許多種類是常見的園藝植物，這些成員眾多的科，不乏因稀有而難得一見的種類。

葫蘆科及十字花科家族，是最貼近生活的植物之一，因為絕大部份的蔬菜如高麗菜、花椰菜、萵苣、白菜等等，都是十字花科的成員。而我們熟知的黃瓜、西瓜及苦瓜等常見的瓜果，都隸屬於葫蘆科，這個科是世界上最重要的食用植物科之一，其重要性僅次於禾本科、豆科和茄科。在台灣原生的這兩科植物，雖然與熟悉的蔬菜及瓜果親緣關係接近，但長相卻迥然不同。

此外，種類繁多不易區分的蓼科、全株密生黏性腺毛的食肉植物－茅膏菜科、為數不少的溫帶高山草本植物－柳葉菜科、具有單體雄蕊的錦葵科、具有子房柄的山柑科和白花菜科，以及一群不起眼但常見的莧科植物，也都收納在本卷裡；本卷收錄的植物形態多樣，也有許多亮眼的種類，是一本令人期待的圖鑑。

APG分類系統第四版（APG IV）支序分類表

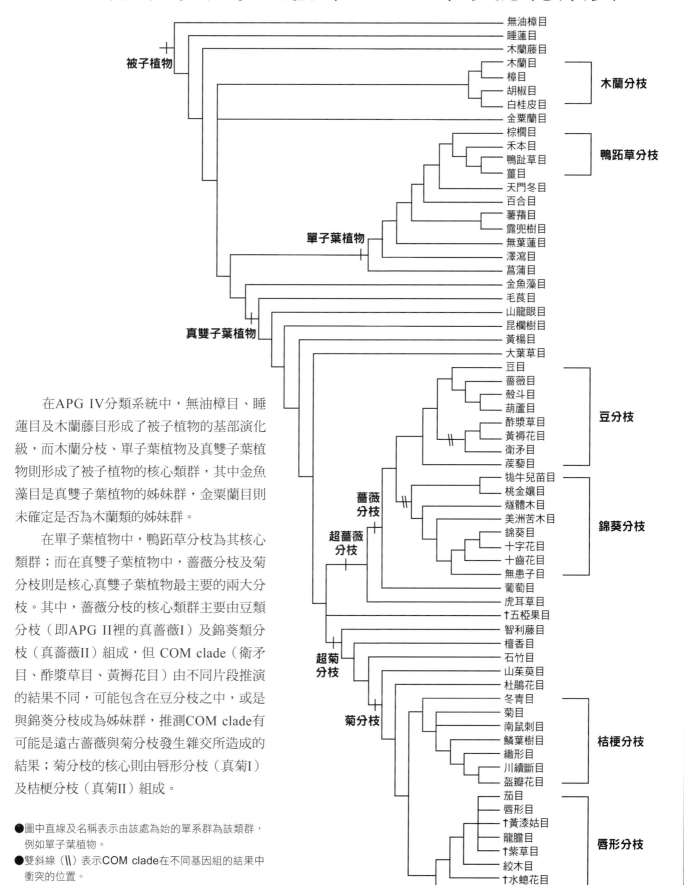

在APG IV分類系統中，無油樟目、睡蓮目及木蘭藤目形成了被子植物的基部演化級，而木蘭分枝、單子葉植物及真雙子葉植物則形成了被子植物的核心類群，其中金魚藻目是真雙子葉植物的姊妹群，金粟蘭目則未確定是否為木蘭類的姊妹群。

在單子葉植物中，鴨跖草分枝為其核心類群；而在真雙子葉植物中，薔薇分枝及菊分枝則是核心真雙子葉植物最主要的兩大分枝。其中，薔薇分枝的核心類群主要由豆類分枝（即APG II裡的真薔薇I）及錦葵類分枝（真薔薇II）組成，但 COM clade（衛矛目、酢漿草目、黃褥花目）由不同片段推演的結果不同，可能包含在豆分枝之中，或是與錦葵分枝成為姊妹群，推測COM clade有可能是遠古薔薇與菊分枝發生雜交所造成的結果；菊分枝的核心則由唇形分枝（真菊I）及桔梗分枝（真菊II）組成。

●圖中直線及名稱表示由該處為始的單系群為該類群，
　例如單子葉植物。
●雙斜線（\\）表示COM clade在不同基因組的結果中
　衝突的位置。
●†符號表示該目為本系統（APG IV）新加入的目。

榆科 ULMACEAE

落葉灌木或喬木。單葉，互生，基部多歪斜，常為鋸齒緣，托葉常早落。花兩性或單性，單生或簇生；萼片 4 ～ 5 枚，花瓣無；雄蕊 4 ～ 5 枚，與萼片對生；花柱二岔，子房上位，子房由 2 連生心皮所構成，1 ～ 2 室。果實為核果或翅果。

特徵

花瓣無，雄蕊 4 ～ 5 枚。（櫸）

花柱二岔（阿里山榔榆）

單葉，互生。（榔榆）

果實為核果或翅果（阿里山榆）

榆屬 ULMUS

落葉喬木。葉鋸齒緣，羽狀脈，側脈伸入鋸齒。花兩性、單性或雜性，簇生或單生，萼片 3～8 枚，雄蕊 3～8 枚。果實圓形或卵形，周圍有膜質果翅。

　　台灣有 2 種。

郎榆

屬名	榆屬
學名	*Ulmus parvifolia* Jacq.

落葉中喬木，幹皮灰紅褐色，不規則雲片狀剝落，遺留有雲形剝落痕。葉長約 3 公分，單鋸齒緣，兩面粗糙。花萼四裂，雄蕊 4 枚。果實為膜質翅果，卵形或橢圓形，長 0.7～1.2 公分。秋季開花。

　　產於中國、韓國及日本；在台灣分布於全島低海拔地區。

葉鋸齒緣，兩面粗糙。

秋季開花，萼四裂，雄蕊 4。

果實為膜質翅果

阿里山榆 特有種

屬名	榆屬
學名	*Ulmus uyematsui* Hayata

落葉喬木，幹皮灰褐色，不規則縱向細淺短溝裂，薄片狀剝落。葉橢圓形或長橢圓形，長 6～11 公分，重鋸齒緣，表面殆平滑，側脈 11～15 對，中肋及側脈於上表面凹下而於下表面顯著隆起。花兩性或單性，花萼五裂，雄蕊 5 枚，花藥 2 室縱裂，花柱二岔。翅果扁倒卵形，除先端宿存花柱部分有毛外，餘光滑無毛。

　　特有種；分布於台灣中部中海拔山區。

翅果扁倒卵形

兩性花或單性花；雄蕊 5，花藥 2 室縱裂；花柱二岔。

三月的新綠及果實

滿樹的榆莢

葉重鋸齒緣，表面殆平滑，側脈 11～15 對。

欅屬 ZELKOVA

落葉喬木。葉鋸齒緣，羽狀脈，側脈伸入鋸齒。花單性或雜性，雌雄同株，雌花或兩性花單生或數朵簇生於幼枝上部之葉腋。果實為小核果。

台灣有 1 種。

欅

屬名	欅屬
學名	*Zelkova serrata* (Thunb.) Makino

落葉大喬木。葉紙質，長卵形、橢圓狀卵形或橢圓形，長 2 ～ 7.5 公分，先端漸尖，基部略歪，表面粗糙。花與新葉同時展開，生於葉腋，花 4 ～ 5 數。核果表面有不規則突起之網紋。

產於中國、韓國及日本；在台灣分布於中、南部低至中海拔山區。

雄花雄蕊 5

鋸齒緣，羽狀脈，側脈伸入鋸齒。

花枝及果枝的葉子較生長枝的葉小些，葉形呈狹卵形。

果常歪斜

上為雌花，下為雄花。

秋冬葉變紅，為普遍栽種之景觀樹。

雌花花柱二岔

蕁麻科 URTICACEAE

雌雄同株、異株或稀為雜性花之草本、灌木或喬木；刺毛有或無，鐘乳體存。葉互生或對生，少數退化，有或無柄，托葉常存。花序常呈聚繖狀團繖花序、穗狀花序或密生於葉腋的聚繖花序。花被一輪；雄花花萼四至五淺裂，雄蕊與萼裂片同數而對生，花絲在蕾中彎曲；雌花心皮1，花柱單生。果實為瘦果或核果。

特徵

瘦果（台灣苧麻）

雄花：萼四至五淺裂，雄蕊與萼裂片同數而對生，花被一輪。（青苧麻）

花序常呈聚繖狀團繖花序或密生於葉腋的聚繖花序。（細尾冷水麻）

苧麻屬 BOEHMERIA

木本或基部木質化之草本。葉三出脈，具葉柄；托葉離生或基部癒合，不宿存。花序穗狀、總狀或圓錐狀，雌花花被筒先端二至四裂。瘦果包於宿存花被中。

序葉苧麻

屬名	苧麻屬
學名	*Boehmeria clidemioides* Miq.

亞灌木或多年生草本，高達 1.2 公尺；莖近方形，有縱溝，具貼伏毛，漸無毛。葉對生，但常在莖上部互生，寬卵形至圓形，長 2.5 ～ 10 公分，寬 1.5 ～ 5.5 公分，先端刺尖頭狀，葉基鈍至圓，葉緣具尖銳鋸齒，葉柄長 1.5 ～ 11.5 公分；托葉線形，長 8 公釐。花序穗狀，花序軸具葉片；雄花花被片 3 ～ 4 枚，外被疏毛。

　　產於印度、中國至印尼；在台灣分布於南投東埔及沙里仙溪附近之山區。

雄花花被有毛
（許天銓攝）

雌花序

花序通常具葉片或生於具葉的小枝上。

密花苧麻(木苧麻)

屬名	苧麻屬
學名	*Boehmeria densiflora* Hook. & Arn.

常綠灌木，高約 1.5 公尺。葉對生，卵狀披針形至披針形，長 5 ～ 24 公分，寬 2 ～ 6.4 公分，細鋸齒緣，三出脈，上下兩面皆被粗毛。雌雄同株或異株，花密集，呈穗狀，雌花花序長約 10 公分；花柱細長，被柔毛。

　　產於中國南部、琉球及菲律賓；在台灣普遍分布於中、低海拔地區。

花柱細長，有柔毛。

葉對生，卵狀披針形至披針形，三出脈。

雌花花序長約 10 公分

常綠灌木，高約 1.5 公尺。

台灣苧麻

屬名	苧麻屬
學名	*Boehmeria formosana* Hayata

亞灌木，莖具顯著 4 條溝。葉對生或近對生，卵形、寬卵形、橢圓形至近於圓形，長 6 ～ 19.5 公分，寬 4 ～ 11.5 公分，先端銳尖至漸尖，基部鈍至圓，細齒牙緣。雌雄同株，腋生穗狀花序長 8 ～ 9 公分，雄花 4 數。瘦果長 1.5 公釐。

產於中國、琉球及日本南部；在台灣分布於低海拔之林緣及路旁。

果序

葉對生，卵形、寬卵形、橢圓形。

花蓮苧麻 特有種

屬名	苧麻屬
學名	*Boehmeria hwaliensis* Y.C. Liu & F.Y. Lu

雄花花萼 4，雄蕊 4，萼片外明顯被毛。

亞灌木；莖上部近於四方形，下部圓柱狀。葉卵形至寬卵形，長 2 ～ 4 公分，先端突尖至尾狀，基部寬楔形至近於心形，鋸齒緣，葉柄長 4 ～ 7 公釐。團繖花序稀疏排列，長 8 ～ 24 公分；雄花序黃白色，生於植株下部，雄花花萼 4，萼片外明顯被毛，雄蕊 4；雌花序紅色，生於枝條頂端。

特有種；分布於台灣東北部及花蓮太魯閣之中海拔山區，稀有。

雌花序，穗狀，疏花，柱頭細長。

雌花序紅色，生於枝頂端；雄花序黃白色，生於植株下部。

長穗苧麻(小苧麻)

屬名 苧麻屬
學名 *Boehmeria longispica* Steud.

直立小灌木,高達 1.2 公尺;莖近方形,密生絨毛,漸無毛。葉對生,稀為近於對生,寬卵形或三角狀卵形,長 9 ～ 19 公分,寬 6 ～ 16 公分,先端重鋸齒緣,有時三尖形,基部寬楔形至截形,粗齒緣或重齒緣,具緣毛,上表面粗糙,下表面被絨毛;托葉長三角形,長約 4.7 公釐,寬約 1.8 公釐。雄花成聚繖花序密生於葉腋,雌花排列成穗狀,花柱絲狀,花序梗密被毛。

產於日本及中國;在台灣分布於中海拔山區,不普遍。

雌花排列成穗狀,花柱絲狀。

葉寬卵形或三角狀卵形

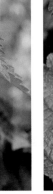

果序

葉先端常重鋸齒緣

苧麻

屬名 苧麻屬
學名 *Boehmeria nivea* (L.) Gaudich. var. *nivea*

亞灌木,小枝及葉柄密被長剛毛。葉互生,廣卵形至卵圓形,長 8 ～ 16 公分,寬 4 ～ 11 公分,先端銳尖,基部截形或寬楔形,除基部外為粗齒牙緣,三出脈,背面密被白色絨毛,葉柄長 2 ～ 7 公分。圓錐花序腋生,長 2 ～ 9 公分,雄花 4 數。瘦果球形,直徑約 6 公釐,光滑無毛。

原產亞洲熱帶地區,引進台灣栽植,並已歸化。

葉背灰白,三出脈。

與青苧麻近似,但本種全株密被長剛毛。

雌花序

葉廣卵形至卵圓形,長 8 ～ 16 公分。

青苧麻

屬名　苧麻屬
學名　*Boehmeria nivea* (L.) Gaudich. var. *tenacissima* (Gaudich.) Miq.

直立或略呈蔓性之灌木，莖密被絨毛及粗毛。葉互生，闊卵形、卵形至卵狀披針形，長 4～18 公分，寬 2～13 公分，先端漸尖至尾狀，基部楔形、寬楔形至近於截形，鈍齒狀鋸齒至齒緣，下表面綠色，或有薄層白色毛茸；托葉基部癒合，早落性。雄花花萼 4，雄蕊 4。

　　產於中國、日本、韓國、菲律賓及馬來西亞；在台灣普遍分布於低至中海拔之路邊及林緣。

雄花花萼 4，雄蕊 4。

雌花序腋生於葉腋

雄花序圓錐狀

葉互生，下表面綠色，偶或有薄層白色毛茸，闊卵形、卵形至卵狀披針形。

華南苧麻

屬名　苧麻屬
學名　*Boehmeria pilosiuscula* var. *suffruticosa* Acharya, Friis & Wilmot-Dear

小灌木，莖圓柱形，密被絨毛。葉對生，廣卵狀橢圓形，長 3～10 公分，寬 1.5～4.5 公分，先端銳尖、突尖、短突尖至尾狀，鈍歪基至近於心形，鋸齒緣，上表面粗糙，被粗毛，下表面密被絨毛。緊密穗狀花序單生於葉腋。

　　產於緬甸、泰國及中國南部；在台灣分布於低至中海拔之潮濕處。

雌花序生於下端，雄花序生於上端。

葉對生，廣卵狀橢圓形。

畢祿山苧麻 特有種

屬名　苧麻屬
學名　*Boehmeria pilushanensis* Y.C. Liu & F.Y. Lu

灌木，高達 0.8 ～ 1.5 公尺；莖密被絨毛，漸變無毛。葉卵狀圓形，長 6 ～ 14 公分，寬 5 ～ 10 公分，先端短突尖，基部寬楔形至近於圓形，齒緣，上部有時為重鋸齒，兩面均被極密的絨毛。花序通常雌雄花同序，圓柱形。

特有種；分布於台灣中海拔山區的林緣。

葉兩面均被極密的絨毛，卵狀圓形。

雌雄花同序

零星分布於中海拔山區

柄果苧麻（長葉苧麻）

屬名　苧麻屬
學名　*Boehmeria zollingeriana* Wedd. var. *podocarpa* (W. T. Wang) W. T. Wang & C. J. Chen

灌木，高達 3 公尺；小枝漸無毛，具貼伏毛。葉對生，卵形至披針形，長 6.5 ～ 18 公分，寬 2.5 ～ 5.6 公分，先端漸尖，基部心形，細鈍齒緣至細鋸齒緣，側脈 3 ～ 4 對，葉柄長 1.5 ～ 4 公分；托葉披針形，長 5 ～ 12 公釐。雌雄同株；雄花序球形，腋生；雌花密集成球形，全體排成穗狀，各穗再集成圓錐狀，頂生，紅色或黃白色。

產於東南亞；在台灣分布於低海拔地區。

雌花序由鬆散排列花簇構成

柱頭紅色

葉對生，卵形至披針形，先端漸尖。

雌花序生於枝條先端；雄花集生成簇，腋生。

蟲蟻麻屬 CHAMABAINIA

本屬僅有 1 多型種，屬特徵如種之描述。

蟲蟻麻 | 屬名　蟲蟻麻屬
　　　　　　| 學名　*Chamabainia cuspidata* Wight

莖匍匐，節上生根，多毛。葉對生，鋸齒緣，鐘乳體點狀；托葉成對生於葉腋內，圓形，宿存。花腋生，聚成無柄的花簇；雄花在植株的上半部，花被片四裂，雄蕊 4 枚；雌花柱頭在開花時呈畫筆狀，結果時卵狀。

　　產於中國及日本；在台灣分布於中、高海拔山區。

雌花腋生，聚成
無柄的花簇。

雄花在植株的上半部，花被片四裂，雄蕊 4。

葉對生；托葉成對生於葉腋內，宿存。

瘤冠麻屬 CYPHOLOPHUS

小喬木或灌木。葉對生，鋸齒緣，三出脈，通常上表面有乳頭狀粗糙的突起，具長葉柄，鐘乳體點狀；托葉游離，早落性。花腋生，成密集無柄的球狀團繖花序。

瘤冠麻 | 屬名　瘤冠麻屬
　　　　　　| 學名　*Cypholophus moluccanus* (Blume) Miq.

高大灌木，莖直立，小枝被灰白色絨毛，漸變無毛。葉對生，闊卵形、歪卵形或近於圓形，長 10 ～ 27 公分，寬 7 ～ 20 公分，先端銳尖至漸尖，基部鈍至圓，細鋸齒緣。團繖花序半球形，單生於葉腋，無花序梗。

　　產於菲律賓、大洋洲島群及夏威夷；在台灣分布於瑞港公路及蘭嶼之山溝中。

葉對生，鋸齒緣，三出脈，通常上表面有乳頭狀粗糙的突起。

水麻屬 DEBREGEASIA

灌木。葉互生，三出脈；托葉生於葉柄內側，二裂。頭狀團繖花序，腋生，或成疏散的聚繖狀花序。

水麻

屬名	水麻屬
學名	*Debregeasia orientalis* C. J. Chen

葉下表面被
灰白毛茸

灌木，高達 6 公尺。葉狹披針形，長 6 ～ 18 公分，寬 1 ～ 2.5 公分，先端銳尖至漸尖，基部圓或略呈楔形，細小之細鋸齒緣，基脈三出，側脈 3 ～ 5 對，上表面疏生毛或光滑，下表面被灰白色毛茸。雌雄異株或同株，團繖花序簇生葉腋；雄花花被片 4 枚，卵形，長 1 ～ 1.5 公釐，外面被毛茸，雄蕊 4 枚。瘦果核果狀，多數集合成球形漿果狀，成熟時橙黃色。

　　產於中國、日本及琉球；在台灣分布於全島低至高海拔之潮濕處。

葉面粗糙

瘦果核果狀，多數集合成球形漿果狀，熟時橙黃色。

雌花聚生為球狀

雄花的花被片 4 枚，卵形，雄蕊 4 枚。

雌花滿樹；葉狹披針形。

咬人狗屬 DENDROCNIDE

喬木，具刺毛。葉互生，多少呈革質，鐘乳體點狀。花序圓錐狀，有花序梗。瘦果扁壓，非對稱橢圓形至卵形。

咬人狗

屬名　咬人狗屬
學名　*Dendrocnide meyeniana* (Walp.) Chew f. *meyeniana*

喬木，小枝、葉柄及葉兩面與花序均被有短柔毛與刺毛；樹皮粗糙，具明顯皮孔。葉卵形、卵狀長橢圓形至倒卵狀長橢圓形，長達 55 公分，寬達 27 公分，葉柄長 5～18 公分。雌花序之苞片線形，較大者具 1 中肋。

　　產於菲律賓；在台灣分布於本島及綠島低海拔地區。

蕁麻科中少見的喬木

結果時花托膨大

結滿初果之枝條

小枝、葉柄及葉兩面與花序被有短柔毛與刺毛。

雌花序軸被毛

紅頭咬人狗

屬名 咬人狗屬

學名 *Dendrocnide meyeniana* (Walp.) Chew f. *subglabra* (Hayata) Chew

喬木；樹皮光滑無毛，皮孔不明顯。葉卵形、卵狀長橢圓形至倒卵狀長橢圓形，長達 40 公分，寬達 21 公分，兩面近乎光滑無毛，葉柄長達 15 公分。雌花序之苞片三角形，無脈。

　　產於菲律賓巴丹島；在台灣分布於離島蘭嶼。

葉兩面近乎光滑，花序軸光滑無毛。

小枝及葉光滑無毛

單蕊麻屬 DROGUETIA

多年生蔓性草本。葉對生，具葉柄，鐘乳體點狀；托葉 4 枚，側生，游離。花單性；雄花基部合生，雄蕊 1 枚；雌花無花被，柱頭線形；花單朵或多朵生於葉腋，由總苞所包被。瘦果包覆於宿存的總苞內。

單蕊麻

屬名 單蕊麻屬

學名 *Droguetia iners* (Forssk.) Schweinf. subsp. *urticoides* (Wight) Friis & W. -Dear

多年生蔓性草本；莖淡褐色，被粗毛。葉對生，卵形，長 1～4 公分，先端漸尖至尾狀，基生三出脈，上下表面及脈上被粗毛，葉柄長 0.3～3 公分，托葉 4 枚。花序由 4～5 朵雄花包圍雌花聚生於葉腋；每雄花具雄蕊 1 枚，雌花有 1 細長之花柱，突出花外。

　　產於印度、爪哇及中國；在台灣生長於中、南部之中海拔山區。

花序為 4 朵雄花包圍 1 朵雌花所組。每雄花具雄蕊 1，雌花有 1 細長之花柱，突出花外。

花序生於葉腋，不顯眼。（許天銓攝）

葉對生，卵形，先端漸尖至尾狀，上下表面及脈上有粗毛。（許天銓攝）

樓梯草屬 ELATOSTEMA

葉 互生，具或不具退化葉；葉身歪斜，較窄的一邊靠近莖，紙質或膜質，稀為近革質至革質，兩面大多具有線形或短棒狀鐘乳體，葉脈為基生三出、離基三出或羽狀脈，每莖節具 2 枚對生托葉。多為淺盤狀頭狀花序。

銳齒樓梯草 特有種

屬名	樓梯草屬
學名	*Elatostema acuteserratum* B.L. Shih & Y.P. Yang

莖圓柱狀。葉厚紙質，披針形至橢圓形，長可達 18 公分，寬可達 5 公分，先端漸尖至長尾狀，銳鋸齒緣至齒牙緣，羽狀脈具 7～9 對側脈，近於光滑無毛；托葉宿存，單脈。雌花序直徑約 7 公釐。瘦果，具 12 條縱稜。

特有種，產於台灣南部、東部及蘭嶼。

雄花序腋生於小枝上部，近無柄，光滑。（許天銓攝）

雌花序腋生於小枝下部

葉厚紙質，近於光滑，披針形至橢圓形，先端漸尖至長尾狀。

台灣樓梯草

屬名	樓梯草屬
學名	*Elatostema cyrtandrifolium* (Zollinger & Moritzi) Miq.

葉膜質至紙質，不對稱的窄橢圓形至橢圓形，最長可達 15 公分，寬少於 5 公分，先端全緣，羽狀脈，被少數粗毛。雌花序無花序梗或近於無梗，花苞時苞片明顯形成角狀突起，結果時花序徑達 15×13 公釐。本種於台灣的雄花很少被觀察紀錄。

產於中國；在台灣分布於全島中、低海拔之陰濕山溝中。

雌花序盤狀，總苞具角狀突起。

雌花序無花序梗或近於無梗，在台灣很少見到雄花。

葉呈不對稱的窄橢圓形至橢圓形

食用樓梯草

屬名	樓梯草屬
學名	*Elatostema edule* C. Robinson

莖四方形，有稜，淡綠色。葉膜質至草質，不對稱的橢圓形至長橢圓形，長 10 ～ 25 公分，寬 3 ～ 8 公分，較寬一側的基部呈半心形的耳狀構造，鈍齒緣至細鋸齒緣，窄側全緣或具有 1 ～ 6 不明顯的齒，光滑無毛，大型鐘乳體長達 0.7 公釐，下表面無鐘乳體。花 4 或 5 數。雄花序 3 ～ 15 公釐長之花梗；雄花序無柄或近無柄；雄花萼片 4 或 5，一半合生。

產於巴丹島；在台灣分布於離島蘭嶼及綠島。巴丹人當成野菜食用。

植株光滑無毛

雄花具 4 或 5 枚雄蕊。

葉基一側耳狀；花序近無柄。（許天銓攝）

糙梗樓梯草 [特有種]

屬名	樓梯草屬
學名	*Elatostema hirtellipedunculatum* B.L. Shih & Y.P. Yang

莖圓柱形，具 1 縱溝。葉紙質至厚紙質，歪橢圓形至歪卵形，長達 20 公分，寬 1.5 ～ 7 公分，先端全緣，長漸尖至長尾狀，可長達 5 公分，葉緣在寬側三分之一及窄側二分之一以下全緣，其餘為齒牙緣至鈍齒緣或細鈍齒緣，有時全部全緣，托葉宿存。雌雄同株；雄花序梗粗糙，長 1 ～ 5 公分；雌花序無梗或近於無梗。

特有種，分布於蘭嶼及台灣本島北部、東部與南部低至中海拔地區。

雄花序大型，花數多，雄蕊大多 5 枚。（許天銓攝）

雄花序具長梗（許天銓攝）

紅色莖族群之嫩莖被毛較顯著（許天銓攝）

綠色莖族群全株近光滑；左為雄花序，右為雌花序。（許天銓攝）

生長於恆濕環境（許天銓攝）

雜交樓梯草

屬名　樓梯草屬

學名　*Elatostema* × *hybrida* Y.H. Tseng & J.M. Hu

本種為闊葉樓梯草（見第 30 頁）及冷清草（見第 28 頁）的雜交種，植物體介於二親本之間，基部稍呈耳狀抱基（闊葉樓梯草之特徵），葉緣為左右各約 6～14 個鋸齒，全株密被毛。雌花序密被長柔毛；種子不發育；雄花序近無梗，雄蕊 4 枚。

　　產於台灣低海拔地區。

雄花序近無梗；雄蕊 4 枚（許天銓攝）

植物體介於二親本之間（許天銓攝）

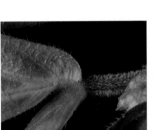

下部葉基稍呈耳狀抱莖（許天銓攝）

雌花序密被長柔毛；種子不發育（許天銓攝）

白背樓梯草　特有種

屬名　樓梯草屬

學名　*Elatostema hypoglaucum* B.L. Shih & Y.P. Yang

莖方形，稜角明顯。葉膜質，窄橢圓形、倒卵形或長橢圓形，先端銳尖，基部半圓或半心形，齒緣或鈍齒緣，近光滑無毛，上表面亮綠色，下表面蒼綠色或淡綠白色。雄花序常超過 10 朵花，花序梗長約 4 公分；雌花序歪四方形，無梗或近無梗。

　　特有種；分布於台灣中海拔山區；桃、竹、苗尤多。

葉背面蒼綠色或淡綠白色

雄花序梗長約 4 公分，雌花序常超過 10 朵花。

葉膜質，近光滑，表面亮綠色。

莖方形，稜角明顯。雌花序無梗或近無梗。

冷清草

屬名　樓梯草屬
學名　*Elatostema lineolatum* Wight var. *majus* Wedd.

亞灌木；莖圓柱形，被粗毛。葉紙質，窄
橢圓形、長橢圓形至披針形，先端長尾
狀，銳鋸齒緣，上表面被密毛，下表面沿
脈被貼伏毛，無柄或近於無柄，托葉脫落
性。花序無梗或近於無梗，雄花萼片及雄
蕊各4枚。瘦果具八稜。

　　產於中國中部、斯里蘭卡、印度及澳
洲；在台灣分布於全島中、低海拔地區。

雄花萼片
及雄蕊4

全株被展毛，葉長尾尖。（許天銓攝）

果序

具貼伏毛的族群，分類地位仍有待確
認。（許天銓攝）

莖被粗毛，花序無梗。

部分族群全株具貼伏毛，多發現於略乾旱環境。（許天銓攝）

微頭花樓梯草 特有種

屬名　樓梯草屬
學名　*Elatostema microcephalanthum* Hayata

莖半圓形，具 1 淺溝。葉膜質，倒卵形、卵形
至倒卵狀披針形，長 1.5～6 公分，寬 0.8～1.2
公分，先端鈍、銳尖至銳漸尖，鈍鋸齒緣，被
稀疏粗毛，上表面深綠色，下表面蒼綠色，托
葉宿存。雄花序梗長達 4 公分，一花序著花常
少於 10 朵，雄花 5 數；雌花序梗於結果時長
達 1.7 公分。

　　特有種；分布於台灣全島中海拔山區。

雄花序小型
（許天銓攝）

雄花 5 數

莖、葉多少被毛；雌花序開花時無梗。（許天銓攝）

雌花序結果時總梗明顯伸長

雄花序梗長達 4 公分，一花序著花常少於 10 朵。
葉膜質，鈍鋸齒緣。

多溝樓梯草（長圓葉樓梯草）

屬名　樓梯草屬
學名　*Elatostema oblongifolium* Fu *ex* Wang

莖具 5 條以上的溝，無毛，通常淡綠色，有時下部呈紅褐色。葉膜質，不對稱橢圓形至披針
狀長橢圓形，長 5～15 公釐，細鋸齒至粗鋸齒緣，先端幾近全緣，上表面被稀疏粗毛，下表
面無毛，無柄或近無柄，托葉脫落性。雌花序無梗或近無梗。瘦果先端具不明顯五或六稜。

　　產印尼及中國；台灣分布於中、北部中海拔山區。

雌花序無梗或近無梗

葉不對稱橢圓形，細鋸齒緣。

莖具 5 條以上的稜溝，無毛，通常淡綠色。

絨莖樓梯草

屬名　樓梯草屬
學名　*Elatostema parvum* (Blume) Miq.

莖匍匐，近圓柱形，初被密粗毛，漸光滑，略呈暗綠色。葉倒卵形、卵形至披針形，長 1～5.5 公分，寬 0.5～2 公分，銳鋸齒緣，兩面被絨毛；退化葉與葉對生，卵形至倒卵形，短於 4 公釐，脫落性。雄花序與雌花序無梗或近無梗，雄花 5 數。雌花 4 枚。

　　產於中國及日本；在台灣分布於全島中海拔山區。

退化葉與葉對生

雄花序

葉兩面被絨毛，不對稱倒卵形、卵形至披針形。

闊葉樓梯草（彎大冷清草、寬葉樓梯草）

屬名　樓梯草屬
學名　*Elatostema platyphyllum* Wedd.

莖略呈「之」字形彎曲。葉紙質，窄橢圓形至長橢圓形，長 5～30 公分，寬 2～8.5 公分，先端長尾狀，具多數細鋸齒，寬側基部具耳狀構造，鋸齒緣至細鋸齒緣，或多或少被粗毛；托葉早落性，長達 3 公分。雌花序外觀呈蝶形，無梗或近無梗。

　　產於印度、中國華西至菲律賓；在台灣除恆春半島外，分布於全島中、低海拔地區。

托葉早落性，長達 3 公分。

葉之寬側基部具耳狀構造

雄花具 4 枚雄蕊（許天銓攝）

葉不對稱窄橢圓形至長橢圓形（許天銓攝）

普遍分布於全台各地濕潤環境

溪澗樓梯草 特有種

屬名　樓梯草屬
學名　*Elatostema rivulare* B.L. Shih & Y.P. Yang

莖略呈「之」字形彎曲。葉紙質，窄長橢圓形、窄橢圓形至卵狀橢圓形，長 4 ～ 16 公分，寬 2 ～ 6.5 公分，先端突然緊縮成尾狀，寬側基部銳尖至半心形，鋸齒緣，略被粗毛；托葉早落性，長達 1.7 公分。雌花序多少呈蝶形，大小達 12×8 公釐。沒有觀察到雄花。

特有種；分布於台灣中海拔山區。

雌花序多少呈蝶形；雄花未曾紀錄。

花序近無梗

與闊葉樓梯草相似，但寬側基部不具耳狀構造。

生境類似闊葉樓梯草，但族群較少。

微粗毛樓梯草 特有種

屬名　樓梯草屬
學名　*Elatostema strigillosum* B.L. Shih & Y.P. Yang

多年生草本；莖圓柱狀，伏臥地上，密生微粗毛。葉紙質，歪倒卵形或長橢圓狀倒卵形，寬側具 3 ～ 7 個鋸齒，窄側具 1 ～ 5 個鋸齒，上表面粗糙，密被微粗毛；托葉 2 枚，宿存，窄三角形。雌花序無梗或近無柄，密被微柔毛，橢圓形或盤狀。

特有種，分布於台東海岸山脈低海拔之溪流岩石上。

葉邊緣不等長

葉面被粗毛（許天銓攝）

莖上密被白色伏毛（許天銓攝）

大片群生於遮蔭之土坡

近革葉樓梯草 特有種

屬名	樓梯草屬
學名	*Elatostema subcoriaceum* B.L. Shih & Y.P. Yang

多年生草本，全株幾均為深綠色，地面上莖葉多為一年生，莖近於圓柱形。葉紙質至亞革質，歪窄橢圓形至橢圓形，先端長漸尖至尾狀，齒緣至鈍齒緣，至少基半部為全緣。與食用樓梯草（見第 26 頁）相似，但本種的莖近於圓柱形，後者則為四方形。

　　特有種，分布於花蓮及蘭嶼之低海拔地區。

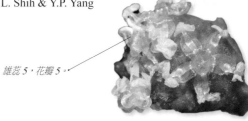

雄蕊 5，花瓣 5。

全株近光滑，葉片肥厚。

本種與食用樓梯草相似，但本種的莖近於圓柱形，後者則為四方形。

裂葉樓梯草 特有種

屬名	樓梯草屬
學名	*Elatostema trilobulatum* (Hayata) Yamazaki

莖半圓柱形，具縱溝，沿溝緣各有一列反捲毛。葉膜質至紙質，歪長橢圓形或倒卵形，長 8 ～ 10 公釐，寬 4 ～ 5 公釐，先端近圓形，三淺裂，有時為二淺裂，基部歪斜，上表面被稀疏粗毛，下表面無毛，托葉宿存。雄花序常為團繖花序，偶聚繖狀團繖花序，苞片 2 枚，不完全癒合；雌花單生，苞片 2 枚，基部癒合。

　　特有種；分布於台灣中、高海拔山區。

雄花具 4 枚雄蕊

雄花序具長梗，花數少。

葉歪長橢圓形或倒卵形，先端近圓形，具三淺裂，有時為二淺裂，葉基歪斜。

柔毛樓梯草 特有種

屬名　樓梯草屬
學名　*Elatostema villosum* B.L. Shih & Y.P. Yang

多年生草本；莖叢生，密被長柔毛。葉紙質，歪倒卵狀或倒披針形，長 2 ～ 5.5 公分，寬 0.7 ～ 2.2 公分，先端短突尖，寬側具 4 ～ 9 個鋸齒，窄側具 3 ～ 7 個鋸齒，密被長柔毛。雌花的小苞片狹披針形，萼片不發育；退化雄蕊 3 或 4；子房卵球形。

　　特有種；分布於台灣南部低中海拔之山澗。

莖上密被開展柔毛（許天銓攝）

生長於遮蔭之土坡或溝邊（許天銓攝）

雌花序腋生

屏東樓梯草 特有種

屬名　樓梯草屬
學名　*Elatostema sp.*

多年生草本。莖單一，微之字形，不分枝，被微粗毛，近圓柱形。葉紙質，歪倒卵狀，羽狀脈，具 2 ～ 5 側脈，寬側具 5 ～ 8 個鋸齒，窄側 2 ～ 5 個鋸齒，側上半部葉較大，長 2.5 ～ 3 公分，寬 1.2 ～ 1.4 公分，下半葉長 0.8 ～ 1.2 公分，寬 0.5 ～ 0.7 公分。雄花序腋生於莖的上部，淺盤狀頭狀花序，無梗，總苞片外表具微粗毛；雌花序腋生於莖下部，淺盤狀頭狀花序，無梗，總苞片外表具微粗毛。

　　特有種。產於屏東淺山、高雄茂林及台南曾文水庫山區溪澗旁或山谷間。

莖密生微粗毛。此為茂林之植株。

台南曾文水庫山區之植株（郭明裕攝）

蠍子草屬 GIRARDINIA

基部木質化的草本，具長而硬的刺毛。單葉，互生，裂或不裂，粗鋸齒緣，鐘乳體點狀；托葉腋生，大型。花序為單一或圓錐狀的穗狀花序。雄花花被四或五裂；雄蕊 4 或 5；雌花花被卵形至管狀，二或三齒；柱頭鑽形，乳頭狀。瘦果形狀各式各樣。

蠍子草

屬名	蠍子草屬
學名	*Girardinia diversifolia* (Link) Friis

高大草本；莖有凹溝，密生貼伏毛。葉互生，寬卵形，長8～25公分，寬5～23公分，不裂或三裂，兩面均被刺毛；葉柄長 2～10公分，被刺毛；托葉寬卵形。

產於非洲、印度、中國、爪哇及日本；在台灣分布於全島低至中海拔之潮濕處。

葉面疏被刺毛（許天銓攝）

莖有凹溝，具長而硬的刺毛，花序為單一或圓錐狀的穗狀花序。

生長於濕潤林緣。

石薯屬 GONOSTEGIA

多年生草本或小灌木。葉對生，或偶在最上端者互生，全緣，鐘乳體點狀，托葉離生。簇生的聚繖狀團繖花序，腋生。約 5 種，分布於東亞、東南亞至澳洲北部。

糯米糰

屬名	石薯屬
學名	*Gonostegia hirta* (Blume) Miq.

蔓性小灌木或草本。葉倒卵形、倒卵狀披針形、卵形至披針形，長 2 ～ 12.8 公分，寬 0.7 ～ 3.8 公分，先端銳尖至漸尖，基部圓至心形，三出脈；托葉連生，膜質，褐色，闊卵形，長 2 ～ 3 公釐，先端銳尖。花小，單性，雌雄同株，淡綠色或稍帶褐色，多數，叢生於葉腋；雄花花蕾近似倒圓錐形，花被五深裂，裂片倒卵形，長 2 ～ 2.5 公釐，殆光滑無毛，花梗長 2 ～ 4 公釐；雌花花被管狀，略成卵狀，散生毛茸，柱頭絲狀，被毛茸，無花梗。瘦果廣卵形，先端尖，暗綠色，有光澤，具有約 10 條細縱稜。

　　產於中國、日本、馬來西亞及菲律賓；在台灣分布於全島低至中海拔地區。

雌花無梗；柱頭絲狀，有毛茸。

雄花花被五深裂

瘦果廣卵形，約具有 10 條細縱稜。　　葉三出脈，對生。

小葉石薯 特有種

屬名	石薯屬
學名	*Gonostegia matsudae* (Yamam.) Yamam. & Masam.

草本。葉卵形至披針形，長 4 ～ 30 公釐，寬 2 ～ 8 公釐，先端鈍至銳尖，基部圓或截形。雄花花被三至五裂，雄蕊 3 ～ 5 枚，柱頭絲狀。瘦果，卵形至橢圓球形。

　　特有種；分布於台灣全島低至中海拔地區。

柱頭絲狀

瘦果卵形至橢圓球形。

葉卵形至披針形，長 4 ～ 30 公釐，寬 2 ～ 8 公釐。

五蕊石薯(台東石薯)

屬名	石薯屬
學名	*Gonostegia pentandra* (Roxb.) Miq.

草本。下部的葉對生，上部的葉互生，葉線狀披針形，長4～6公分，寬5～
9公釐，愈上端葉片愈短，先端漸尖，基部圓至近於心形，近無柄。雄花花
被片四至五裂，雄蕊4或5枚，絲狀，密被毛。

　　產於東南亞；在台灣見於花東之低海拔地區，稀少。

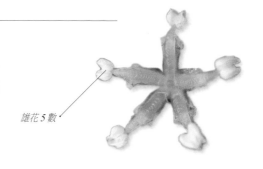

雄花5數

雌蕊絲狀，被毛；果實呈碗狀。

葉近於無柄，下部的葉對生，上部的葉互
生，線狀披針形。

生長於東部溝渠周邊

桑葉麻屬 LAPORTEA

草本，具刺毛。葉互生，托葉合生。二岔聚繖狀圓錐花序或稀為總狀花序；花單性，4或5數。瘦果。

火焰桑葉麻(腺花桑葉麻)

屬名	桑葉麻屬
學名	*Laportea aestuans* (L.) Chew

葉闊卵形，先端銳尖或漸尖，基部圓鈍或心形，葉緣鋸齒狀，
上表面綠色，雙面被毛。花單性，雌雄同株，聚繖狀圓錐花
序，稀總狀花序，花多而小，淺白色；雄花花被片4或5枚，
被腺毛，雄蕊4或5，具退化雌蕊；雌花花被片4枚，卵形，
被腺毛，離生。瘦果黑色，斜
卵球形，為宿存花被所包被。

　　原產於熱帶美洲；歸化於
台灣中南部。

花序雌雄花混生；雌花柱頭1，雄蕊有
雄蕊4或5。

葉闊卵形葉端尖狀。花序眾多分枝。

珠芽桑葉麻

屬名　桑葉麻屬
學名　*Laportea bulbifera* (Sieb. & Zucc.) Wedd.

草本，高達 1.5 公尺；莖基部多少木質化，刺毛稀少。葉卵形至披針形，基部圓至楔形，稀為心形，齒牙緣，上、下表面的脈上有刺毛。花序圓錐狀，雌雄花不同花序；雄花序常生於植株下部，長可達 10 公分，雄花無柄，花被裂片 4 或 5；雌花序生於植株上部，長可達 17 公分，花被裂片 4。

　　產於日本、韓國、中國、越南、錫金、印度、斯里蘭卡、蘇門答臘及爪哇；日治時期採自台北，在台灣目前只見於花蓮清水山之中海拔山區，不常見。

雄花序常生於植株下部，長可達 10 公分；雌花序生於植株上部，長可達 17 公分。

桑葉麻

屬名　桑葉麻屬
學名　*Laportea interrupta* (L.) Chew

草本，高達 60 公分；莖基部木質化，刺毛稀少。葉卵形至寬卵形，基部截形至截狀心形，鋸齒緣。雌雄同花序，花序聚繖狀，可長達 17 公分，花柱三岔。

　　產於非洲、亞洲及太平洋群島之熱帶及亞熱帶地區；在台灣分布於南部之低海拔地區。

花序側枝短縮，形成球狀花簇。（許天銓攝）

葉基部截形至截狀心形

花序近穗狀

盤花麻屬 LECANTHUS

一年生或多年生草本。葉對生，鋸齒緣至齒緣，鐘乳體線形，托葉生於葉柄與莖之間。花單性，生於一盤狀的花托上。雄花 4 或 5 數生於一不完全合生的花萼上；萼片覆瓦狀排列；雄蕊 4 或 5；花柱發育不完全。雌花萼片 3 或 4；萼片不等長，基部合生；子房無毛。瘦果長橢圓形或卵形。

長梗盤花麻

屬名	盤花麻屬
學名	*Lecanthus peduncularis* (Wall. *ex* Royle) Wedd.

草本，柔弱多汁。葉歪卵形、窄橢圓形至橢圓形，長 1.5 ～ 14 公分，寬 0.5 ～ 8 公分，先端銳尖至尾狀，基部歪鈍形至楔形，基生三出脈，銳鋸齒緣或齒緣。花序盤狀，花序梗長，雄蕊 5 枚。

為一多型種，產於非洲、南亞及太平洋群島；在台灣分布於全島中、高海拔山區。

雄蕊 5

花序盤狀，具長梗。

四脈麻屬 LEUCOSYKE

喬木或灌木。葉互生，常成二列，托葉合生。雄花序球狀或頭狀；花被 4 或 5 數；雄蕊 4 或 5。雌花花被杯狀，四或五齒裂，柱頭毛筆狀或長乳頭狀。瘦果卵形，稍扁壓。

四脈麻

屬名	四脈麻屬
學名	*Leucosyke quadrinervia* C. Robinson

小喬木或灌木。葉橢圓形，長 7 ～ 16 公分，寬 3 ～ 7 公分，先端銳尖至漸尖，基部歪圓形，細鋸齒緣，基生 3 ～ 5 主脈，兩面被粗毛，在細脈間有白色長軟毛。雌雄異株，團繖花序球形，花序梗長 4 ～ 7 公釐。瘦果卵形，長 1.5 ～ 2 公釐。

產於菲律賓；在台灣分布於離島蘭嶼及綠島。

團繖花序球形。葉背白色。

基部具 3 ～ 5 主脈。

水絲麻屬 MAOUTIA

葉互生，螺旋狀排列，鈍齒狀鋸齒緣，下表面被白色蛛網狀綿毛，鐘乳體點狀；托葉癒合，三裂。花序圓錐狀。雄花花被五裂，裂片銳尖；雄蕊 5。雄花花被小或無。瘦果卵形，壓縮。

蘭嶼水絲麻（蘭嶼裏 白苧麻）

屬名	水絲麻屬
學名	*Maoutia setosa* Wedd.

灌木，全株被白色絨毛。葉卵形、寬卵形至近乎圓形，長 12 ～ 29 公分，寬 4 ～ 15 公分，先端漸尖，基部鈍至圓，細鈍齒緣或細齒牙緣，三出脈。聚繖花序成對腋生，長 3 ～ 5 公分，具多數分枝；雄花 5 數。瘦果三角狀卵形，具三稜，長約 1 公釐。

產於菲律賓及琉球；在台灣分布於離島蘭嶼及綠島。

雌花花序聚繖狀

葉卵形，三出脈。

花點草屬 NANOCNIDE

——年生草本，具少數刺毛。葉互生，鐘乳體線形，具葉柄，托葉側生。雄花序單一，腋生，聚繖狀，有梗；雌花腋生，無梗或具梗的簇生一起。

花點草

屬名	花點草屬
學名	*Nanocnide japonica* Blume

植株高 10 ～ 25 公分，有匍匐莖。葉三角形至近菱狀卵形，先端鈍，基部截形，深齒緣，上表面略被刺毛。花單性，雌雄同株；雄花成聚繖狀花序，單生於枝梢葉腋，雄花花被五裂，卵形，先端及邊緣有毛，雄蕊 5 枚，與花被裂片對生；雌花成團繖花序，生於雄花序下部之葉腋，花序梗短或無梗，花密集，簇生一起，雌花花被四深裂，大小不等。瘦果，卵形或長橢圓形，有點狀突起，為宿存花被所包被。

產於中國、日本及琉球；在台灣分布於本島低中海拔陰濕地區。

雄花花被五裂，卵形，先端及邊緣有毛，雄蕊 5 枚。

雌花團繖花序，生於雄花序下部的葉腋。

葉三角形至近菱狀卵形，先端鈍，深齒緣，基部截形。

紫麻屬 OREOCNIDE

喬木或灌木。葉互生，全緣或鈍齒緣，鐘乳體點狀。花序為團繖花序排列成聚繖狀，稀單一。雄花4數，雌花管狀，花被小齒裂；花柱盾狀、毛筆狀或頭狀。

長梗紫麻

屬名	紫麻屬
學名	*Oreocnide pedunculata* (Shirai) Masam.

常綠灌木或小喬木。葉互生，卵狀長橢圓形至卵狀披針形，長5～15公分，寬1.5～4.4公分，先端漸尖至長尾狀漸尖，基部鈍至圓，鈍齒狀鋸齒緣；基生三出脈，側脈2～3對，紫紅色；葉柄細，長0.5～3公分，紫紅色；托葉披針形，長0.6～1.4公分。雌花序有長梗；雄花數朵成簇，無梗；雄蕊3枚，伸出於花被外。瘦果，卵形，為宿存花被所包被，連生於肉質花被上。

產於日本及琉球；在台灣普遍分布於全島低至中海拔地區。

雄蕊3枚，伸出於花被外。

雌花

果實為瘦果，卵形，常連生於肉質的花被上。

喬木或灌木。葉互生，全緣或鈍齒緣。

三脈紫麻

屬名	紫麻屬
學名	*Oreocnide trinervis* (Wedd.) Miq.

小喬木。葉互生，卵形至長橢圓形，長9～20公分，寬4～11公分，先端尾狀，葉柄光滑無毛；托葉狹長三角形，邊緣具細齒。花序繖房狀，腋生，長1.2～3.2公分，花序梗長0.6～1.2公分；雄蕊4枚，柱頭絲狀。瘦果，卵形，連生於肉質花被上。

產於菲律賓及爪哇；在台灣僅分布於離島蘭嶼。

瘦果卵形，連生於肉質花被上。

葉互生，卵形至長橢圓形，先端尾狀。

赤車使者屬 PELLIONIA

草本；莖大多數多汁，稀在基部木質化。葉互生，鐘乳體線形，退化葉存或不存，托葉 2 枚。大多為圓錐狀或聚繖狀排列的團繖花序。雄花萼片 4 或 5，合生近中部；雄蕊 5，退化子房小。雌花萼片 3～5，退化雄蕊 3～5，子房直。瘦果具瘤突物。

赤車使者

屬名	赤車使者屬
學名	*Pellionia radicans* (Sieb. & Zucc.) Wedd.

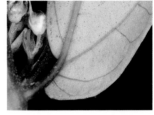

莖深褐綠色，通常下部呈淡紅褐色，初生部分密被粗硬毛、短硬毛或細短毛，向基部漸變為無毛。葉歪卵形至披針形，先端鈍至長尾狀，基部半心形，鋸齒緣。雄花成圓錐狀或聚繖狀排列的團繖花序，雄花花被片 5，卵形，雄蕊 5 枚；雌花序近無梗。

　　產於中國中南部、日本及琉球；在台灣分布於全島低至中海拔山區。

葉基略呈歪斜之心形（許天銓攝）

雄花被片 5，雄蕊 5。

雌花序具較短之總梗。（許天銓攝）

植物體近光滑

糙葉赤車使者

屬名	赤車使者屬
學名	*Pellionia scabra* Benth.

莖密被粗毛至漸變無毛，較老的莖呈稻稈色。葉紙質，卵形、倒卵形、窄橢圓形至披針形，先端銳尖至長尾狀，基部鈍至圓，銳鋸齒緣，被彎曲糙毛，上表面多少粗糙。

　　產於中國中部、日本及琉球；在台灣分布於低至中海拔之陰濕地區。

雄花花被 5
（許天銓攝）

莖粗糙或被毛；雌花序近無梗或具短梗（許天銓攝）

莖密生粗毛；葉先端銳尖至長尾狀。

葉基不呈心形；雄花序具長梗。

冷水麻屬 PILEA

草本或小灌木。葉對生，同對的葉等大或極不等大。花密生成頭狀團繖花序或為聚繖狀、圓錐狀團繖花序，腋生。雄花萼片 2～5 枚，不完全合生；雄蕊 2～5；雌蕊退化。雌花有 2～5 萼片，常不等長，離生或基部合生，退化雄蕊 2～5；子房無毛。瘦果扁壓，卵形或球形。

長柄冷水麻

屬名	冷水麻屬
學名	*Pilea angulata* (Blume) Blume

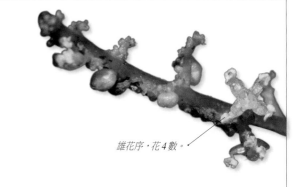

亞灌木，莖直立或略斜上。同對的葉等大或不等大，葉卵形至披針形，先端漸尖至長漸尖，基部鈍至淺心形，鋸齒緣至齒狀鋸齒緣或為不明顯的重鋸齒；托葉長於 1.5 公分，具 2 條明顯主脈，早落性。雄花 4 數。與野牡丹葉冷水麻（見第 47 頁）相似，但本種的基出側脈僅達葉身約三分之二處，不到達葉尖。

雄花序，花 4 數。

產於日本及中國；在台灣分布於全島低至中海拔地區。

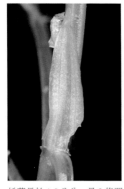

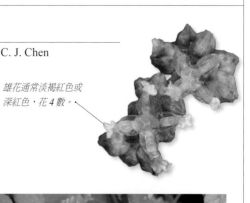

托葉長於 1.5 公分，具 2 條明顯主脈，早落性。　初果之果序

葉膜質至紙質，卵形至披針形。

短角冷水麻

屬名	冷水麻屬
學名	*Pilea aquarum* Dunn subsp. *brevicornuta* (Hayata) C. J. Chen

嫩莖具細柔毛。同對的葉等大或不等大，葉菱狀卵形、卵形至卵狀披針形或窄橢圓形至橢圓形，鈍至漸尖頭，鋸齒至鈍齒狀鋸齒緣，中肋凸起；托葉 2 枚，基部合生，腎形，長可達 5 公釐。雄花通常淡褐紅色或深紅色，花 4 數；雌花綠色。

雄花通常淡褐紅色或深紅色，花 4 數。

產於中國；在台灣分布於全島低至高海拔地區。

雌花綠色

托葉 2，基部合生，腎形，長可達 5 公釐。　中肋凸起

橢圓葉冷水麻 特有種

屬名　冷水麻屬
學名　*Pilea elliptifolia* B.L. Shih & Y.P. Yang

葉膜質至紙質，橢圓形，先端漸尖至尾狀，基部鈍至圓，齒緣或有時為不明顯的重鋸齒緣，葉柄長達 8 公分；托葉 2 枚，卵狀長橢圓形至長橢圓形，具 2 主脈，早落性。雄花密集生成團繖花序，雌花團繖花序或為聚繖狀。

　　特有種；分布於台灣東北部中海拔山區。

托葉 2 枚，早落性，卵狀長橢圓至長橢圓形，具 2 主脈。

雄花序短於 3 公分

雌花序

葉膜質至紙質，橢圓形，先端漸尖至尾狀。

奮起湖冷水麻 特有種

屬名　冷水麻屬
學名　*Pilea funkikensis* Hayata

小灌木。同對的葉略等大至極不等大，葉厚紙質至近革質，卵狀披針形、窄橢圓形或長橢圓形至披針形或倒披針形，先端銳尖至短尾狀，細鋸齒至不明顯細鋸齒緣，由基三出脈，上表面中肋凹；托葉早落，近長方形，具2脈。雄花排列成少分枝的不連續穗狀，雌花序聚繖狀。與圓果冷水麻（見第50頁）相似，但本種葉脈為由基三出脈，圓果冷水麻則為離基三出脈。

特有種；分布於台灣中部、南部及東部的低至中海拔地區。

雄花的雄蕊4，花瓣4。

果序

雄花序開展

本種與圓果冷水麻相似，但本種葉脈為由基三出脈，上表面中肋凹。雌花序綠色，聚繖狀。

同對的葉略等大至極不等大，卵狀披針形，先端銳尖至短尾狀。

具有大型的早落性托葉，托葉有2條不明顯主脈。

美洲冷水麻

屬名　冷水麻屬
學名　*Pilea herniarioides* (Sw.) Lindl.

一年或短年生草本植物。莖 15 ～ 10 分枝，匍匐或伏生。葉寬卵形至球形，對生或近對生，長 1.5 ～ 6 公釐，寬 1.6 ～ 5 公釐，全緣。花序密生成頭狀。花徑大約 0.2 ～ 0.3 公釐。果淡褐色，稍扁壓，大約 0.4 公釐長。

　　產於美洲大陸，歸化台灣野地。

葉長寬近相等；花序腋生。
（許天銓攝）

莖倒伏，自基部分枝。（許天銓攝）

日本冷水麻

屬名　冷水麻屬
學名　*Pilea japonica* (Maxim.) Hand.-Mazz

一年生或多年生草本。同對的葉近等大或不等大，葉膜質，葉形會隨著老化而有所變異，卵形至菱狀卵形，長 1 ～ 4 公分，寬 0.8 ～ 2.2 公分，先端漸尖，基部歪楔形或楔形，鋸齒緣；托葉 2，離生，長橢圓形，長可達 5 公釐，寬 2 公釐。聚繖圓錐狀花序腋生，雄、雌花被均五裂。

　　產於日本、俄國、韓國及中國；在台灣分布於東部及南部低至中海拔地區。

雄花被五裂；雄蕊 5。

托葉 2，離生，生於葉腋。

雌花花被先端具長芒刺尖；花柱先端為不規則毛叢狀。

同對的葉近等大或不等大，卵形至菱狀卵形。

細尾冷水麻 特有種

屬名 冷水麻屬

學名 *Pilea matsudae* Yamam.

多年生草本，莖通常具紫紅斑點。同對的葉略不等大，葉膜質，窄橢圓形至橢圓形，長 5 ～ 18.5 公分，寬 2.5 ～ 7.5 公分，先端漸尖至尾狀，基部楔形，粗銳鋸齒緣或齒緣，葉表常具白斑；托葉基部合生，具多數紅褐色斑點，寬三角形。雄花近無柄；萼片 4，鑷合狀，基部合生，內萼片二型，倒鉤狀或倒 L 形，上部邊緣流蘇狀；雄蕊 4，雌蕊退化。雌花 3 萼片，萼片基部合生，近等長，退化雄蕊 3。

　　特有種；分布於台灣中、南部之山區。

花序聚繖狀

葉表常具銀白色的斑紋

野牡丹葉冷水麻(大冷水麻)

屬名　冷水麻屬
學名　*Pilea melastomoides* (Poir.) Wedd.

莖基部木質化，光滑無毛。同對的葉近等大至不等大，葉膜質至紙質，卵形、窄橢圓形、寬橢圓形至披針形，長 4 ～ 22 公分，寬 2 ～ 8.5 公分，先端漸尖至長漸尖，基部鈍至圓，鋸齒緣至細鋸齒緣，基出側脈直達葉尖，光滑無毛。花序呈開展的圓錐狀，通常較葉柄長。

葉細鋸齒緣，寬橢圓形，先端長漸尖。

雌花序

　　分布於印度、斯里蘭卡、爪哇、越南及中國；在台灣普遍生長於低至中海拔地區。

花序呈開展的圓錐狀，通常較葉柄長。

果序

小葉冷水麻

屬名　冷水麻屬
學名　*Pilea microphylla* (L.) Liebm.

莖多分枝，多汁。同對的葉不等大，葉肉質，窄倒卵形至倒卵狀長橢圓形，長達 6 公釐，寬 2.5 公釐，先端銳尖至鈍，基部楔形，全緣，不明顯的羽狀脈。雄花序腋生，近無柄。雌花序腋生，近無柄。雄花近頂部具紫紅色斑點；萼片 3 或 4，合生近中部，雌花具 3 萼片，不等長。

　　產於菲律賓、日本及南美；普遍歸化於台灣全島低至中海拔地區。

結實纍纍的植株

同對的葉不等大，肉質。

矮冷水麻

屬名　冷水麻屬
學名　*Pilea peploides* (Gaudich.) Hook. & Arn. var. *peploides*

一年生直立草本。同對的葉等大或近於等大，葉多汁，膜質，寬菱狀倒卵形至寬而略扁的菱狀倒卵形，長達8公釐，寬達9公釐，先端鈍至截形，基部楔形，全緣或波狀緣，三出脈。雄花序具2～4朵小花。雌花序密生球狀、雄花無毛，稍倒卵形；萼片3或4。雌花綠色，萼片2，基部合生，不等長，退化雄蕊2，小。

產於俄國（西伯利亞）、日本、韓國、中國及爪哇；在台灣分布於全島中、高海拔山區。

雄花花蕾

雌花序腋生

葉全緣或波狀緣

齒葉矮冷水麻

屬名　冷水麻屬
學名　*Pilea peploides* (Gaudich.) Hook. & Arn. var. *major* Wedd.

與承名變種（矮冷水麻，見本頁）區別在於本種有較多分枝，葉先端細齒狀或鋸齒狀；矮冷水麻分布於中高海拔，齒葉矮冷水麻分布於中低海拔；矮冷水麻葉先端無明顯齒狀，齒葉矮冷水麻則為明顯齒狀；但兩者有中間型的存在，有時難以畫分。

產於日本、中國、印度、緬甸、泰國、越南、爪哇及夏威夷；在台灣分布於全島中海拔以下地區。

果實相當小

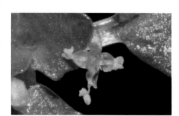
雄花甚小，雄蕊4。

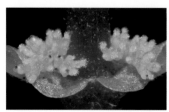
雄花

葉先端具明顯齒狀

西南冷水麻

屬名　冷水麻屬
學名　*Pilea plataniflora* C. H. Wright

多年生草本。同對的葉常不等大，葉肉質，表面具厚角質層，卵形至披針形，有時橢圓或長橢圓形，稀倒卵形，長 2 ～ 16.5 公分，寬 1.2 ～ 5.4 公分，先端尾狀至長尾狀，有時銳尖或突尖，基部鈍至淺心形，全緣。花序呈開展的圓錐狀，常較葉柄長。雄花倒卵形；萼片 4，中部合生。雌花長橢圓形；萼片 3 或 4，不等長，退化雄蕊 3 或 4。

　　產於印度北部、斯里蘭卡、爪哇、海南島、中國及日本；在台灣分布於全島低至中海拔地區。

花序呈開展的圓錐狀

葉肉質，表面具厚角質層，卵形至披針形，全緣。　生長於略乾燥之山壁

透莖冷水麻

屬名　冷水麻屬
學名　*Pilea pumila* (L.) A. Gray

多年生或一年生草本，莖多汁。同對的葉近等大或不等大，葉膜質，卵形至菱卵形，先端銳尖至尾狀，基部楔形，葉緣粗至銳鋸齒。花序具有雌、雄花，腋生，無梗或近無梗，蠍毛狀，長 1.6 ～ 3.4 公分。

　　產於北美洲溫帶地區、俄國、中國、韓國及日本；在台灣分布於北、中部中高海拔山區。

葉菱形，葉柄甚長。

分布於中海拔山區　　　　　　　　　　　　　　　蠍尾狀花序是其主要特徵

圓果冷水麻 特有種

屬名	冷水麻屬
學名	*Pilea rotundinucula* Hayata

同對的葉等大至略不等大，葉膜質至草質，窄橢圓狀披針形、披針形或長橢圓狀倒披針形，先端銳尖、漸尖至尾狀，具細鋸齒狀葉尖，基部楔形，細鋸齒緣至近於全緣，離基三出脈，表面中肋凸出；托葉短於 1 公分，寬三角形至心形，基部合生。

特有種；分布於台灣全島低至中海拔地區。

果序

花序開展於葉簇之間

離基三出脈，表面中肋凸出。

細葉冷水麻 特有種

屬名	冷水麻屬
學名	*Pilea somai* Hayata

同對的葉之大小常相差極大，有時則近等大，葉形變異大，長 1.2～15.2 公分，寬 0.8～5 公分，先端突尖、銳尖、漸尖至尾狀，具細鋸齒緣葉尖，葉緣細鋸齒狀，由基三出脈；托葉短於 1 公分，寬三角形至心形，基部合生。通常每一葉腋具有 2 花序，聚繖圓錐花序，無梗至短花梗；雄花序長 2.4～6.5 公分。雌花序長 0.3～3.9 公分長。雄花萼片 4 或 5，合生至中部。雌花萼片 3，基部合生。與圓果冷水麻（見本頁）相似，但以整株來看本種一定會有部分或多數之對生葉片極不等大，且本種為由基三出脈可與圓果冷水麻的離基三出脈區別。

特有種；分布於台灣東部低至中海拔地區。

對生葉明顯不等大（許天銓攝）

葉片為基三出脈

三角葉冷水麻

屬名　冷水麻屬
學名　*Pilea swinglei* Merr.

草本，多汁，光滑無毛。同對的葉等大或近乎等大，葉寬卵形、卵形或三角形，長 0.8 ～ 3 公分，寬 0.8 ～ 3.5 公分，先端銳尖。雄花之團繖花序緊縮，雌花序成串珠狀。與矮冷水麻（見第 48 頁）有些相似，但本種之葉片較寬且花部特徵不同。

分布於中國；在台灣產於中部中海拔之潮濕向陽處。

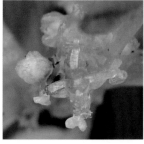

雄蕊 4 數

生長於中海拔陰暗岩縫及牆角

花序緊縮為近頭狀（許天銓攝）

葉寬卵形

落尾麻屬 PIPTURUS

喬木或灌木。葉互生，基出 3 ～ 五脈，鐘乳體點狀；托葉二裂，早落。花腋生，排列成穗狀或密生的圓錐狀。雄花花被四或五裂；雄蕊 4 或 5，雌花管狀，四或五齒裂；柱頭線形。

台灣有 1 種。

落尾麻（落柱苧麻）

屬名　落尾麻屬
學名　*Pipturus arborescens* (Link) C. Robinson

葉背密被白絨毛，攝於台東長濱。

小喬木或灌木，莖被密生的短伏毛。葉卵形至圓形，長 6 ～ 13 公分，寬 4 ～ 7 公分，先端銳尖至漸尖，基部銳尖至近於心形，細鈍齒緣，上表面脈上有毛，下表面脈上密生貼伏毛，脈間密生白色軟毛，葉柄長 3 ～ 5 公分。雌雄異株，團繖花序球狀，無梗。果實卵形，白色，由稍稍肉質狀之花被所包被。

產於中國、琉球及菲律賓；在台灣分布於本島東海岸、蘭嶼及綠島之向陽處。

雌花序

雌花序無梗，緊貼莖節。

葉互生，基生三出脈。

錐頭麻屬 POIKILOSPERMUM

葉螺旋排列，羽狀脈、近三出脈或掌狀脈，有柄；托葉連合，常抱莖。雄花序聚繖狀，雄花被片 2 ～ 4，雄蕊 1 ～ 4；雌花序聚繖狀、頭狀、穗狀或近繖形，雌花被片 2 ～ 4，基部合生，子房上位。核果有或無宿存之肉質花被片。

錐頭麻
屬名	錐頭麻屬
學名	*Poikilospermum acuminatum* (Trecul) Merr.

喬木或灌木，直立或半附生。葉卵形，長約 25 公分，寬約 17 公分，先端有短突尖，基部楔形或圓，羽狀脈，有柄；托葉長約 5 公分，不抱莖。果實小，內有黏液。
　　產於菲律賓；在台灣僅分布於離島蘭嶼。

雌花，柱頭刺狀擴張。

葉卵形，羽狀脈。

攀緣性之木本

霧水葛屬 POUZOLZIA

草本、灌木或小喬木。葉互生，稀近對生或於莖下部對生，上部的葉常漸小，鐘乳體點狀，托葉宿存或早落性。花簇生於葉腋，或腋生短圓錐花序。

水雞油
屬名	霧水葛屬
學名	*Pouzolzia sanguinea* (Blume) Merr. var. *formosana* (H.L. Li) Friis & Wilmot-Dear

小灌木；小枝、葉柄、葉及花序被毛。葉卵形、倒卵形、菱狀卵形至橢圓形、長橢圓形或披針形，長 1.4 ～ 7 公分，寬 0.7 ～ 2.5 公分，鋸齒緣，兩面均被貼伏毛，粗糙，葉柄被密生貼伏毛。團繖花序簇生於葉腋，雄花 4 數。
　　產於中國；在台灣普遍分布於全島低至中海拔的向陽處。

雄蕊 4

雌花枝，枝條密被毛。

小枝常平展或下垂

台灣霧水葛 特有種

屬名	霧水葛屬
學名	*Pouzolzia taiwaniana* C.I Peng & S. W. Chung

匍匐而多分枝，莖長可達 30 公分，被絨毛，地下部具一圓筒狀塊莖。葉長 1 ～ 2 公分，寬 0.9 ～ 1.5 公分，基部心形或闊卵形，基出側脈向上及於葉緣中部，兩面被柔毛。花單性，簇生於葉腋，雄花具雄蕊 4 枚，雌花具單一花柱。

特有種，紀錄於台南曾文水庫及十八羅漢山之山溝土坡上。

雌花具單一花柱

雄花具雄蕊 4 枚

地下部具一圓筒狀塊莖

匍匐而多分支，莖長可達 30 公分。

霧水葛

屬名　霧水葛屬
學名　*Pouzolzia zeylanica* (L.) Benn.

多年生草本或灌木，莖密被粗毛。葉近圓形、寬卵形、卵形至披針形，長 0.5 ～ 5.6 公分，寬 0.3 ～ 2.8 公分，毛緣，兩面被密柔毛。團繖花序生於葉腋，無梗。瘦果，卵狀球形。

　　產於中國、日本、印度及馬來西亞；在台灣分布於全島低至中海拔之向陽處，極普遍。

雄蕊 4，花柱單一。

葉面具毛

莖密生粗毛。葉兩面被密柔毛。

烏來麻屬 PROCRIS

通常為附生之灌木、小灌木或多年生草本，莖常呈肉質。葉互生或稀為對生，絕大多數具有 1 枚對生的退化葉，羽狀脈，葉柄短，托葉生於葉柄內側。花序頭狀，花托近於球形，或雄花排列成有梗的團繖花序。

　　台灣僅產 1 種。

烏來麻

屬名　烏來麻屬
學名　*Procris laevigata* Blume

多年生草本或小灌木，附生樹幹或岩石上；莖常為肉質，木質化，具多條縱稜。葉膜質或草質，窄長橢圓形、倒披針形至長橢圓狀倒披針形，長 7 ～ 15 公分，寬 1.5 ～ 3.5 公分，先端銳尖至長漸尖，鈍齒緣至近於全緣；對生的退化葉存在，長 5 ～ 20 公釐，寬 2 ～ 5 公釐，脫落性。果實生於膨大的肉質果梗上。

　　產於熱帶亞洲、非洲及馬來西亞；在台灣分布於全島低至中海拔之森林內。

果實生於膨大的肉質果梗上；莖具多條縱稜。

稚果，果梗尚未變大。

多著生於樹幹或岩石上

蕁麻屬 URTICA

　　一年生或多年生草本，具刺毛。葉對生，鐘乳體點狀，具長葉柄，托葉側生。花單性，總狀或圓錐狀花序，腋生；雄花花被片 4，雄蕊 4；雌花花被片 4，不等大，花柱無或很短。瘦果直立，兩側扁壓，光滑或有疣狀突起。

台灣蕁麻　特有種

屬名	蕁麻屬
學名	*Urtica taiwaniana* S.S. Ying

　　直立草本，具刺毛。葉卵形至卵狀披針形，長達 6 公分，寬達 4 公分，先端銳尖至漸尖，基部寬楔形至淺心形，鋸齒緣，兩面均被刺毛及密柔毛。花序雌雄花混生。

　　特有種；分布於台灣中部之高海拔山區。

葉鋸齒緣（楊曆縣攝）

花序雌雄花混生（楊曆縣攝）

咬人貓

屬名	蕁麻屬
學名	*Urtica thunbergiana* Sieb. & Zucc.

　　多年生草本，莖直立，高可達 1.3 公尺，具刺毛。葉卵形至寬而扁的卵形，長 6 ～ 13 公分，寬 5.5 ～ 12 公分，先端銳尖、漸尖或突尖，基部心形，重鋸齒緣，兩面被刺毛及密柔毛。花序單性，總狀，雄花序位於較下部的莖上。

　　產於中國及日本；在台灣分布於全島低至高海拔地區。

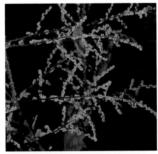

雌花序

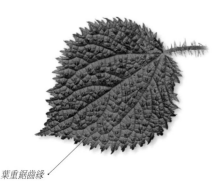

葉重鋸齒緣

托葉側生。莖具長刺。

多年生草本，莖直立，高可達 1.3 公尺，具刺毛。

秋海棠科 BEGONIACEAE

肉 質草本，根呈地下莖狀。單葉，互生，裂或不裂，基部常歪斜；托葉 2 枚，常脫落。花單性，雌雄同株，常簇生或成聚繖花序，輻射或兩側對稱，花被片一或二輪；雄花被片 2 ～ 10 枚，雄蕊多數；雌花被片 2 ～ 8 枚，子房下位，2 ～ 4 室，柱頭常扭曲，常密被乳頭狀突起。果實為蒴果。

秋海棠屬 BEGONIA

特 徵同科。

南台灣秋海棠 特有種

屬名	秋海棠屬
學名	*Begonia austrotaiwanensis* Y.K. Chen & C.I Peng

落葉性草本，無地上莖；地下莖橫走，念珠狀，由數個球狀體連合而成，被宿存三角形之托葉。葉歪卵形，長 13 ～ 38 公分，寬 10 ～ 32 公分，成熟葉常裂，不規則齒狀鋸齒緣。雄花粉紅色，花被片 4 枚，二輪，外輪較大，近圓形；雌花粉紅色，花被片 3 枚，稀 2 或 4，外輪 2 枚，近圓形。果實三角形，具 3 翅。

特有種，產於台灣屏東、南部高雄扇平一帶海拔 200 ～ 1,000 公尺山區。

葉形變化大

雄花粉紅色，花被片 4，二輪，外輪較大，近圓形。

雌花粉紅色，花被片 3，稀 2 或 4，外輪 2 片，近圓形。

果實具長翅

葉歪卵形，成熟葉常裂，不規則齒狀鋸齒緣。

九九峰秋海棠 特有種

屬名 秋海棠屬
學名 *Begonia bouffordii* C.I Peng

雄花粉紅色，花被片4，外輪2片較大，
闊卵形；雌花具5花被片，花柱2。

常綠性草本，具橫走之地下莖。葉歪卵圓形，長9～18公分，寬
5～10公分，全緣，葉柄長可達16公分，托葉狹卵形至卵形。
雄花粉紅色，花被片4枚，稀6，外輪2枚較大，闊卵形；雌花
花被片5枚，偶4。蒴果，背翅橢圓形。
　　特有種，分布於南投九九峰一帶海拔350～470公尺山區。

蒴果背翅橢圓形

分布於南投九九峰一帶海拔350～470公尺山區。花序由根莖伸出。

葉歪卵圓形，全緣，葉背之葉脈紅紫色。（楊智凱攝）

武威山秋海棠 特有種

屬名 秋海棠屬
學名 *Begonia × buimontana* Yamam.

地上莖光滑或略被疏直毛，地下莖缺。葉卵狀披針形或卵形，
長8～22公分，寬4～8公分，不規則重鋸齒緣，兩面密被粗
直毛，葉背脈常帶紅暈。葉柄細長，長2～5公分；托葉線狀
披針形。雄花粉紅色，花被片4枚，外輪2枚，倒卵形；雌花
花被片5枚，匙形。
　　特有種，分布於中央山脈南部海拔1,000～1,600公尺山區。
　　本種為巒
大秋海棠（見
第63頁）與台
灣秋海棠（見第
65頁）的天然
雜交種。

果序

雌花

葉面被毛（許天銓攝）

本種為巒大秋海棠與台灣秋海棠的雜交種（楊智凱攝）

溪頭秋海棠 特有種

屬名　秋海棠屬

學名　*Begonia chitoensis* T.S. Liu & M.J. Lai

地上莖高達45公分，具橫走之地下莖。葉歪卵圓形，長15～20公分，寬10～15公分，細齒緣，葉柄長10～12公分，托葉卵形；形態多變，葉之長寬可達40公分，部分族群葉柄被密毛，或葉背脈紅色。雄花灰粉紅色，花被片4枚，外輪2枚較大，闊卵形；雌花花被片5枚。

特有種；分布於台灣中、北部低至中海拔森林中。

雌花具5花被片

花序大型疏散

果實具長翅

常群生

雄花粉紅色，花被片4，外輪2片較大，闊卵形。

葉形態多變，歪卵圓形，略圓。

鍾氏秋海棠 特有種

屬名　秋海棠屬

學名　*Begonia* × *chungii* C.I Peng & S. M. Ku

單葉，互生，歪卵形，先端漸尖，基部斜心形，葉緣不規則鋸齒，葉面綠色，葉脈掌狀，葉柄長。雄花花被片4枚，粉紅色，雄蕊多數，聚成頭狀；雌花花被片2～5枚，雌蕊1，由3枚心皮合生，花柱三岔，柱頭扭曲狀，子房下位，子房3室，側膜胎座。蒴果，有3翅。

特有種，分布於惠蓀及溪頭附近山區。

本種為巒大秋海棠（見第63頁）與圓果秋海棠（見第61頁）的天然雜交種。

雄花花被片4枚；雄蕊多數，聚成頭狀。（楊智凱攝）

花朵懸垂。（楊智凱攝）

本種為巒大秋海棠與圓果秋海棠的天然雜交種（楊智凱攝）

出雲山秋海棠 特有種

屬名　秋海棠屬
學名　*Begonia chuyunshanensis* C.I Peng & Y.K.Chen

直立莖高達 85 公分。葉歪卵形至卵形，長 12 ～ 27 公分，寬 5 ～ 14 公分，不規則齒緣，光滑無毛，部分植株葉面具白斑，葉柄長 6 ～ 30 公分，托葉披針形至卵形。花白粉紅色，通常雄花被片 4 枚，雌花被片 5 枚，花柱三岔，子房 3 室。蒴果，有 3 翅，背翅短，三角形至三角狀卵形。

　　特有種，分布於高雄、屏東及台東海拔 530 ～ 1,570 公尺山區。

雌花具 5 枚花被，花柱三岔。

雄花花被 4 枚，花藥長 2.9 ～ 3.2 公釐。

蒴果背翅三角形

具直立莖，分枝少或無。

蘭嶼秋海棠

屬名　秋海棠屬
學名　*Begonia fenicis* Merr.

具橫走之地下莖。葉歪卵圓形，長 8 ～ 10 公分，寬 6 ～ 10 公分，不規則齒緣，光滑無毛，葉柄長 10 ～ 15 公分，托葉卵形。雄花白色，花被片 4 枚，外輪 2 枚較大，圓形；雌花花被片 5 枚。

　　產於菲律賓及琉球；在台灣分布於離島蘭嶼及綠島。

雄花 4 瓣，雌花 5 瓣。

蒴果 3 翅近等高

葉歪卵圓形，不規則齒緣，光滑無毛。

水鴨腳

屬名　秋海棠屬
學名　*Begonia formosana* (Hayata) Masam. f. *formosoma*

具橫走之地下莖。葉歪卵形，長 15 ～ 21 公分，寬 8 ～ 18 公分，不規則疏齒或重齒緣，上表面近光滑或略微粗糙，有時具白斑，每斑紋中有一短直毛，葉柄長 5 ～ 12 公分，托葉卵形。雄花灰粉紅色，花被片 4 枚，外輪 2 枚，闊長橢圓形；雌花花被片 5 枚。

產於琉球；台灣分布於北部和東部海拔 300 ～ 1,000 公尺山區。

果實有長翅

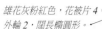

雄花灰粉紅色，花被片 4，外輪 2，闊長橢圓形。

雌花具 5 花被片

葉歪卵形，不規則疏齒或重齒緣，上表面略粗糙或被粗毛。

白斑水鴨腳

屬名　秋海棠屬
學名　*Begonia formosana* (Hayata) Masam. f. *albomaculata* T.S. Liu & M.J. Lai

多年生草本。具橫走地下莖。葉歪卵形，長 15 ～ 21 公分，寬 8 ～ 18 公分，不規則疏齒或重齒緣，上表面略或被粗毛，具白斑，每斑紋中有一短直毛；葉柄長 5 ～ 12 公分；托葉卵形。葉柄長 5 ～ 12 公分；托葉卵形。雄花灰粉紅色；花被片 4，外輪 2，闊長橢圓形。雌花具 5 花被片。

台灣分布於北部和東部海拔 300 ～ 1,000 公尺山區。

本變型和原變型不同為葉片上面有白色斑點和短硬毛。

圓果秋海棠

屬名　秋海棠屬
學名　*Begonia longifolia* Blume

莖光滑無毛，高達 1 公尺，根呈地下莖狀。葉歪長橢圓形，長
15 ～ 20 公分，寬 5 ～ 7 公分，疏細齒緣，兩面光滑無毛，下表面
暗灰色，葉柄長 3 ～ 7 公分；托葉狹卵形至橢圓形，早落。雄花白
色，花被片 4 枚，二輪，外輪大，闊卵形；雌花白色，花被片 6 枚。
果實漿果狀，扁球形，無翅。

　　產於中國、不丹、印度、印尼、寮國、馬來西亞、緬甸、泰國
及越南；分布於台灣全島低中海拔森林中。

花簇生於葉腋

果實漿果狀，無翅，
扁球形。

具發達直立莖

雄花白色，花被 4，二輪，外輪大，闊卵形。

雌花白色，花被 6。

葉歪長橢圓形

鹿谷秋海棠 特有種

屬名 秋海棠屬
學名 *Begonia lukuana* Y.C. Liu & C.H. Ou

地上莖高 70 公分，光滑無毛。葉歪長橢圓形，長 12 ～ 18 公分，寬 6 ～ 7 公分，近全緣或不規則疏細圓齒緣，上表面密被白斑，下表面紫紅色，兩面光滑無毛，葉柄長 6 ～ 10 公分，托葉披針形。雄花白色，花被片 4 枚，外輪 2 枚，闊卵形；雌花白色，花被片 4 枚，子房 3 室。蒴果，卵形。

特有種，分布於南投中海拔山區，以及大雪山和桃園東眼山。

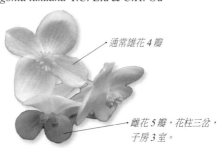

通常雄花 4 瓣

雌花 5 瓣，花柱三岔，子房 3 室。

蒴果有 3 翅，背翅短，三角形至三角狀卵形。

葉歪長橢圓形，上表面密被白斑。

莖及葉下表面紫紅色

南投秋海棠 特有種

屬名 秋海棠屬
學名 *Begonia nantoensis* M. J. Lai & N. J. Chung

地上莖高達 100 公分，初被毛；具橫走之地下莖。葉歪卵形，葉多少具裂片，長 12 ～ 18 公分，寬 8 ～ 14 公分，淺齒緣並具緣毛，兩面被短柔毛，葉柄長 8 ～ 25 公分，托葉卵形。雄花灰粉紅色，花被片 4 枚，外輪 2 枚，闊卵形；雌花花被片 5 枚，外輪 4 枚，卵形。蒴果被毛。天然雜交種，雄花通常含苞狀態就凋落，開雌花，但不結實。本種可能為裂葉秋海棠與溪頭秋海棠自然雜交種。

特有種，分布於南投溪頭一帶。

雌花具 5 枚花被片（彭鏡毅攝）

子房及蒴果具較長背翅（彭鏡毅攝）

花朵疏散（彭鏡毅攝）

葉歪卵形，淺齒緣並具緣毛，兩面被短柔毛。（彭鏡毅攝）

巒大秋海棠（裂葉秋海棠）

屬名　秋海棠屬
學名　*Begonia palmata* D. Don

地上莖高 50 公分，略被鏽色絨毛。葉歪卵形，長 10 ～ 15 公分，寬 9 ～ 12 公分，邊緣具不規則小裂片，小裂片三角形，先端銳尖；葉柄長 6 ～ 8 公分，被絨毛；托葉卵形。雄花灰粉紅色，花被片 4 枚，外輪 2 枚較大，闊卵形；雌花花被片 5 枚。蒴果，被柔毛。

　　產於孟加拉、南越、不丹、緬甸、錫金、尼泊爾及中國；分布於台灣全島低中海拔森林中。

蒴果背翅較長

雌花具 5 花被片

雄花灰粉紅色，花被片 4，外輪 2 枚較大，闊卵形。

葉掌狀分裂，葉柄、葉背被鏽色絨毛。

坪林秋海棠 特有種

屬名　秋海棠屬
學名　*Begonia pinglinensis* C.I Peng

地上莖高 50 公分。葉歪狹卵形至卵形，長 7 ～ 25 公分，寬 5 ～ 14 公分，兩面被糙硬毛，葉柄長 16 公分，托葉狹卵形至卵形。雄花花被片 4 枚，外輪 2 枚，倒卵形；雌花花被片 5 枚，子房 2 室，柱頭 2 岔。

　　特有種，分布於新北市北勢溪及金瓜寮溪一帶之低海拔山區。

雌花花被片 5

雄花花被片 4，外輪 2，倒卵形。

果實有短翅

葉歪狹卵形至卵形，兩面被糙硬毛。

生長於坪林山區之濕潤岩壁

岩生秋海棠 特有種

屬名 秋海棠屬
學名 *Begonia ravenii* C.I Peng & Y.K. Chen

雌花花被片 2（稀 3），
近圓形。

地上莖常帶紅色，高達 50 公分，光滑無毛；具走莖及球形塊莖。葉歪卵形，長約 27 公分，寬約 18 公分，不規則鋸齒緣，成熟葉常裂，上表面疏被細小粗毛，下表面光滑，葉柄長約 16 公分。雄花粉紅色，花被片 2 枚，心形；雌花粉紅色或灰紫色，花被片 2（稀 3）枚，近圓形，子房 3 室。果具近等長背翅。

　　特有種；分布於台灣中部之低中海拔山區。

雄花粉紅色，花被片 2，心形。

具走莖。常生於岩壁上。

四季秋海棠（洋秋海棠）

屬名 秋海棠屬
學名 *Begonia semperflorens* Link & Otto

常綠肉質草本，株高 15～45 公分，全株光滑無毛，莖直立，肉質光滑，綠色或淡紅色。葉互生，具柄而長短差大，葉片卵形或廣卵形，長 10～30 公分，寬 8～15 公分，基部心形或微偏斜，先端鈍形或急尖，不整狀鋸齒緣或近全緣，兩面光滑，主脈常呈淡紅色。總狀花序腋生，花數朵聚生於總花梗上，雌雄同株；雄花較大，花被片 4 枚；雄蕊約 6 枚或更多；雌花較小；花被片 5 枚，紅色或白色，子房下位，柱頭 3 枚；雌花下方有一個肥大的子房，有三片翅膀狀的突起。果實為褐色蒴果，三角形，表面具 3 個翼。

　　產於巴西。台灣於 1901 年間日人田代安定氏從日本引入。歸化於台灣野地。

已歸化於台灣野地

雌花　　　　　　雄花　　　　　　果實　　　　　　托葉

台北秋海棠 特有種

屬名 秋海棠屬
學名 *Begonia × taipeiensis* C.I Peng

葉歪長橢圓形至歪卵形，不規則鋸齒緣，7～9掌狀脈。花白色帶粉紅暈，雄花花被片4枚，外輪2枚，闊長橢圓形；雌花花被片5（稀6）枚。果實三角狀卵形，翅短，近相等。為圓果秋海棠（無翅組，見第61頁）和水鴨腳（扁果組，見第60頁）之天然雜交種，故形態介於二者之間。

　　特有種，產於新北市烏來及汐止之低海拔地區。

雄花花被片4，外輪2，闊長橢圓形。

本種為雜交種；本族群葉歪長橢圓形，較像圓果秋海棠。

雌花通常具5花被片，稀6。

子房及蒴果具翅

本族群葉歪卵形，較像水鴨腳。

台灣秋海棠 特有種

屬名 秋海棠屬
學名 *Begonia taiwaniana* Hayata

地上莖分枝，光滑無毛。葉歪披針形，長8～12公分，寬1.5～3.5公分，不規則鋸齒狀齒緣，葉柄長3～9.5公分，托葉卵形。雄花花被片4枚，外輪2枚，倒卵形；雌花花被片5枚，近等長，子房3室。蒴果有3翅。

　　特有種；分布於台灣南部中、低海拔森林中。

雄花花被片4，外輪2，倒卵形。

果實

生長在較潮濕之林緣或林下，葉歪披針形。

子房有三翅

雌花柱頭三裂

藤枝秋海棠 特有種

屬名　秋海棠屬
學名　*Begonia tengchiana* C.I Peng & Y.K. Chen

地上莖高 80 公分，具匍匐莖。葉歪卵形至圓形，長 9～25 公分，寬 7～18 公分，葉基心形，葉緣牙齒狀，光滑無毛，葉柄長 7～23 公分，托葉卵形至寬卵形。雄花粉紅色，花被片 4 枚，花藥長 1.9～2.3 公釐；雌花花被片 5 或 6 枚，具 1 對小苞片，子房 3 室。蒴果，背翅可達 5 公釐長。

　　特有種；分布於台灣南部中海拔森林中。

雄花粉紅色，花被片 4。

葉光滑，歪卵形至圓形。（楊智凱攝）

雌花

霧台秋海棠 特有種

屬名　秋海棠屬
學名　*Begonia wutaiana* C.I Peng & Y.K. Chen

地上莖高 70 公分。葉歪披針形至卵形，長 9～18 公分，寬 4～7 公分，葉緣具不規則鋸齒，葉柄長 5～14 公分，托葉披針形至卵形。雄花白色，花被片 4 枚；雌花花被片 5 或 6 枚，花柱 2，子房 2 室。

　　特有種，分布於屏東霧臺一帶海拔 860～1,500 公尺山區。

雌花（陳柏豪攝）

雄花白色，花被片 4。

蒴果背翅較高

葉歪披針形至卵形

馬桑科 CORIARIACEAE

小 喬木至灌木，枝四稜，具狹翼，小枝與葉常排成羽狀複葉狀。單葉，對生或輪生，全緣。花小，綠色，兩性至雜性，排成總狀；萼片5，宿存；花瓣肉質，花後增厚且包住果實；雄蕊10；心皮5～10，分離。果實為蓢果。單屬科。

馬桑屬 CORIARIA

屬 特徵如科。

葉具明顯三出脈

台灣馬桑

屬名	馬桑屬
學名	*Coriaria intermedia* Matsum.

葉長橢圓形至卵狀披針形，長4～9公分，寬2～4公分，先端銳尖，基部鈍圓，三出脈；葉柄短，常帶紫紅色。具兩性花及雜性花，花序腋生；花瓣肉質，花後增厚且包住果實；心皮5，花柱細小，肉質，小乳頭突起。

　　產於菲律賓；在台灣分布於低至高海拔山區之林緣、路旁及河床邊。

花瓣肉質，花後增厚且包住果實。

花柱細小，肉質，小乳頭突起。

結果枝甚美觀

單葉，排成二列，狀似羽狀複葉。

葫蘆科 CUCURBITACEAE

攀緣性草本。葉互生，有柄，卷鬚與葉成90度角側生；葉片不裂，或掌狀淺裂至深裂，稀為鳥足狀複葉。花單性，罕兩性，雌雄同株或異株，萼片與花瓣各5枚，合生。雄花：花萼輪狀、鐘狀或管狀，花冠裂片全緣或邊緣成流蘇狀，雄蕊5或3，花絲分離或合生成柱狀，花藥分離或靠合。雌花：花萼與花冠同雄花；子房下位或稀半下位，3室或1（～2）室，側膜胎座，胚珠通常多數，花柱單一或在頂端三岔，稀完全分離，柱頭膨大，二岔或流蘇狀。果實大型至小型，常為肉質漿果狀或果皮木質，不開裂，或成熟後蓋裂或3瓣縱裂，1或3室。種子常多數。

特徵

攀緣性草本，葉互生，有柄，具卷鬚。果實大型至小型，常為肉質漿果狀或果皮木質。（櫨葉括樓）

花瓣合生，花冠先端五裂。（青牛膽）

雌花，花柱單一，常在頂端三裂。（雙輪瓜）

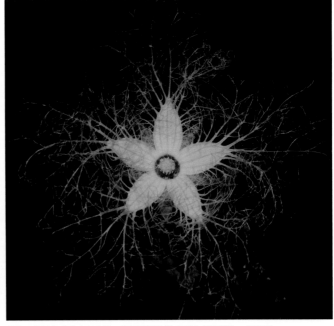

雄花，花絲有時合生成柱狀。花冠裂片全緣或邊緣成流蘇狀。（王瓜）

合子草屬 ACTINOSTEMMA

單葉，卷鬚單一或二岔。雌雄同株，雄花圓錐花序，雌花單生或少許聚生；花黃白色；雄蕊 5 枚，離生，每一雄蕊具 1 花藥，藥室直立或彎曲；子房外壁被刺毛；花梗中部具離層。果實卵形，自中部以上環狀蓋裂，頂蓋圓錐狀。

合子草

屬名	合子草屬
學名	*Actinostemma tenerum* Griff.

一年生草質藤本，莖柔弱細長，有多數分枝，被毛茸。葉膜質至紙質，三角狀箭形，長 6 ～ 15 公分，寬 3 ～ 8 公分，基部深心形。花單性，雌雄同株；圓錐花序，長可達 12 公分；花小，黃綠色；雄花著生在花序上部，雄蕊 5，花絲明顯，短，光滑無毛；雌花著生在花序基部，子房球形，被剛毛。果實球形至卵形，徑 8 ～ 9 公釐，被剛毛，成熟時從中部開裂，橫裂處約在中間之上。

　　產於印度、中南半島、中國、韓國及日本；在台灣分布於全島中、低海拔之潮濕處。

雄蕊 5，花絲明顯，短，光滑無毛。　　雌花

果實

葉膜質至紙質，三角狀箭形。

紅瓜屬 COCCINIA

單葉，卷鬚單一或二岔。雌雄異株，花白色，雄花單生或 2 ～ 3 朵叢生，雌花單生；雄蕊 3 枚，聚生成筒，一雄蕊具 1 花藥，餘二雄蕊具 2 花藥，藥室折曲。果實為瓠果。

紅瓜

屬名	紅瓜屬
學名	*Coccinia grandis* (L.) Voigt

葉膜質至紙質，寬卵形，近全緣至掌狀裂，葉緣有小突尖，近葉基處具腺點，卷鬚單一。花冠鐘形，白色。果實成熟時紅色。

　　分布於印度、泰國、馬來西亞、菲律賓、澳洲、美國及中國；在台灣歸化於台東平野，現已擴大至屏東、台南、雲林等地區。

花鐘形，白色。

雄花　　　　　雌花　　　　　果熟時紅色

黃瓜屬 CUCUMIS

一年或多年生草本。常有毛，卷鬚不分枝，葉全緣或淺裂。花單性或兩性；雌雄同株，稀異株，單生。雄花 1 至數朵生於葉腋間，常具短梗。花冠鐘形或放射狀，深 5 裂，花藥離生，子房具 3～5 胎座及柱頭；胚珠多數，花柱短。果實肉質，通常不開裂，球形或長圓形，光滑有柔毛或刺毛。

小馬泡

屬名	黃瓜屬
學名	*Cucumis bisexualis* A. M. Lu & G. C. Wang *ex* Lu & Z. Y. zhang

一年生匍匐草本。全株具粗糙毛；卷鬚纖細，單一。葉片腎形或近圓形，質稍硬，長 6～11 公分，寬 6～11 公分，常 5 淺裂，裂片鈍圓，兩面粗糙，具腺點，掌狀脈，脈上有腺毛。花兩性，腋生；花梗細，長 2～4 公分；花梗和花萼被白色短柔毛；花萼筒杯狀，裂片條形；花冠黃色，鐘形，裂片倒闊卵形，先端鈍，5 脈；雄蕊 3，生於花被筒口部，花絲極短或無；子房紡錘形，密被白色細綿毛，花柱極短，柱頭 3，2 裂。果實橢圓形，黃熟，長約 3～3.5 公分，徑約 2～3 分；幼時有柔毛，後脫落而光滑；種子多數，卵形，扁壓，黃白色。

產於中國，台灣目前歸化於雲林農田及其野地。

果熟黃色

花黃色

植株

雙輪瓜屬 DIPLOCYCLOS

單葉，五至七掌裂，卷鬚二岔。花單性，雌雄同株，雌雄花簇生於同一花序；花瓣黃色，合生為鐘形花冠；雄蕊 3，花藥離生，一雄蕊具 1 花藥，餘二雄蕊具 2 花藥，藥室折曲；花柱 1，柱頭三岔。果實為瓠果。

雙輪瓜

屬名	雙輪瓜屬
學名	*Diplocyclos palmatus* (L.) C. Jeffrey

葉膜質至紙質，寬卵形，五至七掌裂，常深裂。花冠鐘形，黃綠色，先端五裂；雄花萼筒五齒裂，裂片錐形，雄蕊 3，花藥離生，花梗短於 2.5 公分；雌花花萼及花冠與雄花同，子房卵圓形，柱頭三淺裂。果實成熟時紅色，具白色條紋。通常雌花先成熟開花，俟有初果後雄花才陸續開花。

產於熱帶非洲、印度、中南半島、馬來西亞、中國華南、菲律賓及澳洲；在台灣分布於全島低海拔之森林邊緣。

雌花與雄花外形相似，柱頭三淺裂。　雄蕊 3 枚，花藥離生。

果熟紅色

未熟果綠色，亦有白紋。

葉五至七掌裂

裸瓣瓜屬 GYMNOPETALUM

單葉，卷鬚單一。雌雄同株或異株，雄花為總狀花序，雌花單生；花白色，雄蕊 3，離生，一雄蕊具 1 花藥，餘二雄蕊具 2 花藥，藥室折曲。果實為瓠果。

裸瓣瓜

屬名	裸瓣瓜屬
學名	*Gymnopetalum chinense* (Lour.) Merr.

葉膜質至紙質，卵形至三角形， 三至五淺裂，兩面粗糙。雌雄同株，花瓣合生，雄蕊及雌蕊不突出於花冠口；花朵在夜間開放，清晨 6 ～ 7 點開始漸次凋謝。果實具 10 條縱脊，成熟時橘紅色。

　　產於印度、中南半島及中國華南；在台灣分布於全島低海拔之乾燥草地或森林中。

花冠白色，喉部具毛。

果具 10 條縱脊，橘紅色。　葉卵形至三角形

絞股藍屬 GYNOSTEMMA

單葉至具 7 枚小葉之掌狀複葉，卷鬚單一或二岔。雌雄異株，總狀花序；花淺黃綠色，具有小苞片；雄蕊 5，聚合成筒，每一雄蕊具 2 花藥，藥室直立；雌花子房球形，2 ～ 3 室，每室有 2 胚珠，花柱 2 ～ 3。果實為瓠果，球形。

光葉絞股藍（三葉絞股藍）

屬名	絞股藍屬
學名	*Gynostemma laxum* (Wall.) Cogn.

葉膜質至近革質，掌狀複葉，小葉 3 ～ 7 枚，倒卵形至披針形。花綠色，花冠裂片披針形或寬卵形，先端尾狀長尖；雄蕊 5，著生於花冠筒基部，花絲短，合生成柱，花藥卵形，直立，2 室；雌花花瓣 4 或 5，花柱 3，稀 2，分離，柱頭 2 或新月形。果實綠色至黑色，中線以上具橫條淺白紋。

　　產於印度、中南半島、馬來西亞、中國華南、日本及韓國；在台灣分布於全島山地森林之潮濕處。

果熟藍黑色

雌花

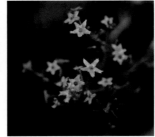

雌花序

全株大份部份為三出複葉

絞股藍

屬名　絞股藍屬
學名　*Gynostemma pentaphyllum* (Thunb.) Makino

葉膜質至近革質，掌狀複葉，小葉 3～7 枚，倒卵形至披針形。花綠色，花冠裂片披針形或寬卵形，先端尾狀長尖；雄蕊 5，著生於花冠筒基部，花絲短，合生成柱，花藥卵形，直立，2 室；雌花花瓣 4 或 5，花柱 3，稀 2，分離，柱頭 2 或新月形。果實綠色至黑色，中線以上具橫條淺白紋。

　　產於印度、中南半島、馬來西亞、中國華南、日本及韓國；在台灣分布於全島山地森林之潮濕處。

雄蕊 5，著生於花被筒基部，花絲短。

花序懸垂

果實

雌花花瓣 4 或 5

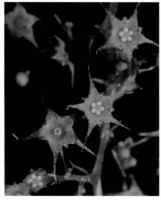
雌雄異株

掌狀複葉，小葉 3～7。

單葉絞股藍

屬名　絞股藍屬
學名　*Gynostemma simplicifolium* Blume

草質藤本，攀援。葉為單葉，葉片紙質，卵形，長 10～15 公分，寬 8～9 公分，先端漸尖，基部圓形至微心形，邊緣具圓齒，上面綠色，沿脈具下彎的柔毛，；葉柄長 4-6 公分，具縱棱及溝，被柔毛。卷鬚 2 歧，被短柔毛。花雌雄異株。雄花組成圓錐花序，總梗纖細，被短柔毛；分枝纖細，被短柔毛，；花萼裂片長圓狀披針形，長 0.5-1 毫米，先端鈍，背面被短柔毛；花冠淡綠白色或淡綠黃色，裂片 5，長圓形，長約 3 公釐，寬 0.7-1 公釐，具 1 脈，先端鈍。果實球形，徑 7-8 毫米，淡黃綠色，熟時黑色，平滑無毛。

　　分布於中國、緬甸、馬來西亞、印尼、加里曼丹島及菲律賓。分布台灣中南部中低海拔山區。

植株

雄花序

垂果瓜屬 MELOTHRIA

攀 緣性草本。花單性，雌雄同株；雄花 6 ～ 7 朵集生於花序頂端成總狀花序，花萼合生成筒狀，先端細五裂，花瓣黃色，花形與雌花相似但稍小，雄蕊 3 枚，貼生於花冠筒上，幾無花絲，其中 2 枚雄蕊之花藥 2 室，另 1 枚雄蕊之花藥 1 室；雌花單生，具長梗，花萼合生成筒狀，先端五裂，花冠筒上常具退化雄蕊，花柱三裂，每一裂片先端二岔。漿果。

垂果瓜

屬名	垂果瓜屬
學名	*Melothria pendula* L.

葉互生，長 3 ～ 6 公分，寬 3 ～ 4 公分，基部心形，先端三至五裂或不裂，三裂者常呈戟形，鋸齒緣，五至七出脈，兩面密被剛毛；葉柄長約 2 公分，密被剛毛。花冠黃色，五裂，裂片先端微凹，喉部具毛狀物。漿果具長梗，下垂，長橢圓狀球形，長 1.5 ～ 1.8 公分，徑約 1.2 公分，成熟時黑色。

原產於美國、加拿大等地之低海拔路旁或農田；歸化於台灣西部低海拔平原之農田。

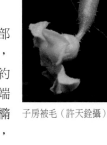
子房被毛（許天銓攝）

雌花；花冠黃色，裂片先端微凹，喉部具毛狀物。（許天銓攝）

葉三至五裂或不裂，三裂者常成戟形，鋸齒緣，葉脈五至七出。（許天銓攝）

漿果具長梗，下垂，長橢圓狀球形，黑熟。（許天銓攝）

未熟果綠色

雄花；雄花與雌花相近但略小。

苦瓜屬 MOMORDICA

單 葉，深裂，卷鬚單一。雌雄同株或異株，雄花單生或成總狀花序，雌花單生，花具明顯苞片；雄蕊 3，離生，一雄蕊具 1 花藥，餘二雄蕊具 2 花藥，藥室折曲。果實為瓠果，表面具刺或疙瘩。

短角苦瓜（野苦瓜）

屬名	苦瓜屬
學名	*Momordica charantia* L. var. *abbreviata* Ser.

一年生蔓性攀緣草本，全株被柔毛；莖多分枝，細長，有稜。單葉，互生，心形或近圓形，五至七深裂，卷鬚不分岔。雌雄同株異花，花單一，腋生，具細長梗；花冠黃色，五裂，雌花柱頭 3，雄花雄蕊 3。果實橢圓形，兩端呈尖嘴狀，表面有疣狀突起，成熟時橙色，3 瓣裂。種子紅色。花果全年可見。

原產於熱帶地區；在台灣已歸化為野生植物，常可見於中南部低海拔。未熟果可食用，但成熟的果實有微毒。

熟果不規則 3 瓣裂

果熟時轉為橙色

果實橢圓形，兩端呈尖嘴狀，表面有疣狀突起。

雄花

熟果不規則 3 瓣裂

單葉，五至七深裂。

木虌子

屬名	苦瓜屬
學名	*Momordica cochinchinensis* (Lour.) Spreng.

葉膜質，卵形，三深裂。雌雄異株；雄花單生或 3 ～ 5
朵聚生，具長梗，花梗長 5 ～ 15 公分，苞片圓腎形，
花萼廣披針形，花冠寬鐘形，淡黃色，瓣基黑色，花徑
6 ～ 8 公分，雄蕊 3；雌花梗長 2 ～ 5 公分，子房密生
刺狀突起；花於早上開放，隨後慢慢凋謝。果實具刺。
種子大，35 ～ 75 粒，狀似鱉甲，長約 2 公分，寬約 1.2
公分，黑褐色，外有一層鮮紅色帶甜味的黏滑膜。

　　產於印度、中南半島及中國華南；在台灣分布於全
島之低海拔森林中，以南部居多。

果具刺

雄花

花冠淡黃色，寬鐘形，花徑 6 ～ 8 公分，瓣基黑色。

雄蕊 3 枚，側面。

雄蕊 3 枚，正面。

雄花具圓腎形苞片

種子大，黑褐色，狀似鱉甲。

葉三深裂

紅紐子屬 MUKIA

單葉，卷鬚單一。雌雄同株，花黃色，雄花簇生，雌花簇生或單生；雄蕊 3，離生，一雄蕊具 1 花藥，餘二雄蕊具 2 花藥，藥室直立。雌花花柱棒狀，插生於環狀盤上，柱頭二至三裂。果實為瓠果。

天花

屬名	紅紐子屬
學名	*Mukia maderaspatana* (L.) M. J. Roem

一年生匍匐性藤本，全株被粗糙的短剛毛。葉闊卵形，長 4 ～ 8 公分，寬 4 ～ 7 公分，先端鈍，基部心形，鋸齒緣，三至五裂，明顯被毛，卷鬚單一。花單性，雌雄同株，腋生，花冠黃色，鐘形，先端五裂；雄花叢生，雄蕊 3；雌花子房球形，被毛茸。果實橘紅色。

　　產於熱帶地區之非洲、亞洲及澳洲；在台灣分布於全島低海拔岩石地及森林中。

雄花鐘形，花冠五裂。

雌、雄花形態接近。（許天銓攝）

未熟果被長柔毛。（許天銓攝）

年生匍匐藤本植物，葉三至五裂。

穿山龍屬 NEOALSOMITRA

單葉至具 5 枚小葉之掌狀複葉，卷鬚單一或二岔。雌雄同株，雄花序總狀或圓錐，雌花序總狀；雄蕊 5，離生，每一雄蕊具 1 花藥，藥室微彎曲。蒴果，頂端開裂。

穿山龍

屬名　穿山龍屬
學名　*Neoalsomitra integrifolia* (Cogn.) Hutch.

葉膜質至近革質，掌狀複葉，通常具 5 枚小葉，小葉長圓形或披針形，全緣，近基部具腺體。花單性，雌雄同株；雄花成總狀或圓錐花序，長 7～20 公分，雌花成總狀花序，長約 10 公分；花萼合生成筒狀，先端五裂；花瓣白色，合生為輪狀花冠，先端五裂；雄蕊 5，每一雄蕊具 1 花藥，藥室微彎曲；雌花心皮 3 枚，合生，花柱 1，柱頭三岔。蒴果圓筒狀，形似棒槌，頂端截平，成熟時頂端開裂。

　　產於中南半島、馬來西亞及中國華南；在台灣分布於全島低海拔之闊葉林中。

蒴果圓筒狀，形似棒槌。

雄花雄蕊 5 枚。

果實頂端截平，熟時頂端開裂。

雄花圓錐花序（郭明裕攝）

掌狀複葉，通常具 5 小葉。

雌花花柱 1，柱頭三岔。

羅漢果屬 SIRAITIA

攀緣性草本。雌雄異株，雄花成總狀或圓錐花序，雌花單生；花具明顯苞片，雄蕊 5，離生，每一雄蕊具 1 花藥，藥室彎曲至折曲。果實為瓠果。

台灣有 1 種。

台灣羅漢果 特有種

屬名	羅漢果屬
學名	*Siraitia taiwaniana* (Hayata) C. Jeffrey *ex* A.M. Lu & Zhi Y. Zhang

單葉，卷鬚二岔，在分岔處上下皆捲繞。葉膜質，卵形至三角形，長 4 ～ 10 公分，寬 4 ～ 9 公分，先端急尖，基部深心形，邊緣具不整齊齒，三至七淺裂至深裂。花單性，雌雄異株。雄花成總狀花序，腋生，長 6 ～ 7 公分，花朵生於花序軸上部；花萼筒淺，徑 4 公釐，綠色，被柔毛，裂片 5，三角狀卵形，先端漸尖；花冠裂片 5，黃白色，長圓形，先端鈍；雄蕊 5，離生，每一雄蕊具 1 花藥。雌花單生，具明顯苞片。瓠果，球形，徑約 2.5 公分，被短絨毛，有 10 條沿果蒂至果底的白色斑紋，果實初為青色，成熟後變為橘紅色。

特有種；分布於台灣中部之低海拔山區。

雄花，雄蕊 5。
（陳柏豪攝）

雌花，柱頭 3。（陳柏豪攝）

花被鐘狀，此為雄花。（陳柏豪攝）

果實（陳柏豪攝）

雌花單生（陳柏豪攝）

葉三至七淺裂至深裂。

茅瓜屬 SOLENA

單葉，卷鬚單一。花單性，雌雄同株，雄花成繖形花序，雌花單生；花瓣黃白色，合生為輪狀花冠，先端五裂，雄蕊 3，離生，一雄蕊具 1 花藥，餘二雄蕊具 2 花藥，藥室彎曲至折曲。果實為瓠果。

茅瓜（變葉馬㪷兒）

屬名　茅瓜屬
學名　*Solena heterophylla* Loureiro

草質藤本，莖細長，長 2 ～ 5 公尺。葉膜質至紙質，形狀多變，卵形至三角形至三至七深裂。花單性，花萼 5，細小，綠色，花冠黃綠色，壺形；雄花雄蕊 3 枚，2 枚花藥 2 室，另 1 枚 1 室；雌花單生，子房明顯下位。果實橢圓球形，初生時綠色，夏季成熟時轉為橘紅色，具 10 條點狀條紋。果實產量不多。種子富黏膠質。

產於印度、中南半島、馬來西亞及中國華南；在台灣分布於全島中、低海拔森林中及林緣。

雄花雄蕊 3 枚

葉形多變，常三深裂，有時五至七深裂。

青牛膽屬 THLADIANTHA

單葉，卷鬚單一或二岔。花單性，雌雄異株，雄花單生或總狀花序，雌花單生；花冠黃色，鐘形，先端五裂；雄蕊 5，離生，每一雄蕊具 1 花藥，藥室直立；雌花心皮 3 枚，合生，花柱 1，柱頭三岔。果實為瓠果。

青牛膽

屬名　青牛膽屬
學名　*Thladiantha nudiflora* Hemsl. *ex* Forbes & Hemsl.

草質藤本。葉卵圓形至圓形，先端漸尖，基部深心形，上表面糙澀，下表面被長絨毛；卷鬚 二岔，僅在分岔處上方捲繞。花單性，雌雄異株；花萼五裂，綠色，被毛；花冠黃色，鐘形，五深裂；雄花單生或成總狀花序，雄蕊 5，離生，每一雄蕊具 1 花藥，藥室直立；雌花單生或成對，花柱三岔。果實長橢圓形，長約 2.5 公分，徑約 2 公分，外被毛，成熟時紅色。

果長橢圓形，被毛。

產於中國華中及華南；在台灣分布於全島中海拔闊葉林較開闊處。

葉下表面被長絨毛

花冠五深裂，雄蕊 5。

雌花花柱三岔

葉卵圓形至圓形，先端漸尖，基部深心形。

斑花青牛膽

屬名　青牛膽屬
學名　*Thladiantha punctata* Hayata

葉卵形至披針狀卵形，上表面具粗毛及疣狀
突起，下表面無毛。花較青牛膽（見前頁）
為大，闊鐘狀；花單性，雌雄異株，腋生；
花萼五裂，綠色，被毛；花冠黃色，五深裂；
雄花為總狀花序，雄蕊 5 枚；雌花單生或成
對，花柱三岔。果實圓球形，無毛，具皺紋，
表面有微突起疙瘩，成熟時紅色。

　　產於中國東部；在台灣分布於全島低海
拔闊葉林中較開闊處。

雄花，雄蕊 5。

葉背光滑無毛

雌花單生或成對，花柱三岔。

台灣的青牛膽屬植物頗易區別，斑花青牛膽植株光滑，花瓣明顯外翻。

括樓屬 TRICHOSANTHES

單葉，卷鬚單一至六岔。雌雄同株或異株，雄花成總狀花序，雌花單生；花有明顯苞片，花瓣白色，邊緣長裂絲狀；雄蕊 3，離生，一雄蕊具 1 花藥，餘二雄蕊具 2 花藥，藥室折曲；花柱 1，柱頭三岔，子房 1 室。果實為瓠果。

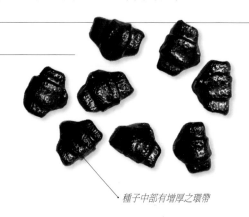

種子中部有增厚之環帶

王瓜

屬名	括樓屬
學名	*Trichosanthes cucumeroides* (Ser.) Maxim. *ex* Fr.& Sav.

攀緣性多年生草本。葉膜質至紙質，三角狀卵形至近圓形，全緣至五至七深掌裂，卷鬚單一或二岔。雌雄異株，花腋生，雄花少數而成短總狀排列，雌花單生；萼筒長約 6 公分，花冠白色，先端先五裂，裂片披針形或卵形，五脈，各裂片再成細絲狀裂。果實卵形至橢圓形，成熟時橘紅色。種子中部具增厚的環帶。晚間 7 點後開花。

　　產於中國及日本；在台灣分布於全島中、低海拔之森林及山野。

萼片細小，披針形。

雌花

葉膜質至紙質，三角卵形至近圓形，全緣至五至七深掌裂。

花冠先端先五裂，裂片披針形，各裂片再成細絲狀裂。

未熟果具白紋

果實卵形至橢圓形，成熟時橘紅色。

芋葉括樓

屬名	括樓屬
學名	*Trichosanthes homophylla* Hayata

匍匐性草質藤本，莖伸長，被粗毛。葉紙質至厚紙質，長卵形至橢圓形，葉緣微波狀，葉背淡綠色而有粗毛，尤以葉脈為然，卷鬚三至五岔。雌雄異株，花較大，腋生，雄花成總狀花序，雌花單生；花萼裂片狹三角形或長三角形，花冠白色，裂片 5 枚，倒卵形，長 1～1.5 公分，邊緣成絲狀裂；雄蕊 3，著生於花萼筒上，花絲短，花藥被粗毛；子房長橢圓形，花柱線形，柱頭 3，頭狀，胚珠多數。果實橢圓形，表面常有綠斑點。晚間 8 點左右開花。

　　產於琉球；在台灣分布於全島中、低海拔山區。

果橢圓形，表面常有綠斑點。

約莫晚間 7～8 點始綻放花朵

花萼裂片狹三角形或長三角形，不裂。

花冠裂片 5 枚，倒卵形或倒三角形，邊緣為不規則絲狀裂。

槭葉括樓

屬名	括樓屬
學名	*Trichosanthes laceribracteata* Hayata

葉膜質至紙質，寬卵形至圓形，先端尖，基部心形，三至七淺裂至深裂，葉緣不規則鋸齒狀，葉面粗糙，卷鬚二至三岔。萼片長三角形，邊緣常有小突出物或剪裂狀，花冠裂片倒三角形，花冠喉部具絨毛。果實圓球狀，成熟時紅色，具白斑點。晚間 10 點左右開花。

　　產於中國、中南半島及日本；在台灣分布於全島中、低海拔山野。

雄花，花冠裂片倒三角形。

果圓球狀，具白斑點，熟時紅色。

雌花，柱頭三岔。

將開之雌花，可見萼裂片具齒緣。

葉膜質至紙質，寬卵形至圓形，三至七淺裂至深裂。

全緣括樓

屬名　括樓屬

學名　*Trichosanthes ovigera* Blume

匍匐性草質藤本，莖伸長，被粗毛。葉膜質至紙質，卵形，不裂至三至五掌裂，下表面明顯有毛，卷鬚二至三岔。萼片長三角形，全緣；花冠裂片卵形。果實卵形至橢圓形，成熟時橘紅色，具 10 條綠白色縱紋。晚間 10 點左右開花。

　　產於印度、中南半島及馬來西亞；在台灣分布於南部山區之森林及灌叢中。

葉不裂至三至五掌裂

果實

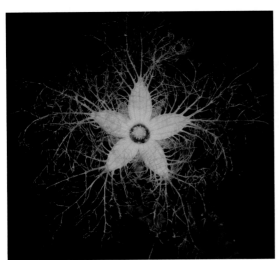

花冠裂片卵形

萼片長三角形，全緣。

台灣分布於南部山區之森林及灌叢中

蘭嶼括樓

屬名	括樓屬
學名	*Trichosanthes quinquangulata* A. Gray

葉紙質，卵形，五至七角形至淺裂，卷鬚四至六岔。花冠裂片倒三角形，邊緣之絲狀裂為台灣產本屬植物中最短者。果實圓球狀，成熟時橘紅色。

　　產於中南半島、馬來西亞及中國雲南；在台灣分布於離島蘭嶼海邊及林緣。

花於夜間開放（王偉聿攝）

葉紙質，卵形，五至七角形至淺裂。

結實纍纍的植株，葉已枯。（王偉聿攝）

果圓球狀，熟時橘紅色。

中華括樓

屬名	括樓屬
學名	*Trichosanthes rosthornii* Harms

葉紙質，卵形至近圓形，五至七掌裂，葉背近光滑，微毛，卷鬚二至五岔。萼片線形至披針形，全緣；花冠裂片倒卵形，花冠喉部具絨毛。果實橢圓形，成熟時橘紅色。花期在 6～8 月。

　　產於中國及琉球；在台灣分布於北部之開闊林地及草地。

卷鬚二至五岔

葉背近光滑，微毛。

萼片線形至披針形，全緣。

果橢圓形

葉紙質，卵形至近圓形，5～七掌裂。

馬㼎兒屬 ZEHNERIA

單葉，卷鬚單一。雌雄同株或異株，雄花序總狀，雌花單生或 2 ～ 4 朵簇生，花淺黃綠白色；雄蕊 3，每一雄蕊具 2 花藥，藥室直立或彎曲。果實為瓠果。

黑果馬㼎兒

屬名　馬㼎兒屬
學名　*Zehneria guamensis* (Merr.) Fosberg

葉膜質至紙質，寬卵形，三至七淺裂。雌雄異株。果實綠色，成熟轉黑色，常具白色粉面。花期為全年。

　　產於馬來西亞、太平洋群島及琉球；在台灣分布於全島中、低海拔山野。

花被內側被毛；
雄花具 3 枚花藥。

果被白粉，熟時紫黑色。

雌花柱頭三裂，子房橢圓形。

雄花序總狀，具長梗。

雌花數朵簇生於葉腋

日本馬㼎兒

屬名　馬㼎兒屬
學名　*Zehneria japonica* (Thunb.) H.-Y. Liu

攀緣性草質藤本，長 2 ～ 5 公尺。葉三角形，葉基心形，邊緣波狀淺齒緣，長 3 ～ 6 公分，寬 4 ～ 8 公分，葉柄上具短毛。雌花與雄花同出於葉腋，但有時雄花單生於葉腋。花白色，徑約 6 公釐，花冠深五裂，雄蕊 3；雌花單生，花瓣喉部被毛；花柱 3，子房矩圓形。果近球形，熟時由綠色轉為白色，長約 1 ～ 1.6 公分，光滑。種子扁平，長約 6 公釐。

　　產於日本；在台灣分布於全島中、低海拔山野近水處。

果熟時白色，表面無光澤。（許天銓攝）

雌花單生，花瓣喉部被毛。（許天銓攝）

葉基心形，邊緣波狀淺齒緣。（許天銓攝）

紅果馬㲍兒 特有種

屬名	馬㲍兒屬
學名	*Zehneria* sp.

攀緣性草質藤本，長 2 ～ 5 公尺。葉膜質至紙質，長三角形，長 5 ～ 10 公分，近全緣，微波浪緣。花單性，雌雄同株，白色；雄花單生或數朵聚生於葉腋，有細長花梗，萼筒短，萼齒 5 枚，小，花冠五深裂，裂片三角狀卵形，略反捲，雄蕊 3，花藥分離；雌花單生，與雄花同出於葉腋，花梗較長，花萼、花冠同雄花，子房矩圓形，花柱 3。果實成熟轉橘紅色。

　　特有種，產於台灣中北部（南投以北）。

葉近三角形，不裂。
（許天銓攝）

種子邊緣增厚
（許天銓攝）

雄花具三枚雄蕊（許天銓攝）

雌花柱頭三裂（許天銓攝）

果懸垂，具長柄，表面光滑，熟時肉紅色。
（許天銓攝）

萼筒杯狀（許天銓攝）

雌雄同株異花（許天銓攝）

樺木科 BETULACEAE

落葉性喬木或灌木。單葉，互生，葉緣多有鋸齒，羽狀脈，托葉早落。雄花序下垂柔荑狀，雄花 1 ～ 6 朵腋生於苞片內，花萼 2 ～ 4，雄蕊 2 ～ 20；雌柔荑花序穗狀或頭狀，花萼有或無。堅果與總苞合成毬果狀果序。

特徵

堅果與總苞合成毬果狀果序（台灣赤楊）

單葉，互生，羽狀脈，多有鋸齒。（蘭邯千金榆）

單葉，互生，羽狀脈，多有鋸齒（蘭邯千金榆）

雄花序下垂柔荑狀（台灣赤楊）

赤楊屬 ALNUS

落葉喬木。葉卵形或橢圓形，部分側脈直達葉緣鋸齒，部分於葉緣前弧曲。雄柔荑花序細長，雄花 3 ～ 6 朵腋生於苞鱗。果序呈毬果狀。

台灣赤楊(水柯仔) 特有種

屬名　赤楊屬

學名　*Alnus formosana* (Burkill *ex* Forbes & Hemsl.) Makino

喬木，高可達 20 公尺，樹幹直，樹皮灰褐色，老時常片狀剝落。葉卵形或橢圓形，長 8 ～ 12 公分，寬 3 ～ 5 公分，先端銳尖或漸尖，基部楔形，鋸齒緣。雄花成下垂的柔荑花序，淡黃色，苞片內有 3 朵花，且有 3 ～ 5 枚連生的小苞片，花萼四裂，雄蕊 4 枚，無花絲或甚短；雌花序短穗狀，生於老枝之上端，每苞片內側有 2 雌花，每花側面尚有小苞片 2 枚，無花被，花柱 2。果序呈毬果狀，小堅果有狹翅。

特有種；分布於台灣平地至海拔 3,000 公尺之 高山，生長於陽光充足之開闊地。

果序呈毬果狀

葉卵形或橢圓形，先端銳尖或漸尖，基部楔形，鋸齒緣。

雄花序，可見黃色之雄蕊。

中海拔坡地常見之先驅植物

尼泊爾赤楊

屬名　赤楊屬
學名　*Alnus nepalensis* D. Don

喬木，高達 15 米。 葉厚紙質，倒卵狀披針形、倒卵形、橢圓形或倒卵狀矩圓形，長 4 ～ 16 公分，寬 2.5 ～ 10 公分，頂端驟尖或銳尖，較少漸尖，基部楔形或寬楔形，邊緣全緣或具疏細齒，幼時疏被長柔毛，以後沿脈被黃色短柔毛，側脈 8 ～ 16 對；葉柄粗壯，長 1 ～ 2.5 公分，近無毛。 雄花序多數，排成圓錐狀，下垂。 果序多數，呈圓錐狀排列，矩圓形，長約 2 公分，直徑 7 ～ 8 公釐。果苞木質，宿存，長約 4 公釐，頂端圓，具 5 枚淺裂片；小堅果矩圓形，長約 2 公釐，膜質翅寬為果的二分之一，較少與之等寬。本種與台灣原生種台灣赤楊近似，但與後者主要的區別在於前者具大型葉片、8 ～ 16 對側脈及圓錐花序。

　　產於喜馬拉雅（加瓦爾不丹）、阿薩姆邦、西藏、緬甸、中印半島與中國西部。目前已歸化於南投中海拔山區。

果實（曾彥學攝）

花序（曾彥學攝）

大型葉片（曾彥學攝）

千金榆屬 CARPINUS

喬木。葉披針形或卵狀披針形，重鋸齒緣，全部側脈直達葉緣鋸齒。雄花單生於苞鱗腋處。果序呈穗狀，小堅果無翅。

太魯閣千金榆（新城鵝耳櫪） 特有種

屬名　千金榆屬
學名　*Carpinus hebestroma* Yamam.

喬木。葉披針形，長 5 ～ 5.5 公分，寬 1.5 ～ 1.8 公分，先端漸尖，基部寬楔形至略近圓形，葉緣單鋸齒或偶每兩側脈間具 1 ～ 2 小齒，側脈 11 ～ 12 對。果苞半卵形，長 9 ～ 10 公釐；小堅果卵圓形，長約 2.5 公釐，密被柔毛。

　　特有種，分布於花蓮新城至太魯閣之間，模式標本採自錐麓古道之巴達岡。

葉緣單鋸齒或偶每兩側脈間具 1 ～ 2 小齒

果序呈穗狀，下垂。果序苞片半卵形，長 0.9 ～ 1 公分。

阿里山千金榆(川上氏 鵝耳櫪) 特有種

屬名　千金榆屬

學名　*Carpinus kawakamii* Hayata

喬木，幹皮青灰褐色，具縱向細長深裂縫。葉卵狀橢圓形或卵狀披針形，長 7 ～ 8 公分，漸尖頭，基部鈍或心形，葉緣全為重鋸齒，側脈 11 ～ 13 對。雄蕊多數，花絲先端分岔，花藥先端有茸毛。果實之苞片刀狀，長 1.3 ～ 1.8 公分；小堅果卵形，長約 3 公釐，具 10 ～ 15 縱稜。

　　特有種；分布於台灣中至高海拔山區之陽光充足處。

葉重鋸齒緣

落葉性喬木，花及葉一起開。

果苞片刀狀，長 1.3 ～ 1.8 公分。

雄花序下垂柔荑狀，花藥先端有茸毛。

蘭邯千金榆(蘭嵌 鵝耳櫪) 特有種

屬名　千金榆屬

學名　*Carpinus rankanensis* Hayata

喬木。葉長橢圓形，長 10 ～ 12 公分，寬 3 ～ 4 公分，先端銳尖，基部明顯心形，側脈 15 ～ 25 對，重鋸齒緣，具芒尖。花藥先端有茸毛。果苞卵形，先端尖，長約 1.4 公分，兩側不對稱，外緣上部疏生鋸齒，內緣全緣，中肋位於近中央，在果序軸上覆瓦狀排列。

　　特有種，分布於宜蘭、花蓮、屏東、新竹及南投一帶海拔 1,000 ～ 1,900 公尺山區。

果苞卵形，先端尖，長約 14 公釐。

葉重鋸齒緣，具芒尖，側脈 15 ～ 25 對。

雄花序下垂柔荑狀，雄花 1 ～ 6 朵腋生於苞片內。

花葉同時開展

殼斗科 FAGACEAE

落葉或常綠喬木。單葉，互生，羽狀脈，托葉早落。花單性，雌雄同株；雄花排成直立或下垂之柔荑花序或頭狀花序，花被片4～7枚，雄蕊3～12或更多；雌花單生或3～4朵簇生，再集生成穗狀，花被片4～7枚，與子房合生，子房3～7室，每室2胚珠，花柱3～10，柱頭點狀或增大成扁平狀、頭狀或瘤狀。總苞常變硬成殼斗狀，包被堅果全部或一部分，殼斗外常有鱗片狀凸起或棘刺。

特徵

花柱3

栲屬。殼斗外表被刺或瘤狀突起，內有堅果1～4粒。（大葉苦櫧）

石櫟屬。總苞無刺，皿形、碟形或杯形。（大葉石櫟）

櫟屬。殼斗之鱗片常連成同心環（灰背櫟）

雌花單生或3～4朵簇生，再集生成穗狀。（星刺栲）

雄花排成柔荑花序（太魯閣櫟）

栲屬（苦櫧屬）CASTANOPSIS

常綠喬木。穗狀花序，直立，花多為單性；花被杯狀，六裂；雄花雄蕊10或12；雌花一至數朵包被於殼斗內，3室，花柱3。殼斗外表被刺或瘤狀突起，內有堅果1～4粒。

長尾尖葉櫧（卡氏櫧）

| 屬名 | 栲屬（苦櫧屬） |
| 學名 | *Castanopsis carlesii* (Hemsl.) Hayata |

雌花序，花柱3。

常綠中喬木。葉長橢圓形，先端長尾狀漸尖，基部稍歪，葉緣自中部以上有細鋸齒或全緣，葉背銀白色或淡褐色。雄花序穗狀或圓錐狀，長3～6公分，雄花長2～2.5公釐，徑約2公釐，花被杯形，先端五至六裂，內面有毛茸，外面光滑無毛。殼斗略呈球形，完全包被堅果，外表具瘤狀短刺並被絨毛，成熟時開裂。

產於中國；在台灣分布於全島中海拔山區，偶見於低海拔。

殼斗略呈球形，完全包被堅果，熟時開裂。

盛花之植株

雄花序穗狀或圓錐狀，長3～6公分。

雄花序，雄蕊10。

葉緣自中部以上有細鋸齒，或全緣。

雄花序

桂林栲

屬名　栲屬（苦櫧屬）
學名　*Castanopsis chinensis* (Sprengel) Hance

常綠喬木，幼枝被毛，成熟後無毛。葉厚紙質，披針形，稀卵形，長 7 ～ 18 公分，寬 2.5 ～ 4 公分，先端尾狀，基部圓至尖，葉緣至少在中部以上呈鋸齒狀，側脈 9 ～ 12 對，光滑無毛，兩面顏色相同。雌花序生長於第一年的小枝頂端，每個總苞內著生 1 朵花，稀為 2。果序長 8 ～ 15 公分，殼斗球形，直徑 2.5 ～ 3.5 公分，厚 1 ～ 1.5 公釐，外面密被灰棕色絨毛，內部密被棕色絨毛，常會分成 3 ～ 5 個部分；苞片具銳刺，幾乎覆蓋整個殼斗，長 6 ～ 12 公釐，基部或下部癒合；堅果圓錐形，長 1.2 ～ 1.6 公分，寬 1 ～ 1.3 公分，被微柔毛。

　　產於中國南部之廣東、廣西、貴州及雲南；在台灣分布於屏東來義海拔 1,500 公尺以下山區。

殼斗開裂，可見堅果。（楊智凱攝）

雄花序（楊智凱攝）

葉似台灣苦櫧及印度苦櫧，惟葉片較狹，兩面光滑且同色。（楊智凱攝）

反刺苦櫧

屬名　栲屬（苦櫧屬）
學名　*Castanopsis eyrei* (Champ. *ex* Benth.) Hutch.

小枝無毛，芽被毛。葉厚革質，卵形至卵狀披針形，長 5 ～ 13 公分，先端尾狀尖，基部鈍，常歪，全緣或前半部疏鋸齒緣，兩面同色，光滑無毛，下表面具光澤。雌花序長約 10 公分，花序軸無毛。殼斗卵形，徑 2 公分；苞片之刺先端分裂；堅果卵圓形，先端具一小凸尖。

　　產於中國南部；在台灣分布於中部八仙山、關刀山、蓮華池等地，多見於海拔 6,00 ～ 1,600 公尺之樟櫟群叢中。

葉常歪，先端有尾尖，兩面同色，全緣或前半部疏鋸齒緣。（楊智凱攝）

星刺栲(短刺櫧)

屬名 栲屬（苦櫧屬）
學名 *Castanopsis fabri* Hance

常綠喬木，小枝近光滑，幼葉下表面被鏽褐色毛，不久即脫落。葉革質，卵狀披針形，長 7 ～ 9 公分，先端漸尖，基部銳尖至鈍，全緣或近前端粗鋸齒緣，葉背鏽褐色。花單性，雌雄同株；雄花成直立或略下垂之柔荑花序，雄蕊 12；雌花成柔荑花序，花柱 3。果序長 8 ～ 17 公分。殼斗完全包被堅果，苞片之刺多條合生至中部以上成為刺束，刺束上部分岔殆成放射狀，不排成列，不反曲，被黃褐色短毛；堅果 2 ～ 3 粒，圓錐形或三角狀錐形，無毛。

產於中國；在台灣分布於南部、東部及恆春半島之低中海拔山區。

雌花花柱 3

雄花成直立或略下垂之柔荑花序（郭明裕攝）

將開放之雄花

雌花序。葉披針形，全緣或近先端粗鋸齒緣，下表面鏽褐色。

殼斗卵形，苞刺先端分裂，堅果卵圓形，先端具一小凸尖。（楊智凱攝）

分布南部及中部山區

火燒柯（栲樹）

屬名　栲屬（苦櫧屬）
學名　*Castanopsis fargesii* Franch.

常綠大喬木，高可達10餘公尺，徑1～1.5公尺，樹皮粗糙，小枝被褐色鱗片。葉革質，橢圓狀披針形，先端漸尖，基部銳尖至鈍，全緣或僅近前端疏鋸齒緣，葉背被淡紅褐色鱗片。柔荑花序直立或近於直立，長4～8公分，雄花序單獨生長或與雌花混生（雌花多生長於花序基部）；雄花杯形，長1～1.5公釐，徑約2.5公釐，花被片5～6枚，外面光滑，內面被柔毛，雄蕊10～12，花絲光滑無毛；雌花花被六裂，外面光滑，內面被毛。殼斗密被刺，刺直或稍彎曲。

　　產於中國；在台灣分布於中部之低中海拔山區。

雄花序

葉下表面被淡紅褐色鱗片

12月果熟，殼斗裂開。

殼斗密被刺，刺直或稍彎曲；果熟殼斗開裂，露出堅果。

12月滿樹的果實

花盛開之大樹

台灣苦櫧

屬名　栲屬（苦櫧屬）
學名　*Castanopsis formosana* Hayata

葉革質，長橢圓形或卵狀長橢圓形，長 8 ～ 14 公分，先端漸尖，銳鋸
齒緣，側脈 7 ～ 9 對直達鋸齒，葉背灰白色，初時微毛，後漸漸光滑。
殼斗密被直而銳之單刺，刺長 1 ～ 1.8 公分；堅果密被絨毛。本種葉形
與印度苦櫧（見第 94 頁）相似，並共域生長，但本種的成熟葉背光滑（vs.
被短褐毛），側脈 7 ～ 9 對（vs. 13 ～ 22 對），可茲區別。
　　產於中國南部；在台灣生長於嘉義以南之平地山麓至海拔 1,500 公
尺山區。

*成熟葉背光滑，
側脈 7 ～ 9 對。*

雄花

雌雄花序同生在一花枝上

雄花和雌花的花序長度略相等

殼斗密被直而銳之單刺

分布於南部山區

印度苦櫧(漸尖葉櫧、恆春椎栗)

屬名 栲屬（苦櫧屬）

學名 *Castanopsis indica* (Roxb.) A. DC.

幼枝被褐色短毛。葉長橢圓形或卵狀長橢圓形，長 9 ～ 12 公分，先端漸尖，銳鋸齒緣，側脈直達鋸齒，13 ～ 22 對，葉背被短褐色毛。花序梗及花被片密生絨毛。殼斗密被直而銳之單刺，刺長 1 ～ 1.8 公分；堅果密被絨毛。

產於中國南部；在台灣生長於南部海拔 300 ～ 1,000 公尺山區。

葉下表面被短褐毛

雄花序，花序梗、花被片密生絨毛。

盛花的印度苦櫧

雌花序

殼斗密被直而銳之單刺

大葉苦櫧（川上氏櫧）

屬名	栲屬（苦櫧屬）
學名	*Castanopsis kawakamii* Hayata

喬木，高20公尺以上，幹皮會一片片條狀剝裂，小枝無毛。葉卵形、卵狀披針形或長卵形，長8～11公分，先端漸尖至尾狀，基部鈍至圓，全緣或近前端淺鋸齒緣，葉背光滑無毛，銀色。花單性，雌雄同株；雄花成柔荑花序，花被片4～7；雌花單生或3～4朵簇生，再集生成穗狀，花被片4～7，子房3～7室，每室2胚珠，花柱3～10，柱頭點狀或增大成扁平狀、頭狀或瘤狀。殼斗密被刺，刺直而銳，多根簇生。

　　產於中國；在台灣分布於中部之低中海拔山區。

結果的枝條

葉背銀白色

葉全緣或近先端淺鋸齒緣

12月底成熟的果實

殼斗密被刺，刺直而銳。

細刺苦櫧（草野氏櫧） 特有種

屬名	栲屬（苦櫧屬）
學名	*Castanopsis kusanoi* Hayata

幼葉下表面被鏽褐色毛，後變光滑。葉革質，卵形、卵狀橢圓形、披針狀長橢圓形至披針形，長6～18公分，寬4～6公分，先端漸尖或尾狀漸尖，基部銳尖、鈍或圓，全緣或近前端不明顯圓齒緣，葉背淡褐色，光滑無毛。殼斗圓球形，密被刺，刺被細絨毛。

　　特有種；分布於台灣中南部之低中海拔山區，如嘉義阿里山、奮起湖及藤枝一帶。

未熟果，密被刺，刺被細絨毛。

葉長橢圓形，全緣或近前端不明顯圓鋸齒緣，下表面淡褐色，光滑無毛。

烏來柯(淋漓)

屬名	栲屬（苦櫧屬）
學名	*Castanopsis uraiana* (Hayata) Kanehira & Hatusima

常綠喬木，幹通直，多分枝，樹皮有深縱裂，樹液多。單葉，互生，長橢圓形、披針形或狹橢圓狀披針形，先端漸尖至尾狀，基部歪斜，全緣或前半部疏齒緣，側脈約 9 對，兩面光滑無毛。雄花成柔黃花序，長 3～6 公分，花朵密集生長，花被片 5～6，外面光滑無毛，內面被疏柔毛，雄蕊 8～12，花絲長約 2 公釐，無毛茸，花藥長約 0.3 公釐；雌花花被六裂，外面被毛，花柱 3，甚短，柱頭鈍。殼斗外被覆瓦狀之鱗片，表面有毛。

　　產於中國；在台灣分布於海拔 300～1,200 公尺之較低海拔林地，如北部的烏來；中部的東勢、水里、烏溪及蓮華池；南部的雙流及大武等。

殼斗外被覆瓦狀之鱗片

雄花密集生長，花被裂片 5～6，雄蕊 8～12。

雌花序長在花枝上部。亦有在一花序之上部為雌花，下部為雄花者。

雌花序大多生於樹冠枝頂

葉基部歪斜，全緣或前半部疏齒緣。

水青岡屬 FAGUS

落葉喬木。雄花多數，成下垂有梗之頭狀花序；雌花 2，包於有梗之總苞內，花柱 3。殼斗圓球形，四裂，表面具短軟刺，內有 1～2 粒核果；核果卵形，具三稜。
　　台灣有 1 種。

台灣水青岡(台灣山毛櫸、早田山毛櫸) 特有種

屬名	水青岡屬
學名	*Fagus hayatae* Palib.

葉橢圓形至卵形，先端銳尖，基部圓，鋸齒或稀重鋸齒緣，側脈 7～8 對，直達鋸齒，幼葉下表面被褐毛，後漸光滑。雄花常先葉開放或同時開放，4～7 朵，下垂，雄蕊 8～16；雌花常 2 朵聚生。果實外包被的殼斗呈卵球形，長 7～10 公釐，成熟後四裂。
　　特有種；分布於台灣北部的桃園、台北及宜蘭一帶之中、低海拔山區稜線上。

果實外包被的殼斗呈卵球形，成熟之後四裂。（許天銓攝）

雄花成頭狀花序（陳志豪攝）

葉鋸齒或稀重鋸齒緣，側脈 7～8 對，直達鋸齒。

四月長出新葉（楊智凱攝）

石櫟屬 LITHOCARPUS

喬木，多為常綠。直立穗狀花序，雌雄花常同花序；花單生，或3或多朵簇生；花柱3。殼斗不規則開裂，總苞無刺，皿形、碟形或杯形。

杏葉石櫟（苦扁桃葉石櫟）

屬名	石櫟屬
學名	*Lithocarpus amygdalifolius* (Skain *ex* Forbes & Hemsl.) Hayata

常綠大喬木，樹皮灰白，不規則淺溝裂。葉革質，長橢圓狀披針形或披針形，長 10～15 公分，先端尾狀，全緣，側脈 10～13 對，葉背褐色。殼斗徑 2～2.5 公分，幾乎完全包被堅果，外表鱗片闊或狹三角形，具狹脊。

　　產於中國南部；在台灣分布於中南部之低中海拔山區。

殼斗徑 2～2.5 公分，幾乎全包住堅果。（楊智凱攝）

三月底花朵盛開之大樹

雄花序，雄蕊約 10。

葉長橢圓狀披針形或披針形，長 10～15 公分，先端尾狀，全緣。

短尾葉石櫟

屬名	石櫟屬
學名	*Lithocarpus brevicaudatus* (Skan) Hayata

小枝具五稜。葉革質，橢圓形，長 8～15 公分，寬 3～6 公分，先端漸尖或尾狀，基部楔形或圓，幾近全緣，前端略呈波狀緣，側脈 8～10 對，葉背灰白色。殼斗碟狀，鱗片三角形，外被絨毛。

　　產於中國；在台灣分布於全島之低中海拔森林，可見於福山、佳陽、大雪山、蓮華池、日月潭及大武等地。

花序常具許多短分枝

葉近全緣，側脈稍凹陷。

鬼櫟(櫧葉石櫟) 特有種

屬名　石櫟屬
學名　*Lithocarpus castanopsisifolius* (Hayata) Hayata

常綠大喬木。葉披針狀長橢圓形或長橢圓形，長 15 ～ 32 公分，
先端尾狀突尖，全緣或波狀緣，側脈 13 ～ 15 對，葉背灰白色。
殼斗長 3 ～ 3.2 公分，徑 2.9 ～ 3 公分，幾乎完全包被堅果；鱗片
三角形，先端鈍，被灰色短毛，中央有明顯的脊。

　　特有種；分布於台灣中南部海拔 1,500 ～ 2,000 公尺山區。

殼斗長 3 ～ 3.2 公分，徑
2.9 ～ 3 公分，幾乎完全包
被堅果。（林家榮攝）

葉披針狀長橢圓形或長橢圓形，長 15 ～ 32 公分，先端尾狀突尖。

可見於中海拔山區

後大埔石櫟(煙斗石櫟)

屬名　石櫟屬
學名　*Lithocarpus corneus* (Lour.) Rehd.

常綠喬木。葉長橢圓形至長倒卵形，長 8 ～
14 公分，先端突尖、漸尖或短尾狀，前端鋸
齒緣。殼斗倒圓錐形，長 1.5 ～ 2 公分，徑 3
公分，外被有許多三角形鱗片。本種的果及
葉與小西氏石櫟
（見第 103 頁）
相似，但是尺寸都
較大些，且本種的
堅果表面被毛（vs.
光滑），先端稍
呈截形或圓形（vs.
圓形），可茲區
別。

雄蕊已開放之雄花序

　　產於中國；在
台灣分布於中南
部之中海拔山區，
多見於鳳岡山、尾
寮山及大漢林道。

盛花之植株

本種的果及葉與小西氏石櫟相似，但是尺寸都較大些。

柳葉石櫟 特有種

屬名 石櫟屬
學名 *Lithocarpus dodoniifolius* (Hayata) Hayata

常綠喬木。葉披針形或長橢圓狀披針形，長 6～12 公分，寬
1～2.5 公分，先端銳尖或鈍，基部漸窄，全緣，邊緣略反捲，
網脈不明顯。殼斗無柄，皿狀，徑約 1.5 公分，鱗片三角形，
覆瓦狀排列；堅果圓錐形或近球形，徑約 1.6 公分。

　　特有種，分布於屏東及台東之低海拔山區，如姑子崙山、
大漢山及歸田等地。

堅果圓錐形或近球
形，徑約 1.6 公分。

雌花序

四月中旬雄花盛開

9～10 月果熟期

三月下旬花葉齊開

雄花序

台灣石櫟 特有種

屬名 石櫟屬

學名 *Lithocarpus formosanus* (Hayata) Hayata

常綠喬木。葉長橢圓狀倒卵形或狹倒卵形，先端圓或鈍，基部楔形，長 5 ～ 10 公分，寬 2.5 ～ 3 公分，全緣，邊緣略反捲，側脈 8 ～ 12 對，光滑無毛。雌花 2 ～ 3 朵簇生。果實幼時 2 ～ 3 個簇生，後僅 1 個成熟；殼斗皿形，鱗片三角形，被絨毛；堅果圓錐形，徑約 1.4 公分，高約 1.6 公分。

特有種，分布於恆春半島之低海拔山區，如牡丹、欖仁溪及出風鼻。

堅果圓錐形
（呂順泉攝）

葉長橢圓狀倒卵形，
先端圓或鈍。

偏限分布於恆春半島稜線風衝環境（許天銓攝）

雄花序（許天銓攝）

雌花常 3 ～ 4 朵一簇。

子彈石櫟(石櫟)

屬名　石櫟屬
學名　*Lithocarpus glaber* (Thunb. *ex* Murray) Nakai

常綠喬木。葉長橢圓形至倒披針形，長 8 ～ 12 公分，寬 3 ～ 4 公分，先端漸尖，基部楔形，全緣或稀近前端鋸齒緣，側脈約 8 對，上表面光滑，下表面伏臥褐色細柔毛。殼斗淺皿狀，徑約 1.2 公分，鱗片被絨毛，堅果長卵形。

產於日本及中國；在台灣分布於全島低海拔山區，可見於深坑、直潭山、巴陵、秀巒、惠蓀林場及埔里等地。

雄花枝，花藥粉紅色。

堅果長卵形

九月中旬可見初果及花序。葉全緣。

盛花的大樹

三斗石櫟

屬名　石櫟屬
學名　*Lithocarpus hancei* (Benth.) Rehd.

常綠喬木。葉薄革質，長橢圓形、橢圓形或卵形，先端短尾狀銳尖或漸尖，鈍或圓頭，基部鈍、銳尖或向葉柄漸窄，全緣，葉背光滑無毛，綠色。殼斗碟狀，鱗片闊三角形，排成 6 ～ 8 環。本種曾再被細分為三個類群，在山區偶見細葉者，被命名為細葉三斗石櫟（*L. hancei* var. *ternaticupula* f. *subreticulata*）；果較呈橢圓形者，被稱為三斗石櫟（*L. hancei* var. *ternaticupula* f. *ternaticupula*）；果呈扁球形或圓錐球形者，被稱為阿里山三斗石櫟（*L. hancei* var. *arisanensis*）。

產於中國；在台灣分布於全島低中海拔山區。

果實扁球形者，被稱為阿里山三斗石櫟。

葉狹長形者，被稱為細葉三斗石櫟。

果實橢圓形者，被稱為三斗石櫟。

大武石櫟(加拉段柯)

屬名　石櫟屬
學名　*Lithocarpus chiaratuangensis* (J.C. Liao) J.C. Liao

堅果卵形至扁球形
（楊智凱攝）

常綠喬木，枝條灰黑色。葉革質，長橢圓形至披針形，先端漸尖，基部楔形，前半部圓齒緣或鋸齒緣，罕波狀緣，第一側脈 6～7 對，葉背光滑無毛。雌花常 3～4 朵一簇。殼斗皿形，鱗片闊三角形，外表被毛；堅果卵形至扁球形。

　　產於中國及香港；在台灣分布於東部大武、尚武及壽卡一帶之低海拔地區。

雌雄混合花序；有全為雄花之雄花序，亦有花序上半部者為雄花，下半部者為雌花。

盛花之植株，約於六七月開花。

大葉石櫟(川上氏石櫟) 特有種

屬名　石櫟屬
學名　*Lithocarpus kawakamii* (Hayata) Hayata

果序

常綠喬木，小枝具五稜。葉革質，長橢圓形至倒卵形，長 12～30 公分，寬 5～8 公分，先端漸尖，基部楔形，近前端常鋸齒緣，稀全緣，側脈 12～15 對，兩面皆光滑無毛，同色，葉柄長 2～5 公分。殼斗皿狀，鱗片闊三角形；堅果近於球形。

　　特有種；分布於台灣全島低中海拔森林中。

花序常具許多短分枝

葉為台灣產本屬植物中最大者，長 12～30 公分。

小西氏石櫟(油葉石櫟) 特有種

屬名　石櫟屬
學名　*Lithocarpus konishii* (Hayata) Hayata

常綠喬木，小枝纖細。葉長橢圓形至倒卵形，先端漸尖至尾狀，基部楔形至鈍，前半部鋸齒緣，基部常有星狀毛，葉柄長 0.9 ～ 1.1 公分。雌花位於花序基部，雄花位於花序前端，組成混生花序，但雄花亦可單獨形成柔荑花序。殼斗淺碟形，鱗片三角形，被絨毛。

　　特有種；分布於台灣中南部之低海拔山區。

果實碩大，殼斗僅包覆堅果下半部。（許天銓攝）

6月雄花盛開

雄花序

有時雌花長在雄花序之基部，形成雌雄混合花序。

8月中旬見於台灣南部的幼果

葉長橢圓形至倒卵形，前半部鋸齒緣，先端漸尖至尾狀。

盛花之植株

南投石櫟 特有種

屬名　石櫟屬

學名　*Lithocarpus nantoensis* (Hayata) Hayata

常綠大喬木，小枝光滑無毛。葉革質，披針形至長橢圓狀卵形，先端尾狀至漸尖，基部楔形至鈍，全緣，側脈纖細不明顯。殼斗漏斗狀，上部鱗片覆瓦狀排列，下部鱗片呈環狀排列；堅果菱形，長 1.4 ～ 1.7 公分，寬 1.5 ～ 1.6 公分。與浸水營石櫟（見下頁）近似，但本種的殼斗包被堅果僅在二分之一以下（vs. 二分之一至四分之三）。

　　特有種；分布於台灣中南部中、低海拔山區，可見於守城大山、關刀山、小出山及蓮華池等地。

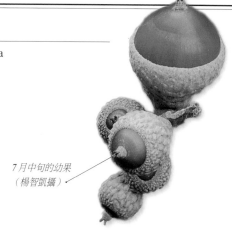

7月中旬的幼果
（楊智凱攝）

雄花與雌花混生（楊智凱攝）

葉披針形至長橢圓狀卵形，革質，全緣，先端尾狀至漸尖。

9月即將成熟的果實及初生的雌花序

在關刀山系，南投石櫟常為第一樹冠層的大樹。（楊智凱攝）

浸水營石櫟 特有種

屬名	石櫟屬
學名	*Lithocarpus shinsuiensis* Hayata & Kanehira

常綠喬木，幹皮淡褐色，縱向深裂，細小長片條狀剝落。葉橢圓狀披針形至披針形，長 10～14 公分，先端漸尖至尾狀，基部楔形至鈍，全緣，側脈 6～12 對，葉背灰白色。花單性，雌雄同株，雄花成柔荑花序或穗狀花序，長 5～8 公分，雄蕊 12，花藥紅色；雌花通常單生，偶有 2 朵簇生於穗狀花序上，柱頭 3。殼斗半圓球形，高約 1.2 公分，徑約 2 公分，總苞緣薄，包被堅果之半；堅果球形，直徑 1.8～2 公分。

特有種，分布於台東大武、恆春半島及浸水營一帶之森林中，如壽卡、牡丹、歸田、尚武、新化及浸水營。

雌花序

雄花

花序柔荑狀

開花植株

菱果石櫟 (台東石櫟)

屬名	石櫟屬
學名	*Lithocarpus synbalanos* (Hance) Chun.

常綠喬木，高可達 20 公尺，徑 40～60 公分；樹皮灰褐色，略近光滑，縱向細裂。葉革質，菱形、橢圓形至卵狀長橢圓形，長 6～12 公分，寬 3～5 公分，先端漸尖，基部銳尖，全緣，中肋於上表面平，下表面凸起，側脈 8～10 對，於上下兩面均凸起。殼斗淺碟狀，鱗片排成 2～3 環；堅果菱形或扁球形，長 1.6～1.7 公分，徑約 1.8 公分。本種與子彈石櫟（見第 101 頁）頗為相似，但可由本種堅果扁菱形而非長卵形加以區別。

產於中國及香港；在台灣分布於中、南部低至中海拔山區森林中。

在同一大枝幹上有單性的雌花序、雄花序；亦有上部是雄花，下部是雌花的混合花序。

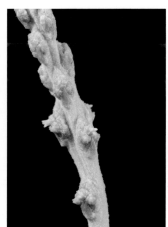
雌花序（楊智凱攝）

果序（楊智凱攝）

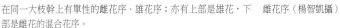

櫟屬 QUERCUS

常 綠或落葉，喬木或灌木。雄花單生或 2～3 朵簇生，而後排列成下垂之穗狀花序，雄蕊常為 6 枚；雌花單生，由一總苞包被，柱頭寬扁或膨大成頭狀。台灣有 19 種。

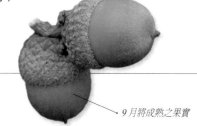

9 月將成熟之果實

槲櫟(大槲樹)

屬名	櫟屬
學名	*Quercus aliena* Blume

落葉喬木，樹皮不規則深裂，幼枝被灰褐色毛，隨後光滑。葉革質，闊倒卵形至長橢圓形，先端鈍或突尖，基部鈍或耳狀，波狀鈍齒緣，葉背灰白色並密被星狀毛。雄花序細穗狀，下垂；雌花單生或 2～3 朵簇生。殼斗淺盤狀，鱗片三角形，被銀白色毛；堅果橢圓形，長 1.7～2.5 公分。

產於中國、日本及韓國；在台灣僅分布於新竹新豐坑子口，海拔約 100 公尺，稀有。

雄花序

葉具波狀鈍齒緣

嶺南青剛櫟

屬名	櫟屬
學名	*Quercus championii* Benth.

常綠喬木，小枝密被黃色絨毛。葉長橢圓狀倒卵形，長 4～10 公分，鈍頭，全緣或先端有波齒，側脈 6～10 對，葉緣反捲，葉背密生黃褐色毛，葉柄密被絨毛。花單性，雌雄同株；雄花成下垂之柔荑花序，長約 8 公分，雄蕊 5～6 枚；雌花單生或 2 至多朵成短穗狀花序，柱頭三岔。殼斗鱗片 6～7 圈，外被絨毛；堅果長圓形，徑 1～1.8 公分，高 1.5～2 公分。

產於中國及香港；在台灣分布於屏東浸水營至恆春半島低海拔山區及海岸山脈東河至成功一帶。

殼斗的鱗片 6～7 圈，外被絨毛。（呂順泉攝）

葉緣反捲，葉背密生黃褐色毛。

10 月下旬未成熟的果實（呂順泉攝）

4 月花及葉一起開放

槲樹

屬名　櫟屬

學名　*Quercus dentata* Thunb. *ex* Murray

落葉小喬木，樹幹表面深裂，幼枝被淡黃褐色毛。葉倒卵形，先端鈍，基部圓至楔形，耳狀，葉緣具 6～10 對波浪形裂片或粗齒，葉背被棕色星狀毛。雄花序細穗狀，常先於葉開放，下垂；雌花序短。殼斗碗狀，鱗片多數，褐色，披針形，略反捲。

　　產於中國、日本及韓國；在台灣分布於台中新社及屏東大武山區。

樹幹表面深裂。葉緣具 6～10 對波浪形裂片或粗齒。

3 月中旬滿樹的雄花序

雄花序細穗狀，常先於葉開放，下垂。

殼斗碗狀，鱗片多數，褐色，披針形，略反捲。（楊智凱攝）

赤皮（赤柯）

屬名　櫟屬

學名　*Quercus gilva* Blume

常綠喬木，高可達 20 餘公尺，徑 1 公尺或更粗，樹皮灰褐色，常有片狀剝落，小枝被黃褐色星狀毛。葉披針形或闊披針形，長 7～20公分，寬 3.5～5公分，先端突尖，基部楔形，前半部銳鋸齒緣，上表面深綠色，下表面密被黃褐色星狀毛。雄花多數，柔荑狀排列，雄花杯狀，長 1.5～2 公釐，徑 2 公釐，花被片 4～5 枚，內面光滑，外面有毛茸，雄蕊 7～9，花藥被柔毛。殼斗杯狀，鱗片成 6～8 環，外被黃褐色絨毛；堅果橢圓形，長 1.2～2 公分，徑 1～1.5 公分，先端具 1 短柱狀突起，其上被短毛。

　　產於日本及中國；在台灣分布於中北部低中海拔山區，如李棟山、滿月圓、大鹿林道、蓮華池及赤柯山等地。關西赤柯山、玉里赤柯山等皆因當地往昔滿山赤皮而名之。

果實橢圓形，先端具 1 短柱狀突起。

雄花序，花與葉一起開放。

葉前半部銳鋸齒緣，葉背密被黃褐色星狀毛。

短柄枹櫟(思茅櫧櫟)

屬名 櫟屬

學名 *Quercus glandulifera* Blume var. *brevipetiolata* (A. DC.) Nakai

落葉小喬木。葉於小枝上略叢生，革質，長橢圓狀倒卵形或倒卵狀披針形，長 6 ～ 12 公分，寬 3 ～ 5公分，先端短銳尖或漸尖，基部呈耳狀，鋸齒緣，側脈 8 ～ 12 對。柔荑花序下垂，雄花序長 8 ～ 12公分，花序軸密被白毛，雄蕊 5 ～ 8；雌花序長 1.5 ～ 3 公分。殼斗杯狀，包被堅果的四分之一至三分之一，直徑 1 ～ 1.2 公分，高 5 ～ 8 公釐；小苞片長三角形，覆瓦狀排列，邊緣具柔毛；鱗片覆瓦狀排列；堅果橢圓形。

　　產於中國；在台灣分布於台中東卯山、德芙蘭步道及南投眉原，海拔 650 ～ 1,900 公尺山區，稀有。

葉長橢圓狀倒卵形或倒卵狀披針形

葉與花序均簇生枝端；葉柄極短。

柔荑花序下垂，雄花序長 8 ～ 12 公分，花序軸密被白毛。

果 12 月成熟，殼斗鱗片覆瓦狀排列，堅果橢圓形。（楊智凱攝）

青剛櫟

屬名 櫟屬

學名 *Quercus glauca* Thunb. *ex* Murray

常綠小喬木，幼葉與幼枝被灰白色絹毛。葉革質，倒卵狀長橢圓形、長橢圓形或長橢圓狀卵形，先端尾狀漸尖 ，基部楔形或銳尖，前半部銳鋸齒緣，側脈 9 ～ 13 對，葉背灰白色，葉柄長 1 ～ 3 公分。殼斗具 7 ～ 10 環鱗片，被灰白色絨毛；堅果長橢圓形或圓錐形。台灣本種植物之果實及葉形變化很大，往昔有許多的變異類型被發表為新分類群。

　　產於印度、喜馬拉雅山區、中國、韓國、日本及琉球；在台灣分布於全島低海拔森林中。

葉前半部銳鋸齒緣

殼斗具 7 ～ 10 環鱗片，被灰白色絨毛；堅果長橢圓形或圓錐形。

雄花序

花序與新葉齊開

圓果青剛櫟 特有種

屬名　櫟屬

學名　*Quercus globosa* (W.F. Lin & T. Liu) J.C. Liao

小喬木，小枝光滑。葉革質，卵形、卵狀長橢圓形至長橢圓形，先端銳尖或漸尖，具突尖頭，基部圓至銳尖，鈍鋸齒緣，側脈 6 ～ 8 對。殼斗鱗片 7 ～ 11 環，被灰色毛；堅果球形。葉形似青剛櫟（見前頁），但本種葉緣為鈍鋸齒，可茲區別。

　　特有種；分布於台灣中北部之低海拔山區森林中。

殼斗鱗片 7 ～ 11 環，被灰色毛；堅果球形。

葉形似青剛櫟，但本種葉緣具鈍鋸齒，側脈 6 ～ 8 對。

灰背櫟 特有種

屬名　櫟屬

學名　*Quercus hypophaea* (Hayata) Kudo

葉革質，長橢圓狀披針形，先端漸尖或銳尖，基部楔形或銳尖，全緣，側脈 11 ～ 14 對，葉背被灰色伏絨毛，葉柄長 4 ～ 7 公釐。雄花序長約 5 公分，被短毛。殼斗具 8 ～ 11 環鱗片；堅果球形至橢圓形，被絹毛。

　　特有種，主要分布於台東山區，少數分布於恆春半島之低海拔森林。

殼斗具 8 ～ 11 環鱗片

雄花序密生褐毛

葉背被灰色伏絨毛

花於 4 月初綻放

錐果櫟

屬名	櫟屬
學名	*Quercus longinux* Hayata

大喬木，小枝光滑，幼葉被白色綿毛。葉革質，披針形、長橢圓狀披針形或長橢圓形，先端漸尖或尾狀，基部銳尖，全緣，或前端細鋸齒或鋸齒緣，側脈約8對，葉背灰白色，葉柄長1～2.3公分。殼斗具7～10環鱗片，堅果橢圓錐形。錐果櫟形態多變化，果實形狀多樣；郭氏錐果櫟（var. *kuoi*）為本種之1變種，其葉背無白粉，堅果橢圓形，分布於花東及恆春半島。

　　產於中國；在台灣分布於全島低中海拔山區之森林中。

殼斗具7-10環鱗片，堅果橢圓錐形。

葉緣中段以上鋸齒緣

花序與新葉同時生長

森氏櫟(赤柯) 特有種

屬名	櫟屬
學名	*Quercus morii* Hayata

殼斗具7～10環鱗片，被黃褐色絨毛；堅果球形至橢圓形。

常綠大喬木，小枝光滑無毛。葉革質，長橢圓形至倒卵形，先端漸尖，基部鈍，前半部鋸齒緣，側脈8～10對，葉背幼時被黃褐色柔毛，成熟時光滑而有光澤，葉柄長2～3公分。殼斗具7～10環鱗片，被黃褐色絨毛；堅果球形至橢圓形。

　　特有種；分布於台灣全島中海拔（約2,000公尺）山區森林中，如觀霧、翠峰、梨山、阿里山及太平山，常為第一層樹冠。

4月中旬盛開的花

葉前半部鋸齒緣，表面光滑無毛，有光澤，側脈8～10對。

捲斗櫟

屬名　櫟屬
學名　*Quercus pachyloma* Seemen

喬木，小枝與幼葉被紫色或金黃色綿毛，老枝光滑。葉革質，披針形或長橢圓狀倒卵形至長橢圓形，先端漸尖或銳尖，基部銳尖、楔形或歪斜，全緣或前端疏齒緣，側脈約 9 對，葉背淡灰白色，葉柄長 1 ～ 3 公分。殼斗具 8 ～ 10 環鱗片，邊緣呈不規則波狀或平，成熟時開展，被金黃色絨毛。

　　產於中國；在台灣主要分布於中部及大武至恆春半島之低海拔山區，北部較少。

堅果表面密被金色毛狀物

小枝與幼葉被紫色或金黃色綿毛

葉披針形，前端疏齒緣。11 月中旬產於台灣南部之果熟。

波葉櫟 特有種

屬名　櫟屬
學名　*Quercus rapandifolia* J.C. Liao

常綠中、小喬木。葉革質，長橢圓形、卵形至披針形，近全緣，葉緣常呈波狀，前端偶爾為齒緣，側脈 6 ～ 8 對，葉背略呈灰白色，葉柄長 1.8 ～ 3.8 公分。雄花被外側被毛，內側無毛，雄蕊 4 ～ 6，花絲短，花藥大；雌花序生於與雄花不同小枝之葉腋，花 8 ～ 10 朵。殼斗具 5 ～ 7 環鱗片；堅果長橢圓形，先端突尖。

　　特有種；分布於台灣南部浸水營、壽卡、大漢山及歸田一帶之森林中。

12 月果熟

雄花之花枝（楊智凱攝）

葉革質，長橢圓形，近全緣，葉緣常呈波狀，前端偶爾為齒緣。

狹葉櫟（狹葉高山櫟、白背櫟）

屬名	櫟屬
學名	*Quercus salicina* Blume

常綠中、小喬木。葉革質，披針形至卵狀長橢圓形，長 8～12 公分，先端漸尖，基部銳尖至鈍，銳鋸齒緣，側脈 9～17 對，葉背常灰白色並被毛。殼斗具 8～9 環鱗片，被絨毛；堅果橢圓形，長 1.7～2.1 公分，徑 1.2～1.6 公分。

　　往昔大部分的分類處理將產於石碇山區之族群視為白背櫟（*Q. salicina*），而將產於全島中海拔森林中的族群視為狹葉櫟（*Q. stenophylloides*），本書依據最近的分類處理，將兩者視為同一種。

　　產於日本及韓國；分布於台灣全島中海拔之森林中。

梨山地區的果實在
11 月底近於成熟

石碇山區 10 月中旬即將成熟之果實

武陵地區之雄花序

花與葉同時開放

石碇皇帝殿的族群於 3 月底開花

產於石碇的族群

毽子櫟

屬名	櫟屬
學名	*Quercus sessilifolia* Blume

10月初，果實表面仍有許多的白絹毛。

喬木。葉叢生於小枝頂端，革質，長橢圓狀倒卵形至長橢圓形，長6～9公分，先端銳尖，基部鈍，近全緣或先端具2～4鋸齒，側脈9～13對，兩面無毛，近同色，葉柄長5～6公釐。殼斗具9～10環鱗片，被絨毛。

　　產於中國南部及日本；在台灣分布於全島海拔1,000～2,600公尺之森林中。

葉長橢圓形，近全緣或先端具2～4鋸齒。

4月中旬的雄花序

高山櫟

屬名	櫟屬
學名	*Quercus spinosa* A. David *ex* Franch.

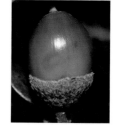

常綠喬木或灌木，小枝被星狀絨毛。葉革質，長橢圓形或卵形，長4～8公分，先端鈍或圓，基部鈍、圓或心形，全緣、銳齒緣或具刺，側脈4～8對，葉面凹凸不平，中脈後半段被褐色星狀毛；葉柄長3～5公釐，密被褐色星狀毛。殼斗之鱗片三角形，疏生。

　　產於緬甸及中國；在台灣分布於全島高海拔山區。

9月下旬即將成熟的果實

雄花序

葉面常不平整狀

太魯閣櫟 特有種

屬名　櫟屬
學名　*Quercus tarokoensis* Hayata

常綠小喬木，小枝被褐色星狀毛。葉革質，卵形、長橢圓形或橢圓形，長約4公分，寬約2公分，先端銳尖，基部鈍或心形，常前半部銳鋸齒緣，側脈5～12對，葉背中肋被絨毛；葉柄長1～3公釐，被絨毛。殼斗被絨毛，鱗片三角形；堅果橢圓形，先端有小尖頭。

　　特有種；分布於台灣東、南部低中海拔山區，如太魯閣、天祥、南橫天龍橋、富里石門、霧台及阿禮等地。

殼斗鱗片覆瓦狀排列

雄花序被毛，簇生

果實約10～11月成熟（廖淑暖攝）

銳葉高山櫟（塔塔加高山櫟） 特有種

屬名　櫟屬
學名　*Quercus tatakaensis* Tomiya

幼枝被褐色星狀毛。葉革質，卵形至披針形，長6.5～16公分，寬2.7～6.2公分，先端銳尖至漸尖，基部圓鈍或略近心形，全緣或具少數芒尖鋸齒緣，側脈7～16對，兩面平滑。雄花成柔荑花序，長3～4公分，雄蕊3～6枚；雌花單生或2～3朵簇生成短穗狀花序，柱頭3。殼斗杯形，徑約1公分，高0.8公分；小苞片三角形，緊密排列，被絹毛；堅果長橢圓形，長2.2公分。

　　特有種；分布於台灣全島之高海拔山區。

葉革質，卵形至披針形。

雌花序，花柱上部擴張。

雌雄花序有時會長在同一花枝上，雌花序（右上）較雄花序長度短很多。

新葉、雄花及雌花同時長出。

栓皮櫟

屬名 櫟屬

學名 *Quercus variabilis* Blume

落葉大喬木，樹皮縱向深溝裂，木栓質，具層次，小枝略近光滑。葉革質，長橢圓狀卵形至闊披針形，長 15 ～ 18 公分，先端漸尖，基部鈍或圓，鈍鋸齒緣，側脈 13 ～ 18 對，葉背灰白色，被星狀短毛，葉柄長 1 ～ 2.9 公分。殼斗之鱗片披針形或針形，延長捲曲；堅果橢圓形，長約 1.5 公分。

產於中國、日本及韓國；在台灣分布於全島低中海拔山區森林中，常為先驅樹種，性喜陽光，耐旱及貧瘠。

9 月初堅果尚未露出總苞外

雄花序，花藥即將綻放。

11 月果實成熟

葉革質，長橢圓狀卵形至闊披針形，側脈 13 ～ 18 對。

胡桃科 JUGLANDACEAE

落葉喬木。奇數羽狀複葉，互生，無托葉。雌雄同株，雄花序為柔荑花序，單一或數個簇生，雄花腋生於苞片，小苞片2 或無，花被無或 3～6，雄蕊 3～40；雌花序為多花之柔荑花序或 2 至數朵花之穗狀花序，雌花有苞片，花被無或四裂，與子房癒合，子房下位，花柱二岔。果實為堅果、核果或翅果。

特徵

奇數羽狀複葉，頂小葉不發育而看似偶數。（黃杞）

翅果（黃杞）

雌花為數朵花之穗狀花序（化香樹）

雄花成柔荑花序，數個簇生（野核桃）

黃杞屬 ENGELHARDIA

枝 條髓心充實，芽裸露。羽狀複葉，小葉 2～5 對。數支雄花序簇生或排成圓錐狀，下垂，雄花花被四裂或退化，雄蕊 4～12；雌花成一長柔荑花序，雌花花被四裂，柱頭 2 或 4。小堅果具翅，三裂。

黃杞

屬名	黃杞屬
學名	*Engelhardia roxburghiana* Wall.

喬木，高達 10 公尺。羽狀複葉，小葉 2～5 對，全緣，小葉柄長 0.5～1 公分。雌花序頂生，單一或數個雄花序排成圓錐花序；雄花花被四裂，雄蕊 4 枚。果序長 15～20 公分，小堅果球形，直徑約 4 公釐，頂端具宿存花被，基部具 3 膜質苞，中央者最長，約 2.5 公分。

　　產於中國西南部、印度及馬來西亞；在台灣生長於全島低至中海拔之森林中。

雄花序，雄花被四裂，雄蕊 4 枚。

堅果基部具 3 膜質苞，苞片 3 裂，中央者最長。

羽狀複葉，小葉 2～5 對。

果序，可見膜質苞下有小型球形堅果。

胡桃屬 JUGLANS

芽 有數枚芽鱗。奇數羽狀複葉，小葉鋸齒緣。雄花序有多數雄花，垂生於前年枝節間；雌花序有多朵雌花，生於當年生枝條頂端。果實為核果。

野核桃

屬名	胡桃屬
學名	*Juglans cathayensis* Dode

落葉大喬木，高可達 25 公尺，芽鱗密被黃色毛。奇數羽狀複葉，葉軸與葉柄被褐色毛，小葉 9～17 枚，橢圓形，長 12～15 公分，先端尾狀，基部圓或心形，鋸齒緣，葉脈下方有密毛，上方略被毛，殆無柄。果序穗狀，著果 5～10 顆，果實卵形或卵球形，外被粘性腺毛。

　　產於中國南部及北部；在台灣分布於全島海拔 1,200～2,000 公尺之森林中。

雄花序垂生

果序穗狀，著果 5～10 顆。

化香樹屬 PLATYCARYA

雌 雄柔荑花序均直立,頂生,或為雌雄同株之繖房花序;雄花序細,數穗生於頂生之雌花序下,雄花有一不裂之苞片,花被片 2;雌花序單生,卵狀長橢圓形。果序長橢圓形,直立,苞片宿存;堅果小,扁平,兩側各有 1 小狹翅。

化香樹

屬名	化香樹屬
學名	*Platycarya strobilacea* Sieb. & Zucc.

大喬木;芽卵形,鱗片前端突尖,有短緣毛。奇數羽狀複葉,葉軸與葉柄疏生黃褐色毛,隨後近光滑,小葉 9～19 枚,歪長橢圓狀披針形,細尖重鋸齒緣,上表面中脈略有毛,下表面側脈腋處有毛。果序長橢圓形,直立,有宿存之木質化苞片。

　　產於日本、韓國及中國;在台灣分布於北部及中部之低中海拔森林中。

雄花序較細長

長在樹冠層之果實

雄花序近觀,可見苞片內之雄蕊。

雌花序,可見花柱二岔。

奇數羽狀複葉,小葉 9～19,歪長橢圓狀披針形,細尖重鋸齒緣。

成熟之果實

楊梅科 MYRICACEAE

常綠或落葉之灌木或喬木，常具強烈芳香。單葉，互生。花單性或兩性，雌雄同株或異株；雄柔荑花序單生、數個簇生或多個成圓錐狀，有時前端有雌花，雄花生於苞腋，雄蕊 2～20；雌柔荑花序多為腋生，雌蕊單生於苞腋，花柱二岔。果實為核果。

特徵

互生之單葉

核果

（恆春楊梅）

雄花

雌花，花柱二岔。

雄柔荑花序單生、數個簇生或多個成圓錐狀，有時前端有雌花。（楊梅）

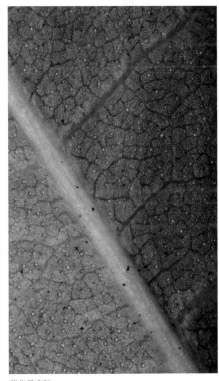

葉背具蜜腺

楊梅屬 MYRICA

常綠或落葉之灌木或喬木。葉全緣或有齒牙。花單性或兩性；雄蕊 2 ～ 8，罕 16。果實被蠟質或否，或有樹脂點。

恆春楊梅(青楊梅)

屬名	楊梅屬
學名	*Myrica adenophora* Hance

側脈約 4 對，葉緣中上部疏生淺齒。

小喬木或灌木，小枝被毛，幼枝有腺毛及金黃色樹脂腺體。葉倒卵形或倒卵狀橢圓形，長 2 ～ 5 公分，先端鈍或銳尖，中上部疏生淺齒，側脈約 4 對。雄穗長 1 ～ 2 公分，每雄花具 2 ～ 6 雄蕊；雌蕊單生於苞腋，花柱二岔。果實橢圓形，成熟時紅色；熟果外具囊狀體，味美可食。

　　產於中國；在台灣分布於恆春半島及台東低海拔之林緣或開闊地。

雄穗長 1 ～ 2 公分

雌花序，雌花柱頭先端二岔。

漿果成熟時紅色，多汁可食。

果枝

楊梅

屬名	楊梅屬
學名	*Myrica rubra* (Lour.) Siebold & Zucc.

大喬木，高達 20 公尺，小枝光滑或幾近光滑。葉常叢生於小枝頂端，長倒卵形或長橢圓形，長 5 ～ 7 公分。花單性，雌雄異株，雄柔荑花序單生、數個簇生或多個成圓錐狀，有時前端有雌花，花序長 5 ～ 9 公分，鮮紅色或黃色，無花萼及花瓣。果實圓形。

　　產於中國南部、日本、韓國及菲律賓；在台灣分布於全島低中海拔之森林或灌叢中。

雄花序

結實纍纍的大樹

熟果外具囊狀體。果熟紅色，可食。

牻牛兒苗科 GERANIACEAE

草本或亞灌木。單葉，互生或對生。花兩性；萼片5枚，宿存；花瓣5枚；雄蕊5或10，花絲基部合生或離生；心皮5枚。蒴果，通常有長喙，具5瓣，室間開裂，開裂時為驟然爆裂，裂片由下往上反捲。

特徵

花兩性（牻牛兒苗）

蒴果有長喙（芹葉牻牛兒苗）

牻牛兒苗屬 ERODIUM

草本。葉對生或互生，羽狀裂，托葉 2 或 4 枚。繖形花序，腋生或近頂生；花兩性，輻射對稱，萼片 5 枚，花瓣 5 枚，雄蕊 10 枚排成二輪或 5 枚（雄蕊 10 枚，5 枚可孕，5 枚不孕），花絲基部合生；子房被毛，心皮 5 枚。蒴果，具 5 瓣，驟裂，裂片捲曲。

芹葉牻牛兒苗

屬名	牻牛兒苗屬
學名	*Erodium cicutarium* (L.) L'Hér. *ex* Ait.

莖匍匐，被白毛。一至二回羽狀複葉，莖生葉對生，小葉互生或近對生，5 ～ 13 枚，橢圓形，葉緣齒裂，裂片直達中部，兩面被毛，基生葉披針形，托葉 2 枚。繖形花序，花 3 ～ 12 朵；萼片 5 枚，被長毛。

　　原產於歐洲、亞洲及非洲北部；在台灣歸化於台中及花蓮。

花瓣 5，紫色。
（林家榮攝）

一至二回羽狀複葉，小葉 5 ～ 13 對，葉緣齒裂，兩面被毛，葉大多貼地而生。（林家榮攝）　　葉形

蒴果（林家榮攝）

麝香牻牛兒苗

屬名	牻牛兒苗屬
學名	*Erodium moschatum* (L.) L'Hér. *ex* Ait.

莖匍匐，被剛毛。二回奇數羽狀複葉，具長柄，橢圓形，莖生葉對生，小葉互生，2 ～ 5 枚，葉緣鋸齒狀，兩面被毛，基生葉橢圓形，托葉 4 枚。繖形花序，腋生，花 5 ～ 12 朵；萼片 5 枚，橢圓形，長 1 ～ 1.5 公分，寬約 3 公釐，先端為尖突狀，外面被柔毛，內面光滑；花瓣 5 枚，紫紅色，倒卵形，不等長（3 長 2 短），長 1 ～ 1.2 公分，寬 3 ～ 4 公釐，先端圓，基部楔形；具蜜腺，與花瓣互生；雄蕊 5 枚；子房五裂，被柔毛，每室有 2 胚珠，柱頭五岔。

　　原產歐洲、亞洲及非洲北部；在台灣歸化於南投。

花瓣 5 枚，不等長（3 長 2 短），萼片先端為尖突狀，柱頭五岔。（楊智凱攝）

小葉 2 ～ 5 枚，兩面被毛，葉緣鋸齒狀。（楊智凱攝）

老鸛草屬 GERANIUM

草本，稀為亞灌木或灌木，通常被倒向毛。莖具明顯的節。葉對生或互生，具托葉，通常具長葉柄；葉片通常掌狀分裂，稀二回羽狀或僅邊緣具齒。花序聚傘狀或單生，每總花梗通常具 2 花，稀為單花或多花；總花梗具腺毛或無腺毛；花整齊，花萼和花瓣 5，覆瓦狀排列，腺體 5，每室具 2 胚珠。蒴果具長喙，5 果瓣，每果瓣具 1 種子，果瓣在喙頂部合生，成熟時沿主軸從基部向上端反捲開裂，彈出種子或種子與果瓣同時脫落，附著於主軸的頂部，果瓣內無毛。

野老鸛草

屬名	老鸛草屬
學名	*Geranium carolinianum* L.

葉掌狀五至七深裂

一年生草本，高 20 ～ 60 公分，莖直立，被疏柔毛，節上具 4 枚托葉。葉圓腎形，長 2 ～ 3 公分，寬 4 ～ 6 公分，基部心形，掌狀五至七裂近基部。每一花序梗著二花，花白色或淡粉紅色；萼片長卵形或近橢圓形，長 5 ～ 7 公釐，寬 3 ～ 4 公釐，先端急尖，具長約 1 公釐之尖頭，外被短柔毛或沿脈被開展的糙柔毛及腺毛；花瓣倒卵形，稍長於萼，先端圓形，基部寬楔形；雄蕊稍短於萼片，中部以下被長糙柔毛；雌蕊稍長於雄蕊，密被糙柔毛。蒴果長約 2 公分，被短糙毛。花期在 4 ～ 7 月。

原產北美洲；在台灣分布於台北、桃園及南投。

每花序梗著二花，萼片先端急尖，具長約 0.1 公分尖頭；蒴果長約 2 公分，被短糙毛。

葉片圓腎形，基部心形，掌狀 五至七裂近基部。

刻葉老鸛草

屬名	老鸛草屬
學名	*Geranium dissectum* L.

莖直立，被柔毛，節上具 4 枚托葉。葉圓心形，掌狀淺裂至深裂。花 2 朵簇生，花小，徑小於 1 公分，花序軸、花序梗及花梗均被柔毛；萼片 5 枚，先端尖突狀；花瓣 5 枚，粉紅色，先端二裂；雄蕊 10，柱頭五岔；花梗長 6 ～ 12 公釐。蒴果，表面被腺毛，成熟後五裂。花期在 3 ～ 4 月。

原產歐洲、北非及西亞；在台灣歸化於中部中海拔山區。

花小，徑小於 1 公分，花瓣粉紅色，先端二裂。

蒴果，表面被腺毛。

葉圓心形，掌狀淺裂至深裂。

單花牻牛兒苗(早田氏香葉草) 特有種

屬名　老鸛草屬
學名　*Geranium hayatanum* Ohwi

多年生草本，莖直立，高 30 ～ 60 公分，被疏柔毛，節上具 2 枚托葉。葉圓腎形，長 5 ～ 7 公分，寬 4 ～ 6 公分，三至五略深裂。花單生，具長花梗，花梗長 2.5 ～ 3.5 公分；萼片 5 枚，橢圓形，長 1 ～ 1.5 公分，寬約 5 公釐，先端尖突狀，外面被柔毛，內面光滑；花瓣 5 枚，粉紅色，倒卵形，長 1.5 ～ 2 公分，寬 0.7 ～ 1.5 公分，先端圓，基部楔形，基部明顯有毛；具蜜腺，與花瓣互生；雄蕊 10，排成二列；子房五裂，被柔毛，每室有 2 胚珠，花柱 5。花期在 6 月中旬至 8 月上旬。

　　特有種；分布於台灣高海拔山區。

花單生，具長花梗，
花瓣粉紅白。

葉圓腎形，三至五略深裂。

台灣特有種，分布於高海拔山區。

牻牛兒苗

屬名　老鸛草屬
學名　*Geranium nepalense* Sweet subsp. *thunbergii* (Sieb. & Zucc.) Hara

莖直立，被絹毛。葉寬圓形或圓腎形，三或五深裂，葉背及葉柄具毛狀物。花 2 朵簇生，花徑約 1.6 公分；萼片綠色，5 枚，先端尾狀，背面被有明顯的直柔毛；花瓣 5 枚，紫紅色或桃紅色，具不明顯的深紫紅色條紋；雄蕊 10，雌蕊單一；花梗長 1 ～ 2.5 公分。

　　產於中國及日本；在台灣分布於中海拔地區。

葉三至五裂（許天銓攝）　　　蒴果被腺毛

葉寬圓形或圓腎形，深三裂或五裂。（許天銓攝）

花紫紅色或桃紅色，花被寬。

小花牻牛兒苗

屬名　老鸛草屬
學名　*Geranium pusillum* L.

一年或越年生草本，莖直立，高 15 ～ 35 公分，被柔毛，偶具紅色腺毛。葉圓形，寬 1.2 ～ 5.5 公分，兩面被毛，五深裂，裂片圓齒緣，葉柄長 2 ～ 10 公分；托葉 4 枚，生於節上。花 2 朵簇生於葉腋或枝端，花序梗微紅，長 5 ～ 12 公釐；苞片 2 枚，線形至線狀三角形；花輻射對稱，徑 5 ～ 7 公釐；萼片 5 枚，被毛；花瓣 5 枚，粉紅至紫紅色；雄蕊 10，二輪；花梗長 5 ～ 12（15）公釐，被毛。蒴果淡棕色至棕色，表面粗糙。種子淡棕色。與刻葉老鸛草（見 123 頁）形態相似，但是本種花較小，且果實表面粗糙具短毛，以茲區分。

　　原產於北美洲；在台灣歸化於桃園及南投。

多見於中海拔，莖直立多分枝呈叢生狀。（王秋美攝）

花朵為本屬在台灣野外可見最小者，故名之。（王秋美攝）

漢紅魚腥草（漢荭魚腥草）

屬名　老鸛草屬
學名　*Geranium robertianum* L.

草本，全株具臭腥味，莖直立，被疏柔毛及腺毛。葉片五角狀，長 2 ～ 5 公分，寬 3 ～ 7 公分，通常二至三回三出羽狀複葉，第一回裂片卵形，明顯具柄，第二回裂片具短柄或柄不明顯，第三回為羽狀深裂，其下部裂片具數齒，上部裂片全緣或缺刻狀，先端急尖，兩面被疏柔毛。花 2 朵簇生，花瓣白色至淡粉紅色，長橢圓狀披針形，花梗長 4 ～ 9 公釐。蒴果，具長喙嘴狀突起，被短柔毛，成熟時 5 瓣裂，裂片卵狀三角形，先端銳尖。花期 4 ～ 6 月，果期 5 ～ 8 月。

　　產於西伯利亞、中亞、高加索及歐洲；在台灣分布於中海拔山區。

花瓣白色至淡粉紅色

果實為蒴果，具長喙嘴狀突起，被短柔毛。

葉片五角狀，通常二至三回三出羽狀複葉。

雄蕊先熟，其枯掉後，雌蕊才開始升起。

分布於中、高海拔山地林緣。

山牻牛兒苗 特有種

屬名	老鸛草屬
學名	*Geranium suzukii* Masam.

草本，匍匐狀，具走莖，被疏柔毛。單葉，對生，具葉柄，柄長 1.4～8 公分；葉闊圓形，長 2～5 公分，寬 2～3 公分，被毛，三至五深裂，裂片先端尖。花單生，花梗長 0.6～6.2 公分；花瓣 5 枚，白色，有 5 條放射狀脈紋，長 0.9～1.5 公分；具蜜腺，與花瓣互生；雄蕊 10，二輪；子房 5 室，每室具 2 胚珠。蒴果，具長喙嘴狀突起，被短柔毛，成熟時 5 瓣裂，裂片卵狀三角形。花期在 5～9 月。

　　特有種；分布於台灣中、高海拔山區。

花單生，較小，花瓣 5 枚，白色，有 5 條放射狀脈紋。

生長於中、高海拔濕潤環境。

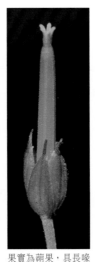

果實為蒴果，具長喙嘴狀突起，被短柔毛。

葉闊圓形，三至五深裂，裂片先端尖，被毛。

老鸛草

屬名	老鸛草屬
學名	*Geranium wilfordii* Maxim.

多年生草本，莖下部光滑。葉三角形，長 4～7 公分，三深裂，葉柄長 3～6 公分。花 2 朵簇生，白色；萼片 5 枚，先端尖突狀；雄蕊 10，二輪，花藥藍色；心皮 5，柱頭深紅色，五岔；花梗長 1～3 公分，具腺毛，花梗節上有 4 枚線形苞片。蒴果長 1.7～2 公分。

　　產於中國、韓國及日本；在台灣分布於思源埡口一帶。

花白色，柱頭深紅色，五岔。

葉三角形，三深裂。

蒴果長 1.7～2 公分。

使君子科 COMBRETACEAE

喬木或灌木，常攀緣。單葉，絕大多數對生或成二列，有時螺旋狀互生或輪生，無托葉。總狀、穗狀或頭狀花序，花兩性，稀雜性，基部具小苞片；花萼筒四至五裂；花瓣 4～5 或無；雄蕊 4～10，一至二輪；子房下位，1 室。果實為堅果、核果或翅果，常有稜或翼。

特徵

總狀花序，花瓣 4～5，雄蕊 4～10。（欖仁）

果實有稜（欖仁）

聚合果屬（鈕扣樹屬）CONOCARPUS

小喬木或灌木，直立或匍匐。葉互生。花密集聚集成假頭狀花序，在同一花序具兩性花及雄花；花無梗，5 數，花瓣缺，雄蕊通常 10 或較少，花藥背著；胚珠 2，垂生。果序球形，由多數略扁壓之小堅果集生而成。

銀鈕樹（鈕仔樹、銀葉鈕子樹）

屬名	聚合果屬（鈕扣樹屬）
學名	*Conocarpus erectus* L. var. *sericeus* Fors ex DC.

常綠喬木，高可達 5 公尺。單葉，互生，革質，卵圓形，先端鈍或微尖，基部楔形漸狹，葉基下延處具 2 腺點，全緣，中肋明顯。頭狀花序集生成頂生圓錐狀，雄花序徑約 5 公釐，花約 25 朵，雄蕊突出。果序球形，由多數略扁壓之小堅果集生而成。

　　原產於美國南方、墨西哥、加勒比海地區的海岸紅樹林；在台灣歸化於林園附近之野地。

葉背有壁蝨室

雄球狀花序徑約 5 公釐，約 25 朵花，雄蕊突出。

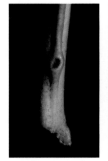

葉基下延處具 2 腺點。側視圖。

生長於海岸地帶之喬木

果序球形，由多數略扁壓之小堅果集生而成。

單葉互生，葉卵圓形，先端鈍或微尖。

欖李屬 LUMNITZERA

紅 樹林中的灌木或小喬木。葉互生，螺旋狀排列，略密集生長於枝端，匙形，邊緣常具細凹刻。花序總狀，小苞片2枚，宿存；花萼五裂，宿存；花瓣白色；雄蕊 5～10。核果，長橢圓狀。

欖李

屬名	欖李屬
學名	*Lumnitzera racemosa* Willd.

常綠灌木或小喬木，高 5～6 公尺，樹皮黑褐色，粗糙。葉互生，肉質，倒卵形，長 5～6 公分，寬達 2.2 公分，先端圓，略凹陷，基部楔形，全緣。總狀花序，腋生；花萼筒鐘形，五裂；花瓣 5 枚，白色，卵狀長橢圓形；雄蕊 10。核果橢圓形，長約 1.5 公分，具宿存花萼，內果皮堅硬，外果皮海綿狀。花期在 5～7 月。

　　產於熱帶非洲、印度、馬來西亞、菲律賓、澳洲、太平洋島群、琉球及中國之廣東、廣西；在台灣分布於台南、高雄之海岸紅樹林。

花白色，輻射對稱，花瓣 5，雄蕊 10。

葉互生，先端圓而略凹。

欖仁屬 TERMINALIA

喬 木。葉螺旋狀排列而常密集於枝端或對生，葉緣常具腺體。花兩性或雜性同株，總狀花序腋生，花萼筒五裂，花瓣缺，雄蕊 10。核果，有稜，側扁或縱軸具翼。

欖仁

屬名	欖仁屬
學名	*Terminalia catappa* L.

果具二稜

落葉大喬木，高可達 25 公尺，徑 60 ～ 100 公分。單葉，叢生於枝條頂端，倒卵形，長 13 ～ 30 公分，寬 8 ～ 18 公分，上部寬圓，先端短突尖或凹頭，葉背脈腋處常具小孔或小縫，葉片於秋冬季落葉前會變為黃色或紫紅色。花序長 12 ～ 20 公分，雄花在上部，兩性花在下部；無花瓣，雄蕊 10，排成二列，花絲細長，花藥 2 室。果實具二稜。

產於馬來西亞；在台灣分布於恆春半島、蘭嶼、小琉球、綠島及澎湖，各地庭園亦多栽培。

單葉叢生枝條頂端，倒卵形，上部寬圓。

雄花

兩性花

總狀花序，兩性或雜性同株。

秋冬季落葉前，轉變為黃色或紫紅色。

千屈菜科 LYTHRACEAE

草本、灌木或喬木，枝常方形。單葉，對生或輪生，稀互生，全緣，無托葉。花兩性，單生或成聚繖或圓錐花序，多腋生；花萼合生，先端三至六裂，常具副萼或裂片間常有附屬物；花瓣 3～6 枚，插生於花萼頂端；雄蕊少至多數，插生於花瓣之下部，花絲長短不一；花柱 1，子房上位，2～6 室。果實為蒴果。

特徵

花萼合生，先端三至六裂，常具副萼或裂片間常有附屬物。（水莞花）

單葉，對生，葉全緣。（水莧菜）

蒴果（九芎）

水莧菜屬 AMMANNIA

水 生或濕生草本；莖直立，柔弱，四方形。葉對生。聚繖花序，腋生，花小，4 數；花萼四至六裂，裂片間具細小附屬物；花瓣 4～6 枚，小，生於萼片間，有時缺；雄蕊常 4 枚。蒴果，橫裂。

耳葉水莧菜(耳基水莧菜)

屬名	水莧菜屬
學名	*Ammannia auriculata* Willd.

水生或濕生草本；莖直立，柔弱，四方形。葉對生，披針形，葉基耳狀。花序呈聚繖狀，生於葉腋，具花序梗；花小，粉花色；花萼四至六裂；花瓣小，4～6 枚，生於萼片間，有時缺；雄蕊 4～8，柱頭較長，大於 1 公釐。蒴果，圓形，直徑 2.5～3 公釐，花柱宿存，成熟時橫裂。

花被大多 4 枚，粉紅色。

廣泛分布於全球熱帶地區；在台灣全島之低海拔濕地可見。

花序聚繖狀，具短梗。

群生於水田或濕地

葉對生，披針形，葉基耳狀。

水莧菜

屬名	水莧菜屬
學名	*Ammannia baccifera* L.

一年生草本，高 10～45 公分，具有多數分枝，枝條細長，直立或斜上升狀。葉膜質，倒披針形至倒披針狀長橢圓形，長 0.5～5 公分，寬 0.1～10 公分，先端銳尖或鈍，基部楔形或漸尖，不呈耳狀。無花瓣；雄蕊 4，與萼片相對而生；花柱長 0.2～0.4 公釐。蒴果，圓形，直徑約 1.5 公釐，宿存的花萼變為半球形，包被大部分果實。種子小型，多數，紅色。本種葉基是漸狹而不呈耳狀，花朵無花瓣，此二特徵足以與台灣產本屬其他物種區別。

產於非洲、歐洲、澳洲、南亞及日本；在台灣分布於全島低海拔之濕地。

花無花瓣（許天銓攝）

果實圓形，徑約 1.5 公釐，宿存的花萼變為半球形，包被大部分果實。

葉基漸狹而不成耳狀

花瓣4枚，紫紅色。
（許天銓攝）

長葉水莧菜

屬名　水莧菜屬
學名　*Ammannia coccinea* Rottb.

一年生挺水草本植物，植株高 30～80 公分，莖方形，基部多分枝。葉線狀披針形至披針狀長橢圓形，長 2～10 公分，寬 0.3～0.8 公分，先端漸尖，基部耳狀。聚繖花序，腋生，小花 1～8 朵，小花近無梗；花萼杯狀，五裂；花瓣小，4～5 枚，倒卵形，長約 0.15～0.2 公分，紫紅色；雄蕊 5 枚；雌蕊單一，花柱長約 0.2 公分。蒴果圓柱形，徑約 0.3 公分，包被在宿存的花萼內，成熟時為紫紅色，內有多數且細小之種子。

原產北、中美洲，近年歸化於台灣野地。

葉基耳狀；花序腋生，近無梗。（許天銓攝）

植株常比耳葉水莧菜更為高壯（許天銓攝）

多花水莧菜

屬名　水莧菜屬
學名　*Ammannia multiflora* Roxb.

一年生草本，高 20～60 公分。葉對生，線狀披針形至長橢圓狀披針形，長 2.5～5 公分，寬 0.3～1.2 公分，先端銳尖至略鈍，基部心形至略呈耳狀。聚繖花序，腋生，通常有花 3～20 朵；花瓣細小，披針形，白色，大多為 4 枚；雄蕊 4，柱頭擴張成頭狀。蒴果，圓形，成熟時紅色。

產於熱帶與亞熱帶之非洲、亞洲、澳洲及日本；在台灣分布於全島低海拔之濕地。

多花水莧菜在《台灣植物誌》（Flora of Taiwan）第 1 版中被視為存疑物種，直到呂福原教授於 1979 年以採自花蓮的標本證實本種在台灣的存在。

花瓣細小，披針形，白色，大多為 4 枚。

葉基部心形至略呈耳狀

克非亞草屬 CUPHEA

草本，莖木質化。花兩側對稱；花萼筒具稜，先端六裂，副萼 6；花瓣 6 枚；雄蕊 4 ～ 11；子房 2 室。果實為蒴果。

克非亞草

屬名	克非亞草屬
學名	*Cuphea cartagenensis* (Jacq.) Macbrids

多年生草本或小灌木，莖部多少木質化，高 25 ～ 75 公分。葉紙質，橢圓形，長 1.5 ～ 4 公分，寬 1 ～ 2 公分，先端銳尖，基部漸狹，全緣，兩面被毛，葉柄長約 5 公釐。花萼表面被紫色腺毛，花萼筒筒狀，有 8 條稜肋；花瓣紫紅色，6 枚，大小略不一致；花柱包藏於花萼內。蒴果橢圓形，長 4 ～ 6 公釐。種子 5 ～ 6 枚，倒卵形，扁平，有翼翅。

　　產於安地列斯群島及中、南美洲等地區；在台灣可能於 1960 年代無意中引進，現已歸化於全島低海拔之濕地及山野。

花紫紅色，花瓣 6 枚。　　多年生草本或小灌木，莖部多少為木質。

細葉雪茄花

屬名	克非亞草屬
學名	*Cuphea hyssopifolia* Kunth

植株低矮，僅 10 ～ 60 公分高，枝葉繁茂；小枝條呈二列狀排列，帶有紫紅色色澤，光滑無毛或近似無毛；嫩枝有赤色細毛茸。葉單葉對生，多少呈二裂狀排列，披針形或線狀披針形，長 2 ～ 3 公分，寬 0.3 ～ 0.5 公分，先端銳尖，基部鈍，薄革質，全緣，表面呈有光澤的綠色。羽狀側脈 6 ～ 8 對，中肋及側脈上散生毛茸，無托葉，葉柄短，長 0.1 ～ 0.2 公分，帶赤紅色澤。花單生，紫紅色，徑 0.5 ～ 0.9 公分；花柄細長，長 0.8 ～ 1.5 公分，帶紫紅色色澤；花萼筒狀，長 0.6 ～ 0.8

花瓣 6 枚，紫紅色。（許天銓攝）

公分，帶有綠色色澤，先端裂片 6 枚；裂片線形，長 0.2 ～ 0.3 公分；花瓣 6 枚，闊披針形或卵狀披針形，長 1 ～ 1.6 公分，寬 0.4 ～ 0.5 公分，先端銳尖，基部有爪；雄蕊可達 11 枚，多長短不一。果實為蒴果，褐色。

　　產於墨西哥、瓜地馬拉。栽培後逸出。

具狹長萼筒（許天銓攝）　　歸化族群生長於林緣潮濕環境（許天銓攝）

紫薇屬 LAGERSTROEMIA

喬 木。葉常對生，成二列，全緣。圓錐花序；花萼筒漏斗狀，具稜，先端六裂；花瓣紫紅色或白色，6枚，生於萼筒口，有柄；雄蕊多數，生於萼筒內壁基部；子房3～6室。果實為蒴果，具宿存花萼。

九芎

屬名	紫薇屬
學名	*Lagerstroemia subcostata* Koehne.

落葉大喬木，高可達20公尺；樹皮褐色，具白色塊斑，光亮平滑。葉常對生，成二列，膜質，橢圓形或卵形，先端漸尖或略尾狀，全緣，具短柄。花瓣邊緣摺折狀，長約3公釐，瓣柄長約3.5公釐；雄蕊多數，花絲細長，其中有3～6枚較長且粗。蒴果長橢圓形，長6～8公釐。

產於中國、日本及琉球；在台灣分布於全島低中海拔灌叢中或溪流河床上。

花瓣邊緣摺折狀，長約3公釐，瓣柄長約3.5公釐。

蒴果長橢圓形，長6～8公釐。

雄蕊多數，花柱常單一，常彎曲。

滿樹風華

葉常對生，成二列，全緣。

水芫花屬 PEMPHIS

葉肉質狀，倒披針形或匙形，全緣，兩面明顯被毛。花單生於葉腋；花萼筒具稜，具 6 齒與 6 副齒；花瓣 6 枚，生於萼筒口；雄蕊 12 枚，二輪。

水芫花

屬名	水芫花屬
學名	*Pemphis acidula* J. R. & G. Forst.

海岸珊瑚礁上之小灌木。葉長 1.5 ～ 2.5 公分，寬約 5 公釐。花萼鐘形，長 5 ～ 6 公釐，先端 6 淺齒裂，裂片間具短小附屬體；花瓣白色，6 枚，卵形至橢圓形，先端銳尖或短尾狀，邊緣明顯波浪狀；雄蕊 12 枚排成二輪，著生於花萼筒基部，花絲短，不伸出於花萼筒外；子房上位，球形，直徑 3 ～ 4 公釐，花柱細長，柱頭頭狀。

　　產於亞洲熱帶、非洲、澳洲及太平洋島群；在台灣分布於本島南部及南部附近離島之沿岸。

花瓣白色，邊緣明顯波浪狀。

花萼鐘形，長 5 ～ 6 公釐，先端 6 淺齒裂，裂片間具短小附屬體。　葉對生，厚革質。

水豬母乳屬 ROTALA

草本，光滑無毛。葉對生，稀輪生，無柄。花常單生，或成穗狀花序；花萼筒三至六裂；花瓣 3 ～ 6 枚，小或缺；雄蕊 1 ～ 6，子房 2 ～ 5 室。蒴果，瓣裂。

水杉菜

屬名	水豬母乳屬
學名	*Rotala hippuris* Makino

多年生挺水或沉水草本，高達 10 公分。葉 5 ～ 12 枚輪生，線狀倒披針形（水面上葉）或線形（水面下葉），水面上葉明顯較水面下葉短。花單生或 2 ～ 3 朵腋生，花萼筒長不及 1 公釐，花瓣 4 枚，粉紅色，短於 1 公釐，雄蕊 4 枚。蒴果圓球形。種子倒卵形，黑色。

　　本種為陳擎霞於 1987 年首度報告於桃園地區，原分布於楊梅、龍潭、埔心與新竹長安地區之池沼，惜因土地變更利用與水域污染，至今在野外已近乎滅絕；幸在部分的水草栽培場仍有人工繁殖個體，非常稀有。

葉 5 ～ 12 枚輪生，線狀倒披針形。（林哲緯攝）

印度水豬母乳

屬名 水豬母乳屬
學名 *Rotala indica* (Willd.) Koehne var. *indica*

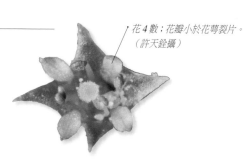

花4數；花瓣小於花萼裂片。
（許天銓攝）

主莖直立。葉對生，長橢圓形或卵狀長橢圓形。花單生於葉腋，花萼裂片4，萼片間附屬物缺，花瓣白色，果熟時花瓣脫落。

　　產於熱帶與亞熱帶亞洲及日本；在台灣僅分布於台南南化及嘉義市之低窪潮濕地。

花單生葉腋（吳首賢攝）　　　　開花枝葉片明顯縮小（吳首賢攝）　　　　葉對生，長橢圓或卵狀長橢圓形。（吳首賢攝）

沼澤節節菜

屬名 水豬母乳屬
學名 *Rotala indica* (Willd.) Koehne var. *uliginosa* (Miq.) Koehne

一年生挺水草本，高達20公分。葉對生，長橢圓形，長0.3～1公分，寬1.5～6公釐，無柄。花單一，腋生，花瓣4枚，紫紅色，雄蕊4枚。在花部構造上近似於印度水豬母乳（見第本頁），但本種花瓣為紫紅色，果實成熟時花瓣宿存不脫落，可茲區別。

　　廣泛分布於東南亞；在台灣全島可見。

花瓣為粉紅色

生長於濕地、水田。　　　　　　　葉對生，長橢圓形，長0.3～1公分，無柄。（許天銓攝）

輪生葉水豬母乳（墨西哥 節節菜）

屬名　水豬母乳屬
學名　*Rotala mexicana* Cham. & Schltd.

一年生挺水或沉水草本。葉常 3 枚輪生，披針形或近線形，長 0.5 ～ 1 公分，寬 1 ～ 2.6 公釐，無柄。花單生於葉腋，無花瓣；花可在水中閉鎖授粉。

　　廣布於非洲、亞洲、澳洲及美洲之熱帶地區；在台灣分布於全島低海拔濕地或水田中，不常見。

花極小，單生葉腋。（陳志豪攝）　　　植物體纖細（許天銓攝）

美洲水豬母乳

屬名　水豬母乳屬
學名　*Rotala ramosior* (L.) Koehne

草本，高 10 ～ 20 公分，莖圓形，帶紫紅色或綠色。葉對生，線狀倒披針形至長橢圓形，長 1.5 ～ 2.5 公分，寬約 5 公釐，先端微凹，全緣，無柄或近無柄。花單生或簇生於葉腋，無梗或近無梗，具 2 枚披針形苞片；萼片合生為筒狀，先端四裂，裂片間具尾狀附屬物；花瓣白色或淡紫紅色，4 枚，長橢圓形；雌蕊單一，花柱短。蒴果卵球形，長約 4 公釐。

　　原產於美洲；在台灣僅見於花蓮及台東縱谷之水田中，分布普遍，但數量不是很多。

蒴果卵球形，長約 4 公釐。

葉對生，線狀倒披針形至長橢圓形，全緣，無柄或近無柄。

五蕊水豬母乳

屬名　水豬母乳屬
學名　*Rotala rosea* (Poir.) C. D. K. Cook

一年生挺水草本，高 3 ～ 10 公分。葉對生，披針形或卵狀披針形，長 3 ～ 12 公分，寬 1 ～ 3 公釐，無柄。花單生於葉腋；花萼裂片 5，花瓣退化，雄蕊 5。蒴果球形。

　　廣布於墨西哥；在台灣生於中、北部水田或濕地，不常見。

花單生於葉腋，花瓣退化，雄蕊 5，花萼裂片 5。（許天銓攝）

一年生挺水草本，植株 3 ～ 10 公分高。（許天銓攝）

水豬母乳

屬名　水豬母乳屬
學名　*Rotala rotundifolia* (Wallich *ex* Roxb.) Koehne

一年生挺水草本，莖匍匐或垂直、斜向生長，露出水面上的部分莖略帶紅色，光滑無毛，高 10 ～ 20 公分。葉圓形至橢圓狀圓形，長不及 1 公分，寬小於 5 公釐，全緣，帶紫紅色。穗狀花序頂生，花小，4 朵簇生；花瓣 4 枚，倒卵形，淡紫紅色或白色，雄蕊 4，雌蕊 1。

　　產於熱帶亞洲及日本；在台灣分布於全島低海拔之水田或濕地。

綠莖，白花之族群。

穗狀花序頂生。粉紅花者。

葉圓形至橢圓狀圓形，長不及 1 公分。

淡紅莖，粉紅花之族群。

瓦氏水豬母乳

屬名　水豬母乳屬
學名　*Rotala wallichii* (Hook. f.) Koehne

多年生挺水或沉水型草本，高5～20公分，具匍匐莖。挺水葉3～4枚輪生，線形，長1公分，寬3公釐，無柄；沉水葉3～6枚輪生，細長。穗狀花序頂生，花瓣4～6枚，長於2公釐，粉紅色，雄蕊5。蒴果長橢圓形。種子長橢圓形，淡黃色，長0.2公釐。

　　廣布於亞洲熱帶及亞熱帶地區；在台灣見於屏東南仁山之水池中。

花4數，花瓣粉紅。
（許天銓攝）

沉水葉3～6枚輪生，線形。（許天銓攝）

挺水葉常3～4枚輪生，花序頂生。（許天銓攝）

生長於池沼周邊淺水處

菱屬 TRAPA

水生草本，莖長，根生於水下泥土中。浮水葉呈蓮座狀，於莖頂端長出，葉片菱形，粗齒緣；葉柄較葉片長，於前端或中間膨大成囊狀。沉水葉羽狀，裂片絲狀。花單生於葉腋；花萼筒短，與子房部分合生， 先端四裂，花後常變成果實之角；花瓣 4 枚，離生；雄蕊 4；子房半下位，2 室。果實骨質，具 2～4 角。

鬼菱（*T. maximowiczii* Korsh.）在日治時期曾被紀錄產於南投水社、日月潭及蓮華池，目前已於野外絕跡。

台灣菱 特有種

屬名	菱屬
學名	*Trapa bicornis* L. f. var. *taiwanensis* (Nakai) Z.T. Xiong

草本，浮生於池沼水面，莖細長。葉簇生於莖頂，呈蓮座狀；葉菱狀三角形，長 2～4 公分，粗齒緣，上表面光滑，下表面被毛；葉柄長 3～6 公分，中間膨大，裡面為海綿狀氣室。花兩性，小，徑約 1 公分，白色或淡紅色；花萼筒短，先端四裂；雄蕊 4。堅果，長 4～6 公分，外果皮薄而柔軟，黑綠色或深紅色，具 2 彎曲之角。花通常於傍晚時微挺水面開放，翌日凋謝後花梗往水中彎曲而後結果。

特有變種，僅分布於台灣南部水池中，栽培食用。

果實生於水中

野生狀態的植物體較纖細（許天銓攝）

小果菱（四角刻葉菱、野菱）

屬名	菱屬
學名	*Trapa incisa* Sieb. & Zucc.

一年生浮葉草本。葉菱形，長 2～2.5 公分，寬 2～2.5 公分，粗鋸齒緣。花小，單生於葉腋，花瓣 4 枚，粉紅色，雄蕊 4。果實具 4 細長刺，全長 1.5～2 公分。

分布於東南亞；在台灣目前僅知分布於宜蘭，極為稀少。

葉菱形，長 2～2.5 公分，寬 2～2.5 公分，粗鋸齒緣。（許天銓攝）

果實具 4 細長刺（許天銓攝）

日本菱（左）與小果菱（右）（許天銓攝）

日本菱(飯沼氏菱、岩崎氏菱、菱、丘角菱)

屬名　菱屬
學名　*Trapa japonica* Flerov

一年生浮葉草本；莖細長，每節具線狀之掌狀分裂根。葉卵狀菱形，長 3～4 公分，寬 3～5 公分，先端銳尖，基部近截形至闊楔形，前部葉緣不規則齒狀，上表面光滑，下表面被毛；葉柄長 8～14 公分，被毛。花瓣 4 枚，玫瑰色，雄蕊 4。果實包含肩角共長 3～4 公分，肩角 2，直。

　　分布於中國、日本及韓國；在台灣產於宜蘭雙連埤。

花玫瑰色，花瓣 4，雄蕊 4。

果實的角上具刺毛

野生族群目前僅見於宜蘭山區池沼（許天銓攝）

葉卵狀菱形，基部近截形至闊楔形，前部葉緣不規則齒狀。

野牡丹科 MELASTOMATACEAE

喬木、灌木、草本或藤本。單葉，對生，稀輪生，無托葉。花兩性，多為輻射對稱，多為 4～5 數，稀 3 數，單生或成聚繖花序；花萼筒狀；花瓣多離生；雄蕊與花瓣同數或為其 2 倍，花絲分離，常關節狀彎曲，花藥 2 室，多為孔裂，稀縱裂，藥隔基部常厚而伸長，常具附屬物；子房下位或半下位，稀上位，子房室與花被片同數或 1 室，花柱單一，柱頭頭尖。果實為蒴果或漿果。

特徵

花絲分離，常關節狀彎曲。藥隔基部常厚而伸長，常具附屬物。（都蘭山金石榴）

單葉，花瓣離生，雄蕊與花瓣同數或 2 倍，（野牡丹）

漿果（基尖葉野牡丹）

大野牡丹屬 ASTRONIA

小 喬木。葉全緣，三出脈。聚繖狀圓錐花序，頂生；花萼筒五裂；花瓣 5 枚；雄蕊 8，等長。果實為蒴果。

大野牡丹（鏽葉野牡丹）

屬名	大野牡丹屬
學名	*Astronia ferruginea* Elmer

常綠中喬木，枝光滑無毛。葉橢圓形，長 9 ～ 18 公分，寬 4.5 ～ 7.5 公分，三出脈，全緣，葉背密被棕褐色或近鐵鏽色的毛茸，葉柄長 1 ～ 2.6 公分。圓錐花序，頂生，長約 10 公分；花瓣白色，5 枚，長約 1 公釐；雄蕊 8 ～ 10，等長，花絲短；子房下位，花柱粗短。蒴果球狀，長 2 ～ 3 公釐，徑 3 ～ 4 公釐，外被疏鏽色毛或略呈光滑。

產於菲律賓；台灣分布於恆春半島、蘭嶼及綠島，為蘭嶼人製作「拼板舟」時，用於第一層船板之木材。

下表面密被棕褐色或近鐵鏽色的毛茸。

台灣同科物種中唯一的喬木

花序及花萼均被鏽色毛

圓錐花序，頂生，長約 10 公分。

花瓣白色 5 枚，雄蕊 8 ～ 10 枚。

深山野牡丹屬 BARTHEA

灌木；小枝光滑，幼時被微毛。葉脈五出。花單生或 3 朵成聚繖花序；花萼筒先端四裂，裂片銳尖；花瓣 4 枚；雄蕊 8，不等長，兩形；子房 4 室。果實為蒴果。

單種屬。

深山野牡丹

屬名	深山野牡丹屬
學名	*Barthea barthei* (Hance) Krass

常綠灌木，高可達 1.5 公尺。葉紙質，長卵形或長橢圓形，先端尾狀，全緣或短齒緣，三至五出脈，外側 2 條葉脈近葉緣。花單生或 3 朵成聚繖花序；花萼筒四裂，裂片銳尖；花瓣 4 枚；雄蕊 8，不等長，兩形，藥隔前端有二分岔，後有一長距；子房 4 室。蒴果。

產於中國南部；在台灣分布於全島低中海拔山區森林中。

花瓣 4，白色或淡粉紅色。

果橢圓，具四稜。上有許多突起物。

雄蕊藥隔背後有一長距

雄蕊藥隔先端有二分岔

葉紙質，長卵形，先端尾狀，三至五出脈，外側 2 條脈近葉緣。

柏拉木屬 BLASTUS

灌木;小枝光滑,幼時被小腺點。葉三至五出脈。花簇生或成繖形花序,腋生或頂生;花萼筒先端四裂;花瓣4枚;雄蕊4,等長,同形;花柱絲狀,子房4室。

台灣有1種。

柏拉木

屬名 柏拉木屬
學名 *Blastus cochinchinensis* Lour.

小灌木,高 0.6 ～ 3 公尺。葉紙質,卵形,長 8 ～ 15 公分,寬 2.5 ～ 5 公分,先端漸尖,基部鈍,全緣或不明顯淺齒緣,三至五出脈,兩面被短毛,葉柄長 1 ～ 2 公分。花小,腋生或頂生,簇生或繖形花序;花萼鐘形,多為四裂;雄蕊4,等長,花藥先端漸尖,孔裂,藥囊基部歧出,藥隔基部無附屬物;花柱絲狀。

產於中國南部、中南半島、東印度及琉球;在台灣分布於全島低中海拔森林中。

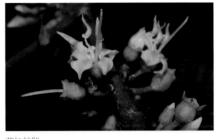
花柱絲狀

藥隔基部有小囊突,花藥先端漸尖。

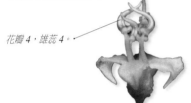
花瓣4,雄蕊4。

葉紙質,三至五出脈,卵形。

金石榴屬 BREDIA

灌木,直立或攀緣,小枝被毛。聚繖狀圓錐花序;花萼筒四裂;花瓣4枚;雄蕊8,不等長,兩形,藥隔下部前端具2小瘤突,有時在背具短距;子房4室。果實為蒴果。

藥隔基部之瘤突短棒狀

都蘭山金石榴

屬名 金石榴屬
學名 *Bredia dulanica* C. L. Yeh, S. W. Chung & T. C. Hsu

小灌木,全株被硬長毛;莖與分枝紅色,圓柱狀,密被微柔毛。葉卵形,長 2.8 ～ 9 公分,寬 2 ～ 5 公分,基部淺心形,近全緣,七至九出脈,兩面皆密被長硬毛。聚繖花序頂生,長 5 ～ 10 公分;花萼筒淺粉紅色,被毛及腺毛;花瓣橢圓形至近圓形,粉紅色;雄蕊8枚,4枚較長,4枚較短,花藥膝狀,藥隔下延,形成1短柄,於腹側基部具2延長向上之短棒狀附屬物,背側具1極短而下彎的距狀附屬物;花梗紅色,密被微柔毛及腺毛,長約3公分。蒴果被腺毛。

與圓葉布勒德藤(見第148頁)差異在於本種莖、葉不具腺毛,開花枝不具強烈攀緣性,葉先端尖,花萼及花梗被有腺毛。本種亦曾被錯誤鑑定為毛布勒德藤 (*B. hirsuta*),但該種葉兩面僅疏被短粗毛,花梗及萼筒不具腺毛,僅分布於日本之琉球群島。

產於海岸山脈及日本西表島。

全株被長硬毛

萼筒密被短毛,且疏被較長之腺毛。(許天銓攝)

花粉紅,萼裂片狹三角形。(許天銓攝)

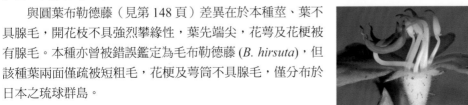
葉基淺心形

小金石榴 特有種

屬名 金石榴屬
學名 *Bredia gibba* Ohwi

小灌木，密被毛。葉卵形或披針形，長 4 ～ 11 公分，寬 1.5 ～ 4.2
公分，先端漸尖，基部鈍或圓，小細鋸齒緣，五出脈，中間 1 對為
離基脈，兩面疏被毛。聚繖花序頂生，花序梗長 3 ～ 6 公分；花萼
裂片 4，寬三角形，先端有一小針刺物；雄蕊 4 長 4 短；花柱無毛，
長 1 公分。果實鐘狀，長 6 ～ 7 公釐，寬 4 ～ 5 公釐。

特有種；分布於台灣南部
及東南部海拔 700 ～ 2,100 公
尺森林中。

萼筒光滑

花瓣白，帶粉紅暈。長雄蕊粉紅色，
基部具 1 對卵形突起（許天銓）

小灌木，生長於南部霧林區域之林緣山壁。（許天銓攝）

果鐘形，具針狀之宿存萼裂片。（許天銓攝）

葉具離基脈；花序懸垂。（許天銓攝）

布勒德藤 特有種

屬名　金石榴屬

學名　*Bredia hirsuta* Blume var. *scandens* Ito & Matsumura

小灌木，枝僅被長毛。葉卵形，先端漸尖，基部心形，鋸齒緣。聚繖狀圓錐花序，花瓣白色，僅在先端有紅斑，花梗密被腺毛及多細胞毛。

　　特有變種；分布於台灣全島中海拔森林中。

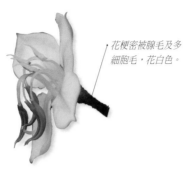

花梗密被腺毛及多細胞毛，花白色。

藥隔基部瘤突甚小（許天銓攝）

葉卵形，先端漸尖。

來社金石榴 特有種

屬名　金石榴屬

學名　*Bredia laisherana* C. L. Yeh & C. R. Yeh

灌木或亞灌木。葉紙質，成熟卵形或橢圓形，長 4.5 ～ 9.5 公分，寬 2.3 ～ 5.1 公分，先端漸尖或尾狀，基部圓至心形，葉緣鋸齒狀，不具離基脈，兩面皆光滑。聚繖花序，頂生；花萼裂片不明顯，大略呈闊三角形；花瓣窄卵形，略歪斜，先端銳尖；雄蕊 8，4 長 4 短，長雄蕊長 1.4 公分，短雄蕊長 0.7 公分。蒴果杯狀，長 6 公釐。

　　特有種，產於屏東來義山區。

長雄蕊長 1.4 公分，先端常強烈鈎彎。

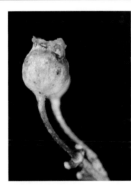

蒴果卵形（許天銓攝）

葉不具離基脈（葉川榮攝）

葉背帶紅暈

金石榴 特有種

屬名	金石榴屬
學名	*Bredia oldhamii* Hooker f.

雄蕊 8，4 長 4 短。

小灌木。葉披針形、橢圓形或卵形，長 5.5 ～ 11 公分，寬 1.1 ～ 4.2 公分，先端漸尖至鈍，基部截形，小細鋸齒緣，具 2 離基脈。花梗光滑或近光滑，花序梗長 1 ～ 2 公分；花萼裂片 4，卵狀三角形，先端鈍，長 1.5 公釐；花瓣白色；雄蕊 8，4 長 4 短。

　　特有種；分布於台灣全島低中海拔之林緣。

萼裂片卵狀三角形（許天銓攝）

花白色。葉披針形、橢圓形或卵形。

葉近光滑，具 1 對離基側脈。（許天銓攝）

圓葉布勒德藤 特有種

屬名	金石榴屬
學名	*Bredia rotundifolia* Y. C. Liu & C. H. Ou

攀緣亞灌木。葉圓形至圓卵形，長約 7 公分，寬約 6 公分，先端鈍，基部心形，鋸齒緣，七出脈；葉柄長約 3.5 公分，棕紅色。繖形花序或聚繖花序，花梗密被多細胞毛。

　　特有種，模式標本為歐辰雄老師採自嘉義的瑞里附近，另亦分布於彰化八卦山、雲林斗六丘陵、南投關刀溪、高雄旗山等地，數量少而零星。

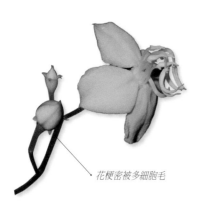

花梗密被多細胞毛

葉圓至圓卵形，具長梗。

毛野牡丹屬 CLIDEMIA

直立灌木，全株被毛。葉對生，基出 3 ～ 7 脈。花單生或 4 ～ 6 朵排成圓錐花序；雄蕊 8 ～ 12，等長或近等長，線形；子房 3 ～ 9 室。果實為漿果。

毛野牡丹

屬名	毛野牡丹屬
學名	*Clidemia hirta* (L.) D. Don

多年生灌木，高 0.5 ～ 3 公尺，嫩莖密被粗硬直毛。葉對生，橢圓形或卵形，全緣或細齒緣，五脈，上表面被疏毛，下表面及葉緣密被毛，葉柄長 0.5 ～ 3 公分。花腋生或頂生，有短梗；花萼筒密被長粗毛及腺毛；花瓣白色，5 枚。果實球形，直徑 4 ～ 9 公釐，被粗毛。

　　原產於熱帶美洲；現已歸化於台灣中南部。

果球形，直徑 4 ～ 9 公釐，被粗毛。

花瓣白色，5 枚。

嫩莖密被粗硬直毛

葉表面不平整

蔓性野牡丹屬 DISSOTIS

草本或灌木，全株被毛；葉具短柄，卵形至長橢圓形，全緣，三至五脈，表面常具毛狀物。花單生或頂生圓錐花序，具苞片，花紫或粉紅；萼筒裂片 4 ～ 5 枚，常具刺毛；花瓣 4 ～ 5 或更多，倒卵形；雄蕊倍數於花瓣，兩型；花藥線形，頂有孔；子房 4 ～ 5 室，先端具毛；花柱彎曲。蒴果萼片宿存，頂端四至五裂。

蔓性野牡丹

屬名	蔓性野牡丹屬
學名	*Dissotis rotundifolia* (Sm.) Trianau

宿根常綠蔓藤，莖呈匍匐性，延伸可達 60 公分以上；嫩枝紫紅色，具有溝槽。單葉，對生，闊卵形，三出脈，葉面深綠色，具明顯毛被物，細齒狀緣。花頂生，粉紅色，花瓣 5 枚或更多，花徑約 5 ～ 6 公分，花瓣倒卵形，瓣端圓或截形，雄蕊 10 枚，5 長 5 短，短雄蕊花藥淺黃色，長雄蕊花藥粉紫色；花萼合生筒狀，五裂，外表具長刺毛。蒴果，表面有刺毛，萼片宿存。種子多數。

　　原產墨西哥，歸化台灣野地。

蒴果，表面有刺毛，萼片宿存。

花之側面

雄蕊 10 枚，5 長 5 短，短雄蕊花藥淺黃色，長雄蕊花藥粉紫色。

宿根常綠蔓藤，莖呈匍匐性。

野牡丹藤屬 MEDINILLA

攀
緣灌木。葉輪生，全緣，光滑無毛，葉脈三至五出，具離基脈。繖形狀圓錐花序，頂生或腋生，花 4 數。果實為漿果。

台灣厚距花

屬名　野牡丹藤屬
學名　*Medinilla fengii* (S.Y. Hu) C.Y. Wu & C. Chen

匍匐性附生灌木，無毛。葉橢圓形，長 4 ～ 11 公分，寬 1.4 ～ 4.5 公分，先端鈍或漸尖而具鈍頭，離基三出脈，略齒緣，兩面被短毛。花萼長 4 公釐，具四齒；花瓣 4 枚，粉紅白色，長 7.5 公釐；雄蕊 8，近等長。果實卵形。

　　產於雲南；台灣分布於全島低海拔山區之林緣。

雄蕊 8，近等長。

果卵形

葉橢圓形，離基三出脈。

附生或岩生之小灌木

台灣野牡丹藤　特有種

屬名　野牡丹藤屬
學名　*Medinilla formosana* Hayata

常綠蔓性灌木，高 50 ～ 150 公分，枝略圓，被剛毛。葉輪生或對生，橢圓形，長 10 ～ 12 公分，寬 3 ～ 4 公分，除 2 離基脈外，尚有 2 側脈，兩面光滑無毛。繖形狀圓錐花序，頂生，長 15 ～ 20 公分，下垂性；花徑 0.8 ～ 1.2 公分，花瓣 4 枚，白色但有時帶粉紅色，雄蕊 8。漿果球形，暗紅色至紫黑色，直徑約 5 公釐。

　　特有種，分布於恆春半島及台東大武一帶之低海拔森林中。

花瓣 4 枚，白色但有時帶粉紅色，雄蕊 8。

繖形狀圓錐花序，頂生，長 15 ～ 20 公分，下垂性。

蔓性灌木，花葉俱美，頗具觀賞價值。

漿果球形，暗紅色至紫黑色。

蘭嶼野牡丹藤 特有種

屬名　野牡丹藤屬
學名　*Medinilla hayataiana* H. Keng

常綠蔓性灌木。葉長橢圓形，三出脈，長 10 ～ 12 公分，寬 3 ～ 4 公分。花序腋生，下垂；花淺粉紅色，徑 1 ～ 1.5 公分；雄蕊 8，等長，花絲白色，花藥藍紫色。漿果，徑 3 ～ 5 公釐，成熟時暗紅色至紫黑色。一年有二段花期，分別為 7 ～ 8 月及 11 月。

　　特有種，分布於蘭嶼森林中。

果序，整體呈紅色。

花側面

雄蕊 8，等長，花絲白色，花藥藍紫色。

攀緣於雨林內樹木枝幹（許天銓攝）

花序腋生，下垂，淺粉紅色。葉三出脈。

野牡丹屬 MELASTOMA

灌木或亞灌木。葉對生，基出 3 ～ 9 脈。花 5 數，大而美麗，單生或數朵組成圓錐花序生於枝頂；雄蕊 10，不等長，兩形；子房 5 室。果實為蒴果。

基尖葉野牡丹

屬名　野牡丹屬
學名　*Melastoma affine* D. Don

常綠小灌木，高 0.5 ～ 1.5 公尺，全株密被剛毛，嫩枝、葉片與花萼筒密生倒伏狀粗毛。葉披針形、卵狀披針形、橢圓形或卵形，先端漸尖，基部圓或楔形，基出 3 ～五脈，上表面被伏毛，不被軟毛。繖形花序，花徑約 6 ～ 7 公分，碩大而明顯；花瓣 5 枚，粉紅色；雄蕊 10，兩形，長短各半，花絲具關節，上段成彎勾，長雄蕊的花藥紫紅色，短雄蕊的花藥鮮黃色；花柱單一，線形。蒴果，罈狀球形。

　　產於中國南部、馬來西亞及菲律賓；在台灣分布於全島低海拔空曠地、草地或林緣。

通常花為 5 數，本株為少見的 6 數，雄蕊 12。

果實為蒴果，罈狀球形。

葉上表面被伏毛，不被軟毛。

野牡丹

屬名	野牡丹屬
學名	*Melastoma candidum* D. Don.

常綠小灌木，高 0.5～1.5 公尺，被倒伏性粗毛及鱗片。葉卵形、闊卵形或卵狀橢圓形，長 6～12 公分，寬 2～5 公分，先端銳尖至漸尖，基部圓或略呈心形，5～7 脈，上表面不僅被伏毛，亦被軟毛。花顯著，徑 4～6 公分；花萼筒壺形，長 1～1.3 公分，密被絨毛，先端五裂；花瓣 5 枚，紫紅色，闊卵形，先端鈍而有尖突；雄蕊 10，長短不一，長雄蕊的花藥先端有短尖喙，花絲具關節，上段成彎勾，藥隔基部具瘤突。

產於中國、日本、琉球、菲律賓及中南半島；在台灣分布於全島低海拔地區。

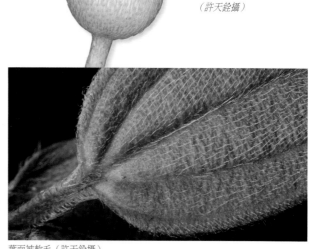

果實壺狀，密被硬伏毛。
（許天銓攝）

葉面被軟毛（許天銓攝）

葉上表面不僅被伏毛，亦被軟毛。

果實不規則開裂，露出紅色果肉。（許天銓攝）

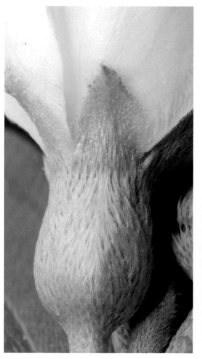

萼筒密被貼伏硬毛，裂片卵形。（許天銓攝）

普遍分布於台灣全島之野地

水社野牡丹

屬名　野牡丹屬
學名　*Melastoma kudoi* Sasaki

莖圓柱狀，被糙伏毛。葉橢圓形至披針狀卵形，先端鈍至銳尖，基部銳尖至圓，全緣，上表面被糙伏毛，下表面被稀疏的糙伏毛。花單生或 2～3 朵聚生於枝端；花瓣 4～5 枚，紫紅色或玫瑰紅，邊緣有細纖毛。漿果近球形，徑約 6 公釐，花托筒被糙伏毛。本種與分布於中國南部及香港的細葉野牡丹（*M.intermedium* Dunn）甚為相似。

　　產於中國南部；在台灣目前只發現於日月潭一帶，數量極少，為稀有植物，極待保育。

　　本種是台北帝大的工藤祐舜與佐佐木舜一於 1929 年蓋日月潭前，調查當地植物所發現的新種，當時其生長於月潭的浮島上；過了近百年，筆者與許天銓至當地調查植物時，又在一滲水的坡地發現之。

莖圓柱狀，貼伏糙伏毛。

花瓣 5 枚，紫紅或玫瑰紅，邊緣有細纖毛。

漿果近球形，外被糙伏毛。

生長於濕潤草坡（許天銓攝）

羊角扭屬 MEMECYLON

灌木，枝光滑。葉革質，全緣，羽狀脈。聚繖花序，腋生；花4數，雄蕊8，子房1室。果實為漿果。

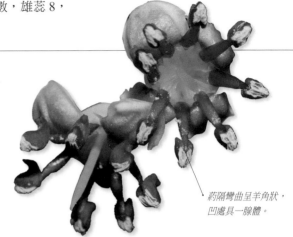

藥隔彎曲呈羊角狀，凹處具一腺體。

革葉羊角扭

屬名	羊角扭屬
學名	*Memecylon lanceolatum* Blanco

灌木。葉對生，革質，長橢圓形至長橢圓狀卵形，長5～12公分，葉脈不明顯，葉柄長3～5公釐。圓錐聚繖形花序，花紫色，4數；雄蕊8，花絲甚長，花藥短；子房1室，花柱絲狀，胚珠6～12。果實為漿果。

　　產於菲律賓、婆羅洲及蘇拉威西島；在台灣僅分布於離島蘭嶼。

花4數，雄蕊8，花絲甚長，花藥短。

漿果近球形

葉對生，革質，長橢圓形。

垂枝羊角扭 特有種

屬名	羊角扭屬
學名	*Memecylon pendulum* Chih C. Wang, Y. H. Tseng, Y. C. Chen & Kun C. Chang

小喬木，最高可達6公尺左右，小枝光滑。葉對生，革質，橢圓形，長2.5～7公分，寬1.5～2.5公分，先端銳尖至漸尖，全緣，兩面光滑。花序腋生；花瓣4枚，白色，基部藍色，寬卵形至長卵形；雄蕊8，等長，花絲藍紫色，花柱單一。果實球形。

　　特有種，分布於台中太平、霧峰、南投竹山及高雄六龜、茂林。

葉背之脈不明顯

果枝（王志強攝）

花紫色，4數，雄蕊8。（王志強攝）

花生於枝條下半部（王志強攝）

葉對生，兩面光滑，橢圓形。

零星分布於中、南部低海拔山區。（王志強攝）

金錦香屬 OSBECKIA

灌木或亞灌木；莖被剛毛，常呈四角形。葉近革質，全緣，基出 3 ～ 7 脈。聚繖花序，頂生；花紫紅色或白色，5 數，但雄蕊 8 枚。果實為蒴果。

金錦香

屬名	金錦香屬
學名	*Osbeckia chinensis* L.

直立亞灌木，莖有毛。葉披針狀長橢圓形，長1.8 ～ 3.2 公分，寬 0.8 ～ 1.2 公分，先端鈍，基部圓，5 ～ 7 脈，葉柄長 1 ～ 2 公釐。頂生聚繖狀花序，無花序梗；花萼被長毛及星狀毛；花瓣 5 枚，長 8 ～ 12 公釐；雄蕊 8，近等長，花藥先端有長尖喙；子房近球形；無花梗。

產於中國南部、馬來西亞、琉球及日本；在台灣以往分布於全島低至中海拔林緣及草生地，但近年來僅發現於東北角海岸及旭海草原，族群漸漸稀少。

花萼筒上具星毛；花藥先端具長喙

花瓣 4 枚；雄蕊 8 枚，近等長。（許天銓攝）

蒴果自頂端開裂

通常一次只開一朵花，無花梗及花序梗。

葉披針狀長橢圓形

闊葉金錦香

屬名	金錦香屬
學名	*Osbeckia opipara* C. Y. Wu & C. Chen

直立灌木，莖上被許多毛。葉卵形，長約 5.5 公分，寬約 3 公分，五出脈，葉柄長 0.5 ～ 1 公分。聚繖花序，具花序梗；花萼被滿星狀毛，花近無梗。

產於中國南部、印度及中南半島；在台灣唯一的紀錄為佐佐木舜一於 1923 年在水社湖畔之水稻田所發現。

花藥 8 枚近等長，具長喙。（許天銓攝）

蒴果花瓶狀（許天銓攝）

萼筒具許多柄狀附屬物，附屬物先端有星狀毛。（許天銓攝）

葉卵形至橢圓形，具五脈。（許天銓攝）

耳蒴花屬 OTANTHERA

灌木。葉近革質，全緣，葉脈三至五出，不具離基脈。聚繖花序，頂生或近頂生；花萼筒被鱗片、單毛或近光滑，五至六裂；花瓣 5～6 枚；雄蕊 10 或更多，近等長；子房半下位。果實為漿果。

糙葉耳蒴花 特有種

屬名	耳蒴花屬
學名	*Otanthera scaberrima* (Hayata) Ohwi

直立灌木，莖被硬伏毛。葉卵形或披針形，長 2.2～5.5 公分，寬 1～2.2 公分，先端鈍，基部圓至銳尖，基出五脈，略鋸齒緣，兩面被硬伏毛，葉柄長約 2 公釐。花萼長 6 公釐，外表被硬伏毛；花瓣倒卵形；雄蕊 8，近等長。果實被硬伏毛。

　　特有種；分布於台灣全島低至中海拔之山坡或路旁。

花瓣粉紅；雄蕊 10 枚均等長。（許天銓攝）

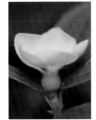

花萼外表被硬伏毛　　不常見的白花變異　　果成熟時紅色，不規則開裂。（許天銓攝）　　全株被伏貼之硬毛

肉穗野牡丹屬 SARCOPYRAMIS

肉質草本；莖光滑，四方形。葉膜質，基出 3 脈。　花單生或數朵簇生，腋生或頂生，紅紫色；苞片葉狀；花萼筒倒圓錐形，四裂；花瓣 4 枚；雄蕊 8，等長；子房 4 室。果實為蒴果。

　　台灣有 1 種之 2 變種。

肉穗野牡丹

屬名	肉穗野牡丹屬
學名	*Sarcopyramis napalensis* Wall. var. *bodinieri* Levl.

肉質草本，高可達 15 公分。葉卵形至披針狀卵形，長 2～5 公分，寬 1.5～3 公分，葉緣具刺毛，兩面被直毛，葉柄長 0.8～2 公分。花萼裂片矩形，不具五至七角狀毛，花瓣短於 5 公釐。

　　產於中國南部；在台灣分布於北、中部之低中海拔森林。

花萼裂片矩形，不具五至七角狀毛。

花瓣 4；雄蕊 8，等長。　　葉緣具刺毛，兩面被直毛。　　大片的群落

東方肉穗野牡丹

屬名　肉穗野牡丹屬
學名　*Sarcopyramis napalensis* Wall. var. *delicata* (C. B. Robinson) S. F. Huang & T. C. Huang

肉質草本。葉闊卵形至披針狀卵形，長 1 ～ 3 公分，寬 1 ～ 2 公分。花萼裂片三角形，具五至七角狀毛，花瓣長於 7 公釐。

　　產於菲律賓及中國南部；在台灣分布於全島低中海拔山區森林中。

雄蕊短，花藥黃色。

花萼具五至七角狀毛

喜生於濕潤之森林內

蜂鬥草屬 SONERILA

草本（台灣產者），高不及 10 公分；莖紫紅色，方形，具狹翼，被直立腺毛。葉對生，薄膜質，橢圓形或卵形，齒緣，三出脈。花 2 ～ 6 朵成蠍尾狀圓錐花序，各部 3 數；花萼裂片闊三角形；花瓣淡粉紅色，闊橢圓形，下表面被腺毛。蒴果，倒圓錐形，具三稜。

　　台灣有 1 種。

三蕊草

屬名　蜂鬥草屬
學名　*Sonerila tenera* Royle

矮小草本；莖紅褐色，被直立腺毛。葉長 0.5 ～ 2.5 公分，寬 0.4 ～ 1.1 公分，先端銳尖或鈍，基部楔形，具緣毛，兩面被直立腺毛。花瓣白色，3 枚，花冠筒上被許多腺毛，雄蕊 3。

　　分布於印度、緬甸、越南、印尼、菲律賓及中國南部；在台灣分布於高雄出雲山及浸水營之潮濕岩壁上。

葉具緣毛；花瓣 3 枚，白色，雄蕊 3。

矮小草本，莖紅褐色，被直立腺毛。

桃金孃科 MYRTACEAE

灌木或喬木。單葉，對生，偶互生，革質，略具透明腺點，無托葉。花成繖房或總狀花序，或單生；花兩性，輻射對稱；花萼筒常與子房合生，四至五裂；花瓣 4 ～ 5，偶缺；雄蕊多數，生於花盤邊緣，花藥縱裂或頂裂，藥隔頂端常具腺點；柱頭不分岔，子房下位或半下位，一或多室。果實變化多，蒴果、漿果或核果。

　　台灣有 4 屬。

特徵

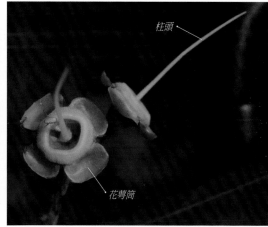

單葉，對生，略具透明腺點。（小葉赤楠）　　雄蕊多數（蒲桃）

花萼筒常與子房合生，四至五裂。柱頭不分岔。（蒲桃）

十子木屬 DECASPERMUM

灌木。花常為雜性，總狀花序腋生；花萼四或五裂，稀三裂；花瓣 4 或 5 枚，稀 3 枚；子房 4 或 5 室。果實為漿果。

漿果，球形，小。

十子木（加入栒）

屬名	十子木屬
學名	*Decaspermum gracilentum* (Hance) Merr. & L.M. Perry

灌木，多分枝，幼枝與芽被柔毛。葉卵狀長橢圓形至長橢圓狀披針形，長 4 ～ 4.5 公分，寬 1.2 ～ 1.5 公分，先端短漸尖，葉背多腺點。花雜性，花徑約 2.5 公分，3 ～ 4 數，雄蕊多數。漿果，球形，小。

　　產於中國西南部；在台灣分布於東北角、恆春半島及蘭嶼之森林中。

花雜性，3 ～ 4 數，雄蕊多數。　　雌蕊期之花朵

葉長橢圓狀披針形，具長尾尖。

桃金孃屬 RHODOMYRTUS

小 灌木，常被絨毛。葉脈三出，側脈直達葉尖。花單生於葉腋；花萼五裂，宿存；花瓣 5 或 4 枚；雄蕊多數，排成多輪；子房 1 ～ 3 室。漿果狀核果，橢圓形。

桃金孃

屬名	桃金孃屬
學名	*Rhodomyrtus tomentosa* (Ait.) Hassk.

花瓣 5 枚；雄蕊多數，離生；花柱絲狀，柱頭頭狀。

灌木，枝與花序被短絨毛。葉厚革質，卵狀橢圓形，先端圓或鈍，微凹頭，上表面亮，下表面被絨毛。花萼被絨毛，先端五裂，其中 2 枚較小；花瓣 5 枚，粉紅色；雄蕊多數，離生；花柱絲狀，柱頭頭狀。果實橢圓形，長約 1.2 公分，頂端具宿存之花萼。

　　產於中國南部、琉球、菲律賓、馬來西亞及印度；在台灣分布於本島北部及綠島之低海拔較乾燥地區。

果橢圓形，大約 1.2 公分，頂端具宿存之萼片。

多生長於紅土丘陵之開闊環境

花朵美麗，野外的桃金孃常為人們注目的焦點。

赤楠屬 SYZYGIUM

常 綠灌木或喬木。總狀、穗狀或圓錐花序；花萼筒球形或略長，先端裂片 4 或 5；雄蕊多數，常成 4 束，花藥平行，縱裂。核果漿果狀。

賽赤楠

屬名	赤楠屬
學名	*Syzygium acuminatissimum* (Blume) DC.

喬木，枝略呈方形。葉對生或有時近對生，橢圓形至卵形或倒卵形，長 5.5 ～ 6.5 公分，先端尾狀，葉背脈不明顯。花小，花瓣長約 1 公釐，早落；雄蕊多數，長不及 1 公釐；花梗短。果實成熟時紅紫色。

　　產於中國南部、印度、菲律賓、馬來西亞及澳洲；在台灣分布於離島蘭嶼。

葉橢圓形，先端尾狀。

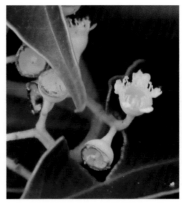

花小，花瓣長約 1 公釐，早落。

果紅紫色

小葉赤楠（橢圓葉赤楠）

屬名	赤楠屬
學名	*Syzygium buxifolium* Hook. & Arn.

枝光滑，多分枝。葉革質，卵狀長橢圓形至卵形，長2～3.5公分，先端鈍或銳尖，有時微凹頭，基部銳尖至漸狹，側脈多，不明顯，葉柄長2～5公釐。果實球形。

產於中國南部、中南半島、小笠原群島、琉球及日本；在台灣分布於全島及金門之低中海拔灌叢中。產於台灣者之葉為橢圓形或卵形，產於金門者之葉為卵狀長橢圓形。

金門產小葉赤楠之果實

金門族群之葉為卵狀長橢圓形

金門產小葉赤楠之花序

產於台灣者之葉為橢圓形

金門大武山之小葉赤楠，金門族群之葉為卵狀長橢圓形。

密脈赤楠 特有種

屬名　赤楠屬
學名　*Syzygium densinervium* Merr. var. *insulare* C.E. Chang

小喬木，枝光滑。葉厚革質，長橢圓狀倒卵形，長 6～8 公分，先端鈍或具短突尖，基部漸狹或楔形，側脈多數，葉脈明顯，上表面具疏油點，葉柄長 1.5～2 公分。聚繖花序，頂生，最終之花序分枝短，上生約 3 朵花；花萼漏斗狀，無毛，具不規則的短裂片，由 2 小苞片包著花萼筒；雄蕊多數，光滑無毛；柱頭不分岔。果實卵狀橢圓形，長約 1.2 公分，成熟時紅色，冠有萼唇。

　　特有變種，分布於蘭嶼及屏東之山區。

由 2 小苞片包著花萼筒；每一花序頂端分枝著生 2～3 朵花。

花盤中心紅或黃色

盛花之植株（郭明裕攝）

側脈多數，葉脈明顯。

果卵球形或橢圓形，長約 1.2 公分，成熟時紅色，冠有萼唇。

細脈赤楠 特有種

屬名　赤楠屬
學名　*Syzygium euphlebium* (Hayata) Mori

枝光滑無毛。葉革質，橢圓形或倒卵形，長 4.5～5.5 公分，先端尾狀漸尖，鈍頭，基部漸狹或楔形，側脈不明顯，葉柄長約 1 公分。花梗具 1 細小苞片。果實橢圓形，果梗細長。

　　特有種，分布於恆春半島及浸水營一帶。

葉先端尾狀，側脈不明顯。

雄蕊多數，花絲長約 4 公釐。

盛花之植株（郭明裕攝）

果枝

台灣赤楠 特有種

屬名	赤楠屬
學名	*Syzygium formosanum* (Hayata) Mori

枝細柔,光滑無毛。葉革質,橢圓形、長橢圓形或倒卵形,長約 6 公分,先端短尾尖,基部銳尖或漸狹,側脈明顯,約 22 對,葉柄長 0.8 ～ 1.2 公分。果實球形。

　　特有種;分布於台灣全島低中海拔森林中。

果實

花序頗多花

葉橢圓形,先端短尾尖,側脈明顯,約 22 對。

果熟紫黑色

高士佛赤楠 特有種

屬名	赤楠屬
學名	*Syzygium kusukusense* (Hayata) Mori

枝光滑無毛。葉革質,長橢圓形、卵狀長橢圓形或卵狀披針形,長 10 ～ 14 公分,先端鈍,表面密被油點,側脈明顯,約 20 對,葉柄長 1 ～ 2 公分。果實球形。本種為台灣產赤楠屬植物中葉最大者。

　　特有種,分布於恆春半島之闊葉樹林內。

葉革質,長 10 ～ 14 公分。

花頗為密集

壽卡地區,滿樹白花之高士佛赤楠。

果球形

疏脈赤楠

屬名　赤楠屬
學名　*Syzygium paucivenium* (Robins.) Merr.

葉先端圓或鈍

枝光滑無毛,分枝密。葉革質,倒卵形或橢圓形,長 4 ～ 5 公分,先端圓或鈍,基部鈍或圓,側脈 5～7 對,葉柄長 2～3 公釐。果實大,橢圓形或倒卵形,徑 1.2～1.5 公分。本種為台灣產赤楠屬植物中,果實最大者。

　　產於菲律賓北部;在台灣分布於離島蘭嶼及綠島。

10 月中旬開花的疏脈赤楠

花白色

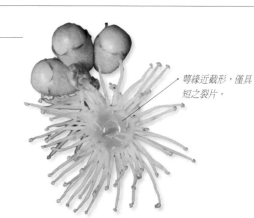

果為台產本屬最大者(呂順泉攝)

蘭嶼赤楠

屬名　赤楠屬
學名　*Syzygium simile* (Merr.) Merr.

小枝細柔,光滑無毛。葉紙質至近革質,倒披針形或倒卵狀橢圓形,長 7～8 公分,先端具突尖,側脈 8～9 對,葉柄長約 1 公分。花序腋生,花萼先端近截形,僅具短裂片。漿果狀核果,球形,直徑約 8 公釐。

　　產於菲律賓;在台灣分布於離島蘭嶼及綠島。

萼緣近截形,僅具短之裂片。

蘭嶼天池旁滿樹小果的蘭嶼赤楠

花序腋生

台灣棒花蒲桃（棒萼赤楠）

屬名	赤楠屬
學名	*Syzygium taiwanicum* H.T. Chang & R.H. Miau

小喬木。小枝明顯具四稜。葉革質，長橢圓形至橢圓形或倒卵狀披針形，長 6 ～ 7 公分，先端銳尖至漸尖，側脈 20 ～ 30 對，葉柄長約 5 公釐。花單生或 2 ～ 4 朵聚生於樹幹上或葉腋，花萼筒棍棒狀，先端截形，僅具短裂片。果實筒狀，長約 2 公分，成熟時紅色，可食。

　　產於中國南部、泰國、中南半島及馬來半島；在台灣分布於離島基隆嶼及蘭嶼，產於基隆嶼者為日人 Kawakami 及 Mori 於 1907 年所採集，現今該島上已不見本種植物了。

果筒狀，長約 2 公分，成熟時紅色，可食，狀似小蓮霧。

葉革質，長橢圓形，先端銳尖至漸尖。

萼筒棍棒狀，萼緣截形，僅具甚短而不明顯之裂片。

花單生或 2 ～ 4 朵聚生於樹幹上

5 月開花

大花赤楠

屬名 赤楠屬
學名 *Syzygium tripinnatum* (Blanco) Merr.

枝光滑無毛，小枝扁。葉紙質，卵狀披針形或長
橢圓形，長 8.5 ～ 11.5 公分，先端尾狀，葉柄
長 5 ～ 7 公釐。花大，徑 1.5 ～ 2 公分；花萼裂
片明顯，長 5 公釐，寬 8 公釐。果實橢圓形。

　　產於菲律賓；在台灣分布於離島蘭嶼。

果熟粉紅色

葉紙質，卵狀披針形或長橢圓形。

花萼裂片明顯

10 花大，徑 1.5 ～ 2 公分。

約莫於 7 月盛夏結果

柳葉菜科 ONAGRACEAE

草本，有時木本。單葉，基生或莖生，互生或對生，全緣或齒緣（稀為裂片），托葉小或無。花輻射或兩側對稱，具花萼筒，萼片 2 或 4 枚，花瓣 2 或 4 枚，雄蕊同萼片數或為其 2 倍，子房下位，花柱單一，柱頭四岔。果實為蒴果、漿果或堅果，開裂或不開裂。

特徵

萼片 2 枚，花瓣 2 枚，雄蕊 2，子房下位，花柱單一。（高山露珠草）

花瓣 4 枚，雄蕊 8，花柱單一。（南湖柳葉菜）

台灣產的本科 4 屬之果實皆為蒴果（黃花月見草）

露珠草屬 CIRCAEA

葉對生，但在花序上成互生的苞片狀葉，細齒緣至齒緣。總狀花序頂生於主莖及腋生於短枝先端；花白色或粉紅色，2 數，花萼合生成筒狀，子房 1 ～ 2 室，柱頭二岔。蒴果，不開裂，被有硬鉤毛。

　　禿梗露珠草（C. glabrescens (Pamp.) Hand.-Mazz.）僅有一份日治時期 Sasaki 之採集標本，至今未有新的紀錄。

高山露珠草

屬名	露珠草屬
學名	*Circaea alpina* L. subsp. *imaicola* (Asch. & Mag.) Kitamura

地下莖末端有塊莖；株高達 50 公分，無毛或在莖上有短毛，花序上有短腺毛。葉通常卵形至寬卵形，長 2 ～ 7 公分，寬 1.4 ～ 4.5 公分，先端銳尖至短漸尖，近全緣至疏齒緣。花梗斜上或直立，蜜腺不伸出花筒外，花瓣先端二裂。果實棍棒狀或倒卵狀，長 1.6 ～ 2.7 公釐，子房及果實 1 室。

　　產於中國、阿富汗、喜馬拉雅山區及中南半島；在台灣分布於中至高海拔之潮濕地區。

倒卵狀至棒形，被有硬鉤毛。

蜜腺不伸出花筒外

葉通常卵形至寬卵形，近全緣至疏齒緣。

心葉露珠草

屬名	露珠草屬
學名	*Circaea cordata* Royle

植株通常被密毛，有長軟毛、鉤狀反曲毛及頭狀與棒狀尖的腺毛。葉狹至極寬的卵形，長 4 ～ 13 公分，寬達 11 公分，短漸尖頭，細齒緣至近全緣。花密生，在花序軸抽長前開放，蜜腺不伸出花筒外，花梗被毛。果實歪倒卵狀至凸透鏡狀，被有硬鉤毛。

　　產於中國、韓國、烏蘇里、喜馬拉雅山區及喀什米爾；在台灣分布於北、中部低至高海拔之排水良好處。

葉心形，故名心葉露珠草。

花瓣白色，柱頭二岔，果被鉤毛。

植株通常被密毛，葉柄甚長。

台灣露珠草

屬名　露珠草屬
學名　*Circaea erubescens* Franch. & Sav.

植株無毛。葉披針形至卵形，偶呈寬卵形，長 2.5 ～ 10 公分，短漸尖頭，細齒緣。花序軸及花梗無毛，蜜腺伸出花筒外。果實倒卵狀至寬倒卵狀。

　　產於中國及日本；在台灣分布於低至中海拔多石的河床地及路旁。

蜜腺伸出花筒

植株無毛

子房被鉤毛，餘光滑。

葉披針形至卵形

柳葉菜屬 EPILOBIUM

具走莖、根莖或冬芽的多年生草本；莖直立、斜上或匍匐，無毛至密生毛茸，具或不具腺毛。葉常在下部對生（稀輪生），在上部互生，近全緣至細齒緣。花 4 數，單生葉腋或成疏散總狀花序，雄蕊 8。蒴果，4 室，細長，近圓柱狀。

黑龍江柳葉菜

屬名　柳葉菜屬
學名　*Epilobium amurense* Hausskn.

花序以下之莖上除了 2 或 4 條自葉柄邊緣下延的微粗毛外，近乎無毛。葉卵形至長橢圓形或披針形，或在下部呈倒卵形，長 2 ～ 7 公分，通常具銳尖之細鋸齒緣。花序有微粗毛及腺毛；花近直立，花瓣通常長 5 ～ 8 公釐，白至淡紅或紫色。蒴果長 1.5 ～ 7 公分，被疏毛或近無毛。種子表面有小乳突。

　　產於中國、喜馬拉雅山脈西部、西伯利亞及日本；在台灣分布於中海拔山區之潮濕草地。

花瓣通常長 5 ～ 8 公釐，白至淡紅或紫色。

花、果近直立

葉卵形至長橢圓形

短葉柳葉菜

屬名　柳葉菜屬
學名　*Epilobium brevifolium* D. Don. subsp. *trichoneurum* (Hausskn.) P.H. Raven

莖單一或有分枝，被微粗毛，有時在花序上有腺毛。葉亞革質，卵形或卵狀橢圓形，長 1.5 ～ 5 (～ 8) 公分，明顯細齒緣。花直立，花瓣長 7 ～ 10 公釐，暗粉紅至淡紅紫色。蒴果長 3.5 ～ 7 公分，外被毛狀物。

　　產於中國西部、喜馬拉雅山區、阿薩姆、緬甸、菲律賓、北越及婆羅洲；在台灣分布於低至中海拔潮濕山谷的開闊草地。

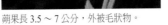

花瓣長 7 ～ 10 公釐，
暗粉紅至淡紅紫色。

葉明顯細齒緣

蒴果長 3.5 ～ 7 公分，外被毛狀物。

葉卵形或卵狀橢圓形

合歡柳葉菜 特有種

屬名　柳葉菜屬
學名　*Epilobium hohuanense* S.S. Ying *ex* C.J. Chen, Hoch & P.H. Raven

叢生草本，通常自基部分枝，斜上或匍匐，被微粗毛，具多數細小、多鱗片的芽。葉橢圓形至披針形，長 1 ～ 2 公分，細齒緣。花近直立，花瓣白色，常漸轉為粉紅或淡紅色。蒴果長 2.6 ～ 5.5 公分，漸變無毛至疏生微粗毛。

　　特有種；分布於台灣中至高海拔山區。

葉小，橢圓至披針形，長 1 ～ 2 公分。

生長於高山岩屑地

蒴果長 2.6 ～ 5.5 公分，漸變無毛至疏生微粗毛。

花瓣白，常轉為粉紅或淡紅色。

南湖柳葉菜 特有種

屬名 柳葉菜屬

學名 *Epilobium nankotaizanense* Yamam.

地下根莖具肉質、多鱗片的芽，莖常分枝。葉叢生，亞革質且相當肉質，寬橢圓形至倒卵形或卵形，長 0.8～2.1 公分，不明顯細齒緣。花單生於葉腋；花瓣粉紅至淡紅紫色，長達 3.3 公分。蒴果長 2～4.5 公分，疏生微粗毛及腺毛。

　　特有種；分布於台灣中至高海拔地區之岩屑地，如南湖、雪山及關山。

雄蕊 8

蒴果長 2～4.5 公分，疏生微粗毛及腺毛。

葉亞革質且相當肉質，寬橢圓形至倒卵形或卵形，不明顯細齒緣。

生於高海拔地區岩屑地

本種為受文資法保護的植物

成熟果實裂開

彭氏柳葉菜（網籽柳葉菜） 特有種

屬名　柳葉菜屬
學名　*Epilobium pengii* C.J. Chen, Hoch & P.H. Raven

莖不分枝或較大植株有極少分枝，被粗毛，基部具短而肉質且多鱗片的芽。上部的葉卵形至披針形，下部的葉寬橢圓形，長1.5～2.5公分，不規則細齒緣。花近直立，花瓣白色，漸變為粉紅色，長5～6.5公釐。蒴果長4.5～5公分，疏生微粗毛。與黑龍江柳葉菜（見第169頁）相似，但本種花序無短而直立的腺毛，種子表面有網紋，非小乳突。

　　特有種；分布於台灣高海拔山區。

莖被粗毛

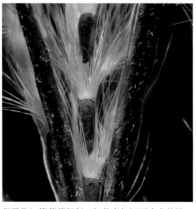

與黑龍江柳葉菜相似，但花序無短而直立的腺毛，種子表面有網紋，非小乳突。

上部的葉卵至披針形，下部的葉寬橢圓形，不規則細齒緣。

闊柱柳葉菜

屬名　柳葉菜屬
學名　*Epilobium platystigmatosum* C. B. Robinson

莖通常多分枝，全面被微粗毛。葉近線形至狹披針形，長1～4.5公分，寬1.5～5公釐，不明顯細齒緣。花直立，花瓣白、粉紅或稀為淡紅紫色，長3～5公釐。蒴果長2.3～5公分，漸變無毛或疏生微粗毛。

　　產於中國、菲律賓及日本；在台灣分布於本島中、北部低至高海拔地區。

蒴果長2.3～5公分，漸變無毛或疏生微粗毛。

全面具微粗毛，葉近線形至狹披針形。

莖基部通常多分枝

台灣柳葉菜 特有種

屬名	柳葉菜屬
學名	*Epilobium taiwanianum* C.J. Chen, Hoch, & P.H. Raven

植株常叢生，莖單一或有少數分枝，全面被微粗毛，基部具肉質、多鱗片的冬小芽。葉卵形至披針形或披針狀橢圓形，長 1 ～ 2.5 公分，細齒緣。花直立，花瓣淡紅紫色，長 4 ～ 6.5 公釐。蒴果長 2.5 ～ 5 公分。

　　特有種；分布於台灣中、北部之高海拔地區。

莖基部具肉質，多鱗片的冬小芽。

蒴果長 2.5 ～ 5 公分。

葉卵形至披針形或披針狀橢圓形，細齒緣。

水丁香屬 LUDWIGIA

草本、灌木或小喬木。葉互生（台灣的種類）或對生，稀輪生；具托葉，早落。萼片通常宿存，多為 4 ～ 5 枚；花瓣數如萼片數或無，黃色或稀為白色，無深缺刻；雄蕊數如萼片數或為其 2 倍。蒴果，開裂或不開裂。

白花水龍

屬名	水丁香屬
學名	*Ludwigia adscendens* (L.) Hara

草本，具匍匐或浮水莖，節上簇生紡錘形氣囊，分枝斜上。葉長橢圓形至匙狀長橢圓形，長 0.4 ～ 7 公分，先端圓或鈍。萼片 5 枚，早落；花瓣 5 枚，闊倒卵形，乳白色，基部黃色；雄蕊 10，柱頭盤狀。蒴果無毛至被柔毛，近圓柱形，長 1.2 ～ 2.7 公分。

　　分布於亞洲自旁遮普往南至斯里蘭卡往東至中國南部，再往南至馬來西亞及澳洲；在台灣產於南部及東南部之低海拔水田或池塘中。

花瓣 5，乳白色，基部黃。（許天銓攝）

果實被毛（許天銓攝）

植物體浮水或挺水

翼莖水丁香(方果水丁香)

屬名 水丁香屬
學名 *Ludwigia decurrens* Walt.

大型挺水草本，高 50 ～ 240 公分，莖上具明顯稜翼。葉披針形而非線形，長 6 ～ 15 公分，寬 0.8 ～ 3.5 公分，光滑無毛。花瓣 4 枚，偶爾為 5 枚，倒卵形，鮮黃色；雄蕊 8；柱頭四岔，黃色。果實四角柱形。

原產北美洲；現已歸化於台灣全島。

花瓣4枚，長於花萼。
（許天銓攝）

子房與果實為寬短的銳四稜形（許天銓攝）

莖上具明顯稜翼

大型挺水草本，高 50 ～ 240 公分。

假柳葉菜

屬名 水丁香屬
學名 *Ludwigia epilobioides* Maxim.

枝葉常帶紅色。葉狹橢圓形至狹披針形，長 1 ～ 10 公分，寬 0.4 ～ 2.5 公分，漸尖頭。萼片 4 ～ 6 枚，三角形，長 1.5 ～ 4.5 公釐，細長尖頭，被毛；花瓣黃色，倒卵形，長 1.8 ～ 2 公釐；雄蕊數同萼片數，花柱長 0.5 ～ 1.2 公釐，柱頭球形。蒴果長 1 ～ 2.8 公分，密被細毛。種子每室通常 1 粒。本種之葉形及花徑與細葉水丁香（見下頁）相近，但葉較狹長；此外，細葉水丁香雄蕊 8 枚，假柳葉菜 4 ～ 6 枚。

產於中國、北越、韓國及日本；在台灣分布於中、低海拔之水田及潮濕處。

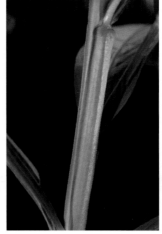
細長的圓柱形果實

花小，常 5 數。

結果植株

美洲水丁香（直立水丁香）

屬名	水丁香屬
學名	*Ludwigia erecta* (L.) Hara

一年生或多年生草本，高可達 3 公尺；莖直立，四至六稜，無毛，帶紅色。單葉，互生，狹披針形至橢圓形，長 5～10 公分，寬 1～3 公分，先端銳尖，基部銳尖，全緣，葉柄長 2～10 公分。單花，腋生，近無梗；花萼 4 枚，披針形，長 4～5 公釐，寬 1.5～2 公釐，先端漸尖；花瓣 4 枚，黃色，橢圓形或倒卵形，長 3～5 公釐，寬 1.5～3 公釐，先端漸尖；雄蕊 8，近等長，淡黃色；子房 4 室，長 5～7 公釐，四稜，柱頭黃色。蒴果，長 1.5～2.5 公分，寬約 3 公釐，四稜。種子狹卵形，長 0.3～0.5 公釐，褐色。

　　原產於美洲；歸化於台灣野地。

花瓣 4 枚，雄蕊 8 枚。

果呈四角柱形

生於水邊之高大草本

細葉水丁香

屬名	水丁香屬
學名	*Ludwigia hyssopifolia* (G. Don) Exell

莖基通常木質化，幼株與花序被細毛，延長氣囊自地下根長出。葉披針形，長 1～9 公分，先端銳尖。萼片 4 枚，被細毛；花瓣先端尖，黃色，凋謝時呈橘黃色；雄蕊 8。蒴果近圓柱狀，上端六分之一至三分之一部分膨大，長 1.5～3 公分，厚 1～1.2 公釐，被細毛，近無梗。

　　產於熱帶地區低海拔潮濕處；在台灣為極普遍之低海拔溼地雜草。

花瓣黃色，先端尖。

蒴果被細毛，近圓柱狀，上半部膨大，近無梗。

植物體近光滑，莖具稜。

水丁香

屬名 水丁香屬
學名 *Ludwigia octovalvis* (Jacq.) P.H. Raven

草本，有時基部木質化或甚至成灌木狀，高達 4 公尺；近光滑、被細毛或密被柔毛。葉線形至近卵形，長 2 ～ 14.5 公分，寬 0.4 ～ 4 公分，漸尖頭，葉柄長達 1 公分。萼片 4 枚，長 6 ～ 15 公釐；花瓣黃色，長 5 ～ 17 公釐，先端鈍或凹；雄蕊 8，柱頭淺四岔。蒴果圓柱狀，長 1.7 ～ 4.5 公分，蒼褐色。

　　產於熱帶及亞熱帶地區；在台灣分布於低海拔之溼地如河流、沼澤、池塘及湖泊等。

花瓣先端鈍或凹
（許天銓攝）

基部木質化或灌木狀，高達 4 公尺的草本。

蒴果圓柱狀，長 1.7 ～ 4.5 公分，蒼褐色。

卵葉水丁香

屬名 水丁香屬
學名 *Ludwigia ovalis* Miq.

莖被細毛。葉卵形至橢圓狀卵形，長 0.5 ～ 2.5 公分，寬 0.4 ～ 2 公分，銳尖頭，基部突窄至一具翼之柄，或近無柄，光滑無毛。花腋生；萼片 4 枚，三角形，邊緣具極細毛；花瓣缺；雄蕊 4；花柱綠色，柱頭暗綠色，球狀。蒴果呈拉長的球形，長 3 ～ 5 公釐。

　　產於中國北部及日本南部；在台灣稀有且分布侷限於北部溼地。

萼片 4，三角形，沿邊緣具
極細毛；花瓣缺；雄蕊 4。

蒴果為拉長之球形（許天銓攝）

葉卵形至橢圓狀卵形（許天銓攝）

沼生水丁香

屬名　水丁香屬
學名　*Ludwigia palustris* (L.) Elliott

匍匐性小草本，光滑無毛，節上會生根。葉對生，橢圓形，長 0.7 ～ 1 公分，寬 5 ～ 7 公釐，先端銳急尖，基部楔形，葉脈 3 ～ 4。花單生，通常成對生於葉腋；萼片 4 枚，三角形；無花瓣；雄蕊 4 ～ 5，花絲短，淺綠色；花柱短，柱頭球形，淡綠色；無梗。

原產北美洲；在台灣已歸化，見於南港中研院一帶。

果枝（彭鏡毅攝）

節上會生根。葉對生，橢圓形。（彭鏡毅攝）

花單生，無花被。（彭鏡毅攝）

小花水丁香

屬名　水丁香屬
學名　*Ludwigia perennis* L.

幼株近光滑或被細毛。葉窄橢圓形至披針形，長達 11 公分，葉柄有翼。萼片 4，稀 5，三角形；花瓣黃色，橢圓形，長 1 ～ 3 公釐；雄蕊數常同萼片數，稀更多。蒴果薄壁，圓柱狀，蒼褐色，光滑或被毛，成熟時規則或不規則背裂。

產於中國、非洲、熱帶，以及亞熱帶亞洲、馬來西亞及澳洲；在台灣分布於低海拔之溼地，稀有。

果實短胖

花瓣 4 或 5 數

花及果實

葉披針形

台灣水龍

屬名 水丁香屬
學名 *Ludwigia* × *taiwanensis* C. I Peng

莖匍匐或浮水，光滑無毛，節處生根，有時節上具白色紡錘形氣囊1簇，分枝斜上。葉長達 10 公分，寬達 2.7 公分，先端圓或鈍，全緣，光滑無毛。花腋生；萼片 5 枚，狹三角狀披針形，早落，無毛至被微粗硬毛；花瓣 5 枚，黃色，闊倒卵形，先端截形或鈍；子房不發育。

產於中國及日本；在台灣常成群生長於河溝水池之邊緣或沼澤地。

台灣水龍在 1990 年以前，一直被視為水龍（*L. peploides* (Kunth) P. H. Raven）；現在已經證實台灣水龍是二倍體的水龍和四倍體的白花水龍（見第 173 頁）天然雜交所產生的三倍體後代。這種三倍體的植物，由於花粉無法正常發育，為不孕性，也就不能進行有性生殖，但藉旺盛的營養繁殖，常在水面上形成一大片的族群，並散布到全台低海拔各地的池塘、溝渠、河流沿岸、沼澤濕地和水田中。

花瓣 5，黃色，闊倒卵形，先端截形或鈍；雄蕊 8。

莖光滑，葉長橢圓形，光滑。本族群攝於通宵山區野溪。

待宵草屬 OENOTHERA

常 具蓮座狀之基生葉，莖生葉互生，全緣、齒緣或羽狀裂，無托葉。花輻射對稱，4 數，腋生於莖上部具較小葉子處；花瓣黃、白或玫瑰紫色，先端通常凹入；雄蕊 8；子房 4 室，柱頭四岔。蒴果，通常開裂。

月見草（*O. biennis* L.）僅有一份採自屏東滿州之標本，筆者未在野外看過。

海濱月見草

屬名 待宵草屬
學名 *Oenothera drummondii* Hook.

柱頭高於花藥

莖生葉橢圓形，淺裂或羽裂，全緣至疏鋸齒緣，兩面被毛。花瓣黃色，8 枚；柱頭高於花藥，柱頭四岔。蒴果圓柱形。

原產美洲；在台灣歸化於淡水及離島金門、馬祖之海邊。

葉淺裂或羽裂，全緣至疏鋸齒緣，兩面被毛。

果圓柱狀

馬祖海邊之海濱月見草

黃花月見草

屬名　待宵草屬
學名　*Oenothera glazioviana* Micheli

莖直立，密被微粗毛，花序具平展毛，常具紅色泡狀基部，並有腺毛。葉橢圓形至披針形，長 5 ～ 15 公分，向基部縮成波浪狀，齒緣至近全緣。花瓣黃色，漸變為淡紅橙色，長 3.5 ～ 5 公分，柱頭高於花藥。

　　原產於歐洲，現在廣泛分布於亞洲、歐洲、澳洲、美洲及非洲；在台灣歸化於北、中部中海拔之開闊地。

蒴果具毛被物

柱頭高於花藥

葉橢圓形至披針形，長 5 ～ 15 公分。

裂葉月見草

屬名　待宵草屬
學名　*Oenothera laciniata* J. Hill

莖直立至匍匐，通常分枝，被疏至中等的微粗毛或柔毛，上部有腺毛。莖生葉狹倒卵形至狹橢圓形，長 2 ～ 10 公分，有裂片、齒緣或有時近全緣，葉基漸狹成葉柄狀。花瓣暗黃色或由黃色變為暗橙色，基部無紅點。

　　原產於北美東部至中部，後引至歐洲、亞洲、澳洲、南美洲及非洲南部栽植，並迅速逸出野化；在台灣歸化於北、中部之低海拔至海濱地區，有時亦見於中海拔山區。

柱頭與花藥同高

莖生葉狹倒卵形至狹橢圓形，有裂片、齒緣或有時近全緣。

果實

粉花月見草

屬名	待宵草屬
學名	*Oenothera rosea* L'Héritier *ex* Aiton

多年生草本；莖常叢生，上升，長 30 ～ 50 公分，多分枝，被曲柔毛，上部幼時密生，有時混生長柔毛。基生葉緊貼地面，倒披針形，長 1.5 ～ 4 公分，寬 1 ～ 1.5 公分，並不規則羽狀深裂下延至柄；開花時基生葉枯萎。莖生葉灰綠色，披針形（輪廓）或長圓狀卵形，長 3 ～ 6 公分，寬 1 ～ 2.2 公分，邊緣具齒突，基部細羽狀裂，側脈 6 ～ 8 對。花單生於莖、枝頂部葉腋；花瓣粉紅至紫紅色，寬倒卵形，長 6 ～ 9 公釐，寬 3 ～ 4 公釐，先端鈍圓，具 4 ～ 5 對羽狀脈；花絲白色至淡紫紅色，長 5 ～ 7 公釐；花藥粉紅色至黃色，長圓狀線形；花柱白色，長 8 ～ 12 公釐；柱頭紅色，圍以花藥。蒴果棒狀，長 8 ～ 10 公釐，徑 3 ～ 4 公釐，具 4 條縱翅，翅間具棱，頂端具短喙。

　　原產美洲大陸，台灣栽培逸出。

莖生葉

花瓣 4，粉紅色。

莖生葉

莖生葉為極窄的橢圓形至披針形

待宵草

屬名	待宵草屬
學名	*Oenothera stricta* Ledeb. *ex* Link

莖直立，稀匍匐，不分枝或近不分枝，被微粗毛，常具柔毛及腺毛。莖生葉為極窄之橢圓形至披針形，長 2 ～ 10 公分，平直或略波狀，鋸齒緣。花瓣黃色，漸變為淡紅橙色，基部常有紅點。

　　原產於智利及南美，歸化於南極洲以外之世界各地；在台灣目前僅知歸化於宜蘭太平山。

柱頭稍高於花藥

蒴果圓柱形

莖生葉為極窄的橢圓形至披針形

四翅月見草

屬名	待宵草屬
學名	*Oenothera tetraptera* Cav.

基部多分枝，上部亦常分枝，被微粗毛，通常雜有較長的平展毛。葉橢圓形至披針形，稀倒卵形，長 1 ～ 8 公分，不明顯鋸齒緣至羽狀凹陷。花在植株上部腋生，花瓣白色。蒴果棍棒狀或倒卵狀。

　　原產於墨西哥及美國德州，目前廣泛歸化於世界各地；在台灣歸化於中部中海拔之路旁或林緣，如梨山、武陵、太平山及屯原。

花瓣 4 枚，白色。

葉基齒狀或稍羽裂

旌節花科 STACHYURACEAE

落 葉或常綠灌木或小喬木。葉互生，紙質至革質，鋸齒緣；托葉小，早落。花小，雜性，總狀或穗狀花序，直立或下垂；花瓣及萼片各 4 枚，覆瓦狀排列；雄蕊 8；子房上位，柱頭單一，頭狀。果實漿果狀，具革質外果皮。

特徵

落葉或常綠灌木或小喬木。葉互生，紙質至革質，鋸齒緣。（通條木）

花小，雜性，成直立或下垂總狀或穗狀。（通條木）

花瓣及萼片各 4，覆瓦狀；雄蕊 8；子房上位；柱頭單一，頭狀。（通條木）

通條樹屬 STACHYURUS

特 徵同科。

通條樹

屬名	通條樹屬
學名	*Stachyurus himalaicus* Hook. f. & Thomson *ex* Benth.

小喬木，枝條伸展。葉長橢圓形至長橢圓狀披針形，長 7～14 公分，寬 3～8 公分，先端尾狀漸尖，基部圓至近心形，細鋸齒緣，中肋及側脈於上表面凸起，葉背蒼綠色。花序下垂，長約 10 公分，無花序梗；花雜性，黃綠色，花瓣倒卵形。果實近球狀，徑約 8 公釐。

　　產於中國西南各省、喜馬拉雅山區及印度；在台灣分布於全島中、高海拔闊葉林中。

兩性花，雄蕊突出花冠。

果近球狀，先端尖突。

花序下垂，長約 10 公分。

小喬木，具伸展枝條。葉長橢圓至長橢圓披針形。

子房被毛

雌花，具退化雄蕊。

省沽油科 STAPHYLEACEAE

喬 木或灌木。羽狀複葉，稀單葉或三出複葉，對生，小葉鋸齒緣。花雜性或雌雄異株，排成總狀或圓錐花序；花萼多為五裂；花瓣 5 枚；雄蕊 5，與花瓣互生；子房通常 3 室。果實為蓇葖果或蒴果，有時漿果狀。

特徵

小葉鋸齒緣（野鴉椿）

花萼五裂，花瓣 5 枚，雄蕊 5。（三葉山香圓）

野鴉椿屬 EUSCAPHIS

落 葉小喬木。奇數羽狀複葉，羽軸常呈淡紅色，有托葉；小葉對生，5～7枚，紙質，細鋸齒緣。圓錐花序。蓇葖果，成熟時紅色。種子1～3粒，黑色。

單種屬。

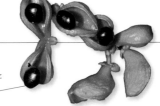

野鴉椿

屬名	野鴉椿屬
學名	*Euscaphis japonica* (Thunb.) Kanitz

蓇葖果，肉質，鮮紫紅色，內藏黑色且帶有光澤的種子1～3粒。（許天銓攝）

落葉小喬木。奇數羽狀複葉，小葉對生，5～7枚，卵形至卵狀披針形，長5～8公分，寬3～4公分，先端銳尖。圓錐花序頂生，花黃白色，萼片、花瓣均為長橢圓形，各5枚，覆瓦狀排列。蓇葖果，肉質，鮮紫紅色。種子1～3粒，黑色且帶有光澤。

產於中國東南部及中部、日本及琉球；在台灣僅見於台北及基隆附近的低至中海拔闊葉林中。

花萼五裂，花瓣5枚，雄蕊5。

4～6月開花，圓錐花序。

奇數羽狀複葉，小葉對生，5～7枚。

山香圓屬 TURPINIA

喬 木或灌木。單葉、三出或羽狀複葉；小葉對生，亞革質至革質，細鋸齒或鈍齒緣。圓錐花序，頂生及腋生，花雜性。果實漿果狀，近球形。

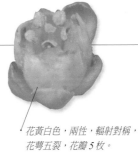

山香圓

屬名	山香圓屬
學名	*Turpinia formosana* Nakai

常綠小喬木，高3～8公尺。單葉，革質，長橢圓形至披針形，大小變異大，長8～12公分，寬4～7公分，先端漸尖至鈍，基部楔形；葉柄兩端略膨大。圓錐花序；花兩性，輻射對稱；花萼五裂；花瓣5枚，黃白色，覆瓦狀排列；雄蕊5，著生於花盤外。果徑約8公釐。

花黃白色，兩性，輻射對稱，花萼五裂，花瓣5枚。

分布於福建，以及台灣全島海拔1,800公尺以下之亞熱帶次生林內。

木柴耐燃，且族群數量多，是昔日山區居民、原住民愛用的薪材。

葉柄兩端略膨大

花序大型

羽葉山香圓

屬名	山香圓屬
學名	*Turpinia ovalifolia* Elmer

喬木。奇數羽狀複葉，小葉 5 ～ 9 枚，厚革質，卵形至橢圓形，長 10 ～ 15 公分，寬 5 ～ 7 公分，先端突尖，基部長漸尖，鈍齒緣。圓錐花序，頂生。果徑約 1.7 公分。花期在 3 ～ 4 月。

　　產於菲律賓；在台灣分布於離島蘭嶼及綠島之森林中。

奇數羽狀複葉，小葉 5 ～ 9。

分布於蘭嶼及綠島森林中

三葉山香圓

屬名	山香圓屬
學名	*Turpinia ternata* Nakai

常綠喬木，全株光滑無毛。三出複葉，稀單葉；小葉亞革質，長橢圓形至長橢圓狀披針形，長 5 ～ 17 公分，寬 3 ～ 6 公分，先端銳尖至漸尖，細鈍鋸齒緣，但近葉基處全緣，葉柄兩端不明顯膨大。花期在 3 ～ 4 月。

　　產於琉球及日本南部；在台灣分布於中、南部低至中海拔之闊葉林。

花小，黃白色或白色。

三出複葉

圓錐花序頂生或腋生

漆樹科 ANACARDIACEAE

喬木、灌木或木質藤本，常具辛辣味汁液或樹皮內具樹脂道。單葉或複葉，互生，稀對生或輪生，無托葉。花小，兩性或單性，多為輻射對稱，成各類型之花序；萼片及花瓣通常 5 數，有時較多或少；雄蕊 5 ～ 10，與花瓣插生於花盤之邊緣，花絲分離或連生；花柱 1 ～ 3。果實為核果。

特徵

喬木、灌木或木質藤本。（山欖子）

萼片、花瓣及雄蕊通常 5 數。（羅氏鹽膚木）

雄蕊 5 ～ 10，與花瓣插生於花盤之邊緣。（木蠟樹）

山檨子屬 BUCHANANIA

喬 木。單葉，互生。圓錐花序，腋生；花小，白色，雜性；花萼短，3～五齒（或裂片），宿存；花盤圓形，五裂；花瓣4～5枚，長橢圓形，反曲；雄蕊8～10；心皮5～6。果實小，多肉。

山檨子

屬名	山檨子屬
學名	*Buchanania arborescens* Blume

常綠喬木，高10～35公尺，小枝無毛。葉長橢圓形或倒卵狀橢圓形，長15～20公分，寬4～5.5公分，先端鈍至略圓，全緣，葉柄長2.5～3公分。花黃白色，4～5數。果實紅色，扁球狀，徑約8公釐。

產於印度、馬來西亞及菲律賓；在台灣零星分布於中、南部丘陵區。

果紅色，扁球狀。

生長於南部丘陵（許天銓攝）

圓錐花序，腋生；花小，白色。

黃連木屬 PISTACIA

喬 木或灌木。羽狀複葉或三出複葉。雌雄異株，總狀或圓錐花序腋生；無花瓣；雄花萼三至五裂，雄蕊3～4；雌花萼片3～4，子房1室，花柱三岔，柱頭頭狀。果實乾燥。

黃連木

屬名	黃連木屬
學名	*Pistacia chinensis* Bunge

*羽狀複葉；小葉
對生，歪斜。*

半落葉性大喬木，高可達25公尺。奇數羽狀複葉，小葉6～10對；小葉5～7枚，長4～6公分，寬1.2～1.5公分，先端漸尖，歪基，全緣，近無柄。花無花瓣；雄花序緊密穗狀，被軟毛；雌花排成疏散圓錐花序。果實球形，直徑3～4公釐，淡紅褐色。

產於中國及菲律賓；在台灣分布於中、南部之低海拔地區。

花無花瓣，雄花序緊密穗狀。

雌花排成疏散圓錐花序

9月果熟，漸漸轉紅。

漆樹屬 RHUS

喬木或灌木，常具苦辣的汁液。單葉至羽狀複葉，互生，小葉近全緣或鋸齒緣。花雜性，圓錐花序頂生或腋生；花萼四至六裂，宿存；花瓣 4～6 枚，平展；雄蕊 4～6 或 10，著生於花盤；花柱 3，柱頭頭狀或不膨大。果實扁。

台灣藤漆

屬名	漆樹屬
學名	*Rhus ambigua* Lavallée

落葉性攀緣灌木。三出複葉，頂小葉長橢圓狀卵形，先端銳尖或短漸尖，全緣。圓錐花序，長約 5 公分，腋生；花萼無毛，萼片卵形；花瓣橢圓形；花梗長約 2 公釐，被毛。果實寬扁球狀，徑約 5 公釐，被有長毛。

產於中國中部及日本；在台灣分布於中、高海拔山區。

花及雄蕊 5 數

果寬扁球狀，徑約 5 公釐，被有長毛。

三出複葉，葉柄常紅色。

攀緣性灌木

鹽膚木(埔鹽)

屬名	漆樹屬
學名	*Rhus chinensis* Mill. var. *chinensis*

奇數羽狀複葉，互生，葉軸具葉狀翅；小葉 3～6 對，橢圓狀卵形，先端銳尖，邊緣有粗鋸齒，側脈多且明顯，葉背密生灰褐色柔毛。花單性，雌雄異株，圓錐花序；花萼五裂；花瓣 5 枚，白色，反捲；雄蕊 5，著生於花盤基部；雌花花柱 3，柱頭頭狀。核果扁球形，被腺毛及柔毛，成熟時紅色。

分布於印度、印尼、馬來西亞、日本、朝鮮、中南半島、中國及金門；在台灣本島因水土保持時偶有噴灑種子而後歸化，如金山、平溪及雙溪之新道路旁。

核果扁球形，被腺毛及柔毛，成熟時紅色。

花排列成圓錐花序

葉軸具葉狀翅

羅氏鹽膚木

屬名　漆樹屬
學名　*Rhus chinensis* Mill. var. *roxburghiana* (DC.) Rehd.

花瓣及雄蕊 5，
黃白色。

落葉性小喬木，小枝、葉柄、葉背及花序均被絨毛。奇數羽狀複葉，小葉 9～17 枚，側小葉對生，卵狀披針形，長 10～15 公分，寬 3～4 公分，先端銳尖或鈍，鋸齒緣。雌雄異株，花序頂生。果實扁球狀，徑 5～6 公釐。

　　產於中國、日本、韓國、印度及中南半島；在台灣分布於低至中海拔之向陽處。

奇數羽狀複葉，小葉 9～17 枚，側小葉對生。

頂生圓錐花序，大型。

裏白漆

屬名　漆樹屬
學名　*Rhus hypoleuca* Champ. *ex* Benth.

喬木。小葉 11～17 枚，卵狀披針形，長 5～7.5 公分，先端銳尖，基部歪，上表面無毛或脈上有些毛，下表面被白色氈毛。花序頂生，被毛。果實被淡紅色柔毛。

　　產於中國南部；在台灣僅見於中部八仙山附近之中海拔山區。

植株（Den Yau 攝）

木蠟樹

屬名 漆樹屬
學名 *Rhus succedanea* L.

落葉喬木,小枝無毛。奇數羽狀複葉,小葉 7 ～ 13 枚,側小葉對生或近對生,長橢圓狀披針形,長 6 ～ 12 公分,寬 2.5 ～ 3.5 公分,先端漸尖,全緣。花序腋生,長 7 ～ 15 公分,光滑無毛;花 4 ～ 5 數,黃白色。核果扁球狀,徑約 8 公釐。

　　產於中國中部、印度、喜馬拉雅山脈、爪哇及日本;在台灣分布於低至中海拔地區。

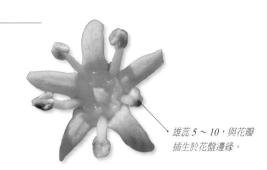

雄蕊 5 ～ 10,與花瓣插生於花盤邊緣。

奇數羽狀複葉,小葉 7 ～ 13 枚。

2 月中旬新葉及花序開始萌發

野漆樹

屬名 漆樹屬
學名 *Rhus sylvestris* Sieb. & Zucc.

落葉小喬木,小枝、葉柄、葉及花序被黃褐色絨毛。奇數羽狀複葉,小葉 7 ～ 13 枚,卵形,長 4 ～ 5 公分,寬 2 ～ 2.3 公分,先端銳尖至漸尖。花序腋生。果實扁球形,徑約 1 公分,先端歪。

　　產於中國、日本及韓國;在台灣分布於中、北部之低海拔地區。

果扁球形,徑約 1 公分,先端歪。

葉緣具毛

花 5 數

花序軸密被毛

小枝、葉柄、葉及花序有黃褐色絨毛。

肖乳香屬（胡椒木屬）SCHINUS

灌木至小喬木；葉互生，奇數羽狀複葉，小葉無柄；花單性異株，為腋生或頂生的圓錐花序；萼五裂；花瓣6，覆瓦狀排列；雌蕊10；子房1室，有胚珠1顆由室頂倒垂，花柱3；核果球形。

巴西胡椒木

屬名　肖乳香屬
學名　*Schinus terebinthifolia* Raddi

中喬木。奇數羽狀複葉，互生，葉柄具狹翼，小葉3～7片，幾無柄，長橢圓形或卵狀長橢圓形，葉基近圓形，葉尖鈍，具1微尖，葉緣全緣或不明顯疏鋸齒狀緣。呈密集枝圓錐花序，生於枝頂或枝梢之葉腋，花小，花萼短，五裂，裂片三角形，花瓣5片，長橢圓形，雄蕊10枚，長短不等，著生花盤外側基部，子房球形，1室，花柱三裂，花期4～5月。核果，球形。

原產南美巴西；台灣於1909年引進栽植，有逸出之野生植株。

奇數一回羽狀複葉，小葉側脈明顯。

果扁壓之球狀，成熟時紅色。（許天銓攝）

花5數，花被不甚開展。

歸化於南部平野（許天銓攝）

大果漆屬 SEMECARPUS

喬木。單葉，互生，革質，幾全緣。圓錐花序，頂生，稀腋生；花雜性或雌雄異株；花萼五至六裂，脫落性；花瓣 5 ～ 6 枚，覆瓦狀排列；雄蕊 5 ～ 6；子房 1 室，花柱 3。果實多肉，長橢圓狀或近球狀，歪斜，下方有一肉質果托，外果皮具辛辣的樹脂。

鈍葉大果漆

| 屬名 | 大果漆屬 |
| 學名 | *Semecarpus cuneiformis* Blanco |

枝圓，淡褐色。葉長橢圓形，長 8 ～ 18 公分，寬 3.4 ～ 6 公分，先端圓或鈍，稀銳尖，無毛或沿中脈有極少數毛，側脈 11 ～ 17 對，葉柄長 1.5 ～ 2.5 公分。圓錐花序頂生，長可達 15 公分；花雜性，5 ～ 6 數；花瓣 5 枚，長橢圓形；雄蕊 5；雌花之花梗、子房等均被毛，花柱 3。果實扁卵狀，長 2 公分，下方有 1 肉質果托。

分布於菲律賓及蘇拉威西島；在台灣僅產於離島蘭嶼。

果多肉，長橢圓狀或近球狀，下方有一肉質果托。

雌花之花梗、子房等均被毛，花柱 3。（郭明裕攝）

生於蘭嶼野地之植株，在 6 月長滿果實。

花序頂生，圓錐狀，（郭明裕攝）

台東漆樹

| 屬名 | 大果漆屬 |
| 學名 | *Semecarpus gigantifolia* Vidal |

常綠喬木，高 10 ～ 30 公尺，小枝灰白色，無毛。葉叢生於枝端，橢圓狀披針形，長 30 ～ 45 公分，寬 8 ～ 12 公分，先端銳尖，側脈 17 ～ 26 對，葉柄長 4.5 ～ 6 公分。圓錐花序頂生，長 17 ～ 26 公分；花 5 數，白色。果實扁橢圓狀，長 3 公分。

產於菲律賓；在台灣分布於恆春、蘭嶼、綠島及東海岸之近海叢林中。

花白色，雄蕊及花瓣各 5 枚。

果扁橢圓狀，長 3 公分。（許天銓攝）

圓錐花序頂生，長 17 ～ 26 公分，花 5 數，白色。

葉橢圓狀披針形，側脈 17 ～ 26 對，先端銳尖。

棟科 MELIACEAE

喬木或灌木。多為羽狀複葉，互生，無托葉；小葉常全緣，基部略歪。花輻射對稱，單性、兩性或雜性，雌雄同株或異株，聚繖狀圓錐花序；花萼三至六裂或離生；花瓣離生或部分連合，4～5枚；雄蕊5～10，花絲合生為雄蕊筒，而花藥常直生於雄蕊筒上；子房上位，2～5室。果實為漿果、蒴果或稀為核果。

特徵

雄蕊常連成筒，花藥常直生於雄蕊筒上。（蘭嶼椌木）

雄蕊常連成筒，花藥常直生於雄蕊筒上。（大花椌木）

喬木或灌木，多為羽狀複葉。（穗花樹蘭）

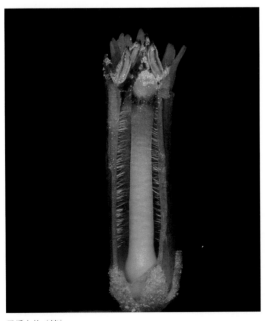

子房上位（棟）

本科部分種類的果實為蒴果（穗花樹蘭）

樹蘭屬 AGLAIA

喬 木或灌木。羽狀複葉，小葉被鱗片或星狀毛。圓錐花序，雄花序花多，雌花序著花數朵；花萼三至五裂；花瓣3～6枚；雄蕊5～10或多數，具雄蕊筒；花盤缺；子房1～4室。果實為漿果、核果或蒴果。

紅柴（台灣樹蘭）

屬名	樹蘭屬
學名	*Aglaia elaeagnoidea* (A. Juss.) Benth.

中喬木，小枝、葉與花序密被銀白色星狀鱗片。小葉3～5枚，倒卵形，長4～8公分，寬2～3公分，全緣，側脈5～6對，不顯著，小葉柄長5～10公釐。圓錐花序腋生，長約15公分，密被痂鱗；花5數，花瓣橢圓形，長約1.2公釐，先端凹；雄蕊筒先端五淺裂。果實近球形，徑約1公分，成熟時紅色。

　　產於菲律賓北部；在台灣分布於恆春半島及蘭嶼之沿岸地區。墾丁附近有一地名為「紅柴坑」，便因往昔產許多紅柴而得名。

全株密被灰白色星狀鱗片。小葉3～5枚。

生長於海岸林內

花相當細小

果熟呈紅色（郭明裕攝）

蘭嶼樹蘭

屬名　樹蘭屬

學名　*Aglaia lawii* (Wight) Saldanha *ex* Ramamoorthy.

中喬木，小枝密被銀白色星狀鱗片。一回奇數羽狀複葉，小葉 5 ～ 7 枚，頂小葉較大，橢圓形或倒卵形，長 2.5 ～ 7.5 公分，寬 2 ～ 2.5 公分，側脈 4 ～ 6 對，小葉柄長 3 ～ 6 公釐。花瓣 4 枚，黃色；雄蕊筒長約 3 公釐，花藥 8。果實倒卵形，徑約 2.2 公分，成熟時乳白色。

　　產於中國南部、喜馬拉雅山脈東部、印度、中南半島及菲律賓；在台灣分布於離島蘭嶼。

果實倒卵形，乳白色。

一回奇數羽狀複葉，小葉 5 ～ 7，頂小葉較大。

大葉樹蘭（橢圓葉樹蘭）

屬名　樹蘭屬

學名　*Aglaia rimosa* (Blanco) Merr.

小喬木，小枝密被鏽色鱗片。一回奇數羽狀複葉，小葉 5 ～ 7 枚，長橢圓形，長 8 ～ 15 公分，寬 4 ～ 8 公分，全緣，側脈 8 ～ 10 對，上表面平滑，下表面被痂鱗，小葉柄長 8 ～ 12 公釐。圓錐花序腋生，較葉短，花序梗被褐色痂鱗，花瓣 5 枚。果實橢圓形，徑約 1.5 公分，成熟時黃褐色。

　　產於菲律賓北部；在台灣分布於屏東南仁山及蘭嶼。

果橢圓形，熟時黃褐色，徑約 1.5 公分。

產於蘭嶼海岸的開花植株，花黃色，相當細小。

一回奇數羽狀複葉，小葉 5 ～ 7，長橢圓形。

山棟屬 APHANAMIXIS

小 喬木或灌木。羽狀複葉，小葉歪斜。雄花為穗狀花序組成之圓錐花序，雌花為穗狀花序；雄花花萼五裂，花瓣 3 枚，下半部與雄蕊筒合生，雄蕊 3 ～ 8，雄蕊筒球形；雌花子房 3（4）室，柱頭膨大呈三角形。果實為蒴果。

穗花樹蘭

屬名	山棟屬
學名	*Aphanamixis polystachya* (Wall.) R. N. Parker

小喬木，小枝粗壯，光滑無毛，幼時帶紅褐色。羽狀複葉，長達 35 公分；小葉 5 ～ 7 對，對生，革質，卵狀橢圓形至橢圓形，長 7 ～ 14 公分，寬 4 ～ 5 公分，先端短漸尖，頭略鈍，基部歪斜，兩面光滑無毛，小葉柄長 2 ～ 3 公釐。圓錐花序，長達 30 公分；萼片 5 枚，半圓形，覆瓦狀排列；花瓣 3 枚；雄蕊花藥內藏或微突出，6 枚。果實近球形，成熟時淡粉紅色。

花瓣 3，花不甚開，只開一個小缺口。

產於中國南部、印度、中南半島、馬來西亞及菲律賓；在台灣分布於恆春半島及蘭嶼。

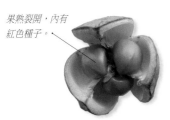
果熟裂開，內有紅色種子。

8 ～ 9 月果漸熟

羽狀複葉長達 35 公分，小葉 5 ～ 7 對。

擬樫木屬 CHISOCHETON

喬 木。羽狀複葉。花單性，圓錐花序或聚繖花序；花萼杯形，先端四至五裂；花瓣 3 ～ 5 枚；雄蕊筒管狀，花藥與筒裂片互生；花柱絲狀，常突出雄蕊筒外，子房 2 ～ 7 室。蒴果，二至五裂。

台灣有 1 種。

蘭嶼擬樫木

屬名	擬樫木屬
學名	*Chisocheton kanchime* Sasaki

中喬木，芽被毛。羽狀複葉，葉軸被毛，頂端具假芽或常不正常發育；小葉 5 ～ 6 對，革質，前端葉較大，倒披針形或卵狀長橢圓形，長 11 ～ 15 公分，寬 3 ～ 4.5 公分，先端鈍尾狀，歪基，具透明腺點，小葉柄長約 5 公釐。花瓣 4 枚，倒卵狀線形，會反捲；雄蕊筒管狀。果實球形，直徑約 4 公分，三裂。

產於泰國、緬甸、馬來半島、麻六甲、菲律賓、蘇門答臘及婆羅洲；在台灣分布於離島蘭嶼。

頂端常不正常發育
葉先端鈍尾狀，歪基。（郭明裕攝）

果球形，直徑約 4 公分。

花瓣 4，雄蕊 8，花柱絲狀，常突出雄蕊外。（郭明裕攝）

椌木屬 DYSOXYLUM

喬木。羽狀複葉。圓錐花序，花單性或兩性；花萼四至五裂；花瓣 3～6 枚，離生或與雄蕊筒部分合生；雄蕊筒筒狀，花藥短；子房 2～5 室。果實為蒴果。

蘭嶼椌木

屬名	椌木屬
學名	*Dysoxylum arborescens* (Blume) Miq.

小喬木，花生於小枝上，小枝光滑無毛。小葉 5～7 枚，橢圓形或倒卵形，先端具短尾，小葉柄長約 5 公釐。花序圓錐狀；花萼杯狀，先端五裂；花瓣 5 枚；花藥 10，花盤杯狀。果實球形，光滑無毛，3 瓣裂。

　　產於馬來西亞至新幾內亞及呂宋島北部；在台灣分布於離島蘭嶼。

頂小葉較大

小葉 5～7 枚（謝宗欣攝）

蘭嶼椌木（肯氏椌木）

屬名	椌木屬
學名	*Dysoxylum cumingianum* C. DC.

喬木。小葉約 11 枚，倒卵狀橢圓形或倒卵狀長橢圓形，先端具短突，基部略歪斜，側脈 8～10 對，小葉柄長 5～15 公釐。圓錐花序，生於主幹及大枝條上；花萼筒橢圓形，長約 3 公釐，先端四淺裂；花瓣 4 枚，長橢圓形；雄蕊筒八齒裂，花藥 8。果實成熟時黃色，具四稜，上有疣點。

　　產於菲律賓群島；在台灣分布於離島蘭嶼。

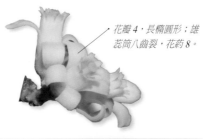

花瓣 4，長橢圓形；雄蕊筒八齒裂，花藥 8。

幹生果，果熟黃色，有四稜，具疣點。

小葉約 11 枚，倒卵狀橢圓形，先端具短突，基部略歪斜，側脈 8～10 對。

幹生花

紅果椌木（高士佛椌木）

屬名　椌木屬
學名　*Dysoxylum hongkongense* (Tutch.) Merr.

常綠中喬木，小枝光滑無毛。偶數羽狀複葉，小葉 4 ～ 8 對，倒卵狀長橢圓形或卵狀長橢圓形，先端銳尖至鈍，小葉柄長約 1 公分。圓錐花序，腋生於小枝近先端處；花瓣 4 或 5 枚，長橢圓形，長 5 ～ 8 公釐，黃白色；雄蕊筒長 4 ～ 5 公釐，花藥 8，內藏。果實略近球形，徑 3 ～ 5 公分。

　　產於中國南部；在台灣分布於南部之低海拔森林中。

雄蕊筒長 4 ～ 5 公釐，花藥 8，內藏。

果略近球形，徑 3 ～ 5 公釐。

常綠中喬木，5 ～ 6 月開花。

圓錐花序腋生於小枝近先端處

大花椌木

屬名　椌木屬
學名　*Dysoxylum parasiticum* (Osbeck) Kosterm

中喬木，幼枝被毛，漸脫落。一回羽狀複葉，長 15 ～ 20 公分；小葉 6 ～ 7 對，近長橢圓形，長 11 ～ 15 公分，寬 3 ～ 5 公分，先端短漸尖，側脈約 14 對，小葉柄長 1 ～ 3 公釐。花簇生於主幹上及大枝條側方；花萼及花瓣各 4 枚或 3 枚；雄蕊筒長約 2 公釐，外面光滑，裡面被毛，花藥 8 或 6。果實略近球形，成熟時黃色。

　　產於菲律賓；在台灣分布於離島蘭嶼。

花偶為 3 數，雄蕊筒長約 2 公釐，外面平滑。

生在很高樹枝上的幹生花

果黃熟，略近球形。

楝屬 MELIA

落 葉喬木。二至三回羽狀複葉，小葉鋸齒緣。圓錐花序，腋生；花萼五至六裂；花瓣 5 ～ 6 枚；雄蕊筒具 10 ～ 12 條紋，花藥 10 ～ 12；子房 3 ～ 6 室。果實為核果。

楝(苦楝)

屬名	楝屬
學名	*Melia azedarach* L.

落葉喬木，高可達 15 公尺以上，徑 50 ～ 80 公分；樹幹通直，樹皮暗褐色或灰褐色，有深刻不規則之縱裂紋；芽與幼枝被白色或褐色粉垢。二至三回奇數羽狀複葉，小葉卵狀長橢圓形，葉緣呈銳鋸齒或有齒裂。花多數，淡紫色，甚張開；花瓣 5 枚，少數亦有 6 枚者，長 1 ～ 1.3 公分，寬 3 ～ 4 公釐；雄蕊筒紫黑色，與花瓣同長，花藥 10。果實卵形，成熟時黃色。

產於中國、韓國、琉球及日本；在台灣分布於全島低海拔地區，常見。

花絲合生而花藥常直生於雄蕊筒上，雄蕊筒密生毛狀物。

雄蕊筒紫色

花多數，淡紫色。

果卵形，黃熟。

4 月開花，為台灣野地最美的大樹之一。

奇數二回羽狀複葉

雄蕊 10

芸香科 RUTACEAE

喬木、灌木或稀為草本，具許多透明腺點。多為複葉，對生或互生，無托葉。花兩性或雜性，花序呈多種類型；萼片 4～5 枚，離生或合生；花瓣 4～5 枚；雄蕊與花瓣同數或為其 2 倍，但有時少或多，花藥 2 室；花盤多存於雄蕊叢中；子房深裂，4～5 室。果實具油腺，為柑果、蓇果、蓇葖果或核果等。

特徵

葉具透明腺點（刺花椒）

萼片 4～5，花瓣 4～5，雄蕊與花瓣同數或為其 2 倍。（長果月橘）

萼片 4～5，花瓣 4～5，雄蕊與花瓣同數或為其 2 倍。（阿里山茵芋）

果有油腺，此為蓇果。（刺花椒）

柑果（酸橙）

降真香屬 ACRONYCHIA

灌木至大喬木。複葉（小葉通常 1 枚，稀 3 枚），對生。花兩性，聚繖花序或單花，腋生；萼片 4 枚；花瓣 4 枚，反捲；雄蕊 8，子房 4 室。果實為核果。

降真香

屬名	降真香屬
學名	*Acronychia pedunculata* (L.) Miq.

常綠小喬木。葉近對生，小葉 1 枚，光滑無毛，橢圓形或長橢圓形至倒卵形，長 6 ～ 12 公分，寬 2.5 ～ 5 公分，側脈 7 ～ 8 對。花兩性，聚繖花序腋生；花芳香，花瓣黃白色，狹長橢圓形，子房常被毛。肉質核果，具 4 條淺溝紋，成熟時淡紅色。

產於印度、斯里蘭卡、馬來西亞、中南半島及菲律賓；在台灣分布於全島低海拔及海岸附近。

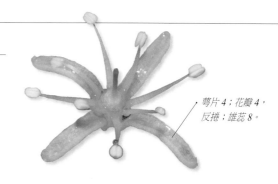

萼片 4；花瓣 4，反捲；雄蕊 8。

肉質核果，熟時淡紅色，具 4 條淺溝紋。

10 ～ 11 月開花

烏柑屬 ATALANTIA

小灌木；枝於葉腋具銳刺，幼枝被毛。單葉，互生，革質，全緣。花單生或 2 ～ 3 朵簇生於葉腋，花萼三至五裂，花瓣 3 ～ 5 枚，雄蕊 10，子房 2 或 4 室。果實為漿果。

烏柑仔

屬名	烏柑屬
學名	*Atalantia buxifolia* (Poir.) Oliver

常綠有刺小灌木，高可達 2.5 公尺，幼枝綠色。葉硬革質，長橢圓形或倒卵狀長橢圓形，長 2 ～ 3.5 公分，寬 1.5 ～ 2 公分，先端鈍，多凹頭，兩面平滑，側脈多數，極細。花數朵簇生於葉腋，殆無梗，5 數；花瓣白色，長 3 ～ 4 公釐；雄蕊 10。果實球形，成熟時黑色。

產於中國南部、日本、印度、馬來西亞及菲律賓；在台灣分布於恆春半島沿岸地區。

花 5 數，花瓣白色。

果實球形

銳刺生於葉腋；花數朵簇生葉腋，殆無梗。

葉硬革質，兩面平滑，先端鈍，多凹，側脈多數，極細。

臭節草屬 BOENNINGHAUSENIA

纖 細草本，具透明腺體。二至三回三出複葉。花兩性，成圓錐花序；萼片 4 枚，宿存；花瓣 5 枚；雄蕊 6 ～ 8；子房有柄，4 室。果實包為含 4 枚小蓇葖之離果。

臭節草

屬名	臭節草屬
學名	*Boenninghausenia albiflora* Rehb. *ex* Meisu

多年生草本，植株光滑無毛。二至三回三出複葉，小葉紙質，倒卵形或橢圓形，長 1 ～ 1.8 公分，寬 0.7 ～ 1.8 公分，先端圓或凹，全緣，具透明腺點。花兩性，成大型圓錐花序；萼片 4 枚，寬卵形；花瓣 5 枚，長橢圓形，白色；雄蕊 8。果實具子房柄，由 4 離生小果所集成。

　　產於中國及喜馬拉雅山脈；在台灣分布於全島中海拔山區。

雄蕊 4 長 4 短

果實具子房柄，由 4 離生小果所集成。

二至三回三出複葉

柑橘屬 CITRUS

灌木或喬木，常具刺。單身複葉，互生。花簇生或成聚繖花序，氣味香；花萼杯狀或壺狀，先端三至五裂；花瓣 4～8 枚；雄蕊多數，花絲成各式合生；子房多室。果實為柑果。

酸橙（南庄橙、來母）

屬名	柑橘屬
學名	*Citrus* × *aurantium* L.

小枝具長約 2 公分之銳刺，光滑無毛。葉闊卵形至闊橢圓形，長 7～12 公分，寬 4～7 公分，先端鈍或漸尖，不明顯鋸齒緣，側脈 7～10 對；葉軸長 2～3 公分，葉軸之翼寬線形或三角狀倒卵形，長約 1.5 公分，寬 0.4～2.5 公分。花 1～3 朵成短總狀簇生；花萼五裂；花瓣白色，5 枚，披針形或長橢圓形，長 1.5～1.8 公分；雄蕊 20～27；子房光滑無毛。柑果球形，果皮厚。

分布於亞洲東南部；在台灣產於新竹、苗栗、東台灣及蘭嶼。

根據 Mabberley 等人在 1997 年之研究，認為產於新竹、苗栗及花蓮等地的南庄橙（*C. taiwanica* Tanaka & Shimada，葉軸之翼寬線形者）及產於蘭嶼的酸橙（或稱來母，葉軸之翼三角狀卵圓形）之花與果相同，應予以合併。

花白色，5 數，雄蕊 20～27。

花絲貼合為筒狀

柑果球形，果皮厚；攝於苗栗。

蘭嶼的酸橙，葉翼三角狀卵圓形。

新竹苗栗一帶的酸橙之葉翼為寬線形

生於蘭嶼的結果植株

黎檬（立花橘、橘柑）

屬名　柑橘屬
學名　*Citrus × limonia* Osbeck

灌木，高可達 3 ～ 4 公尺，小枝纖細，刺長約 3 公釐。葉長橢圓形，長 6 ～ 8 公分；葉軸長約 7 公釐，葉軸之翼狹線形。花單一，頂生或腋生，雄蕊 20，花梗長約 4 公釐。果實球形，成熟時直徑最大可達 3.2 公分，果皮薄，瓤囊 6 ～ 9 瓣。種子卵形。

　　分布於印度及緬甸東北部、中國之雲南和廣西及廣東之中南部、福建西南部、日本南部及琉球；在台灣生於低海拔之森林中。

　　Chang 於《台灣植物誌》（*Flora of Taiwan*）第一（1977）、二（1993）版中，認為台灣產之本種植物學名應採用 *C. tachibana* (Makino) Tanaka，但是經何東輯等人查證文獻及模式標本發現應正名為 *Citrus × limonia* Osbeck。

果球形，先端稍凹陷。

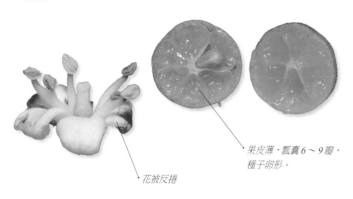

花被反捲

果皮薄，瓤囊 6 ～ 9 瓣，種子卵形。

葉翼狹線形

台灣香檬

屬名　柑橘屬
學名　*Citrus reticalata* Blanco var. *depressa* (Hayata) T. C. Ho & T. W. Hsu

灌木或小喬木，小枝具長約 1 公分之銳刺。葉闊卵狀橢圓形，長 6 ～ 9 公分，寬 2 ～ 4 公分；葉軸長約 8 公釐，具極狹之翼或無翼。花瓣長橢圓形，長約 1 公分，雄蕊多數。柑果，扁球形，徑 1 ～ 2 公分。

　　產於日本九州及琉球；在台灣分布於中、南部之低海拔地區。

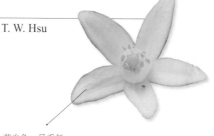

花白色，具香氣。

柑果，果實扁球形，徑 1 ～ 2 公分。

太魯閣地區的台灣香檬 4 ～ 5 月開花

黃皮屬 CLAUSENA

灌木。羽狀複葉。圓錐花序，花萼四或五裂，花瓣 4 或 5 枚，雄蕊 8 ～ 10，子房有柄，4 或 5 室。果實為漿果。

短柱黃皮(滿山香)

屬名　黃皮屬
學名　*Clausena anisum-olens* (Blanco) Merr.

小喬木，高可達 3 ～ 6 公尺。奇數羽狀複葉，小葉約 11 枚，卵狀披針形，中肋兩側葉片極不對稱，先端漸尖，基部鈍。圓錐花序，頂生，長約 15 公分；花淡綠色，芳香；花萼五淺裂；花瓣 5（偶見 6 或 8）枚，長橢圓形；雄蕊 10，花絲光滑。果實球形或闊卵形，成熟時淡黃色至紅色。

　　產於菲律賓；在台灣分布於離島蘭嶼。

奇數羽狀複葉，小葉約 11 枚，卵狀披針形，歪基。（郭明裕攝）

花淡綠色，花瓣上有許多腺點。

5 月中旬花盛開（郭明裕攝）

過山香(番仔香草)

屬名　黃皮屬
學名　*Clausena excavata* Burm. f.

落葉灌木或小喬木，高可達 6 公尺。奇數羽狀複葉，小葉 15 ～ 31 枚，鐮刀形，先端鈍或凹，基部極歪，葉背疏生毛茸。圓錐花序，頂生，花小型，多數；花瓣 4 或 5 枚，黃色或淡黃綠色；雄蕊 8 或 10，有時亦有 7 枚者。果實橢圓形，成熟時淡粉紅色。

　　產於印度及馬來西亞；在台灣分布於恆春半島。

花瓣通常 4，雄蕊 8。

奇數羽狀複葉，小葉 15 ～ 31 枚，鐮刀形，基部極歪。（郭明裕攝）

花小，頂生圓錐花序。

石苓舅屬 GLYCOSMIS

灌木或小喬木。複葉具 1 枚或 3 ～ 5 枚小葉。圓錐花序,花萼四至五裂,花瓣 4 ～ 5 枚,雄蕊 8 ～ 10,子房 2 ～ 5 室。果實為漿果。

圓果山桔

屬名	石苓舅屬
學名	*Glycosmis parviflora* (Sims) Little var. *parviflora*

灌木至小喬木。複葉,具 1 或 3 ～ 5 枚小葉。圓錐花序,腋生或頂生;花萼四至五裂;花瓣 4 ～ 5 枚,長橢圓形;雄蕊 8 ～ 10,花絲等長,花絲由基部向上逐漸增寬,至頂端與花藥連接處突然急尖;子房圓形。漿果圓形。

　　分布於印度、馬來西亞、南中國及菲律賓群島;在台灣產於北部及南投之低海拔地區。

雄蕊 8 ～ 10,花絲等長,花絲由基部向上逐漸增寬,至頂端與花藥連接處突然急尖。

羽狀複葉,小葉 1 ～ 5 枚。

漿果圓形

結果株

長果山桔

屬名	石苓舅屬
學名	*Glycosmis parviflora* (Sims) Little var. *erythrocarpa* (Hayata) T.C. Ho

常綠灌木或小喬木,小枝與芽被毛。小葉 1 枚或 3 ～ 5 枚之奇數羽狀複葉,小葉長橢圓狀披針形或披針形,長 7 ～ 12 公分,寬 2 ～ 3.5 公分,先端漸尖,具鈍頭,全緣,具油腺點。花兩性,小型,5 數;花瓣卵形,白色或淡黃綠色;雄蕊 10,5 長 5 短,離生,花絲肉質,扁平線形,光滑無毛;子房橢圓形,光滑無毛,花柱短,柱頭頭狀。果實橢圓形,扁歪,內有 1 枚種子。

　　廣布於印度、馬來西亞、中國南部至菲律賓群島;在台灣分布於全島低海拔之森林中。

雄蕊 10,5 長 5 短。

小葉有時為 1 枚

小葉 3 ～ 5 枚之奇數羽狀複葉。

果橢圓形

小枝與芽被毛

三腳鱉屬 MELICOPE

灌木或喬木。三出複葉或僅具 1 枚小葉。花兩性或單性，聚繖花序或單花，萼片 4 枚，花瓣 8 或 4 枚，子房 4 室。蓇葖果，1～4 粒合生。

三腳鱉(三叉虎)

屬名　三腳鱉屬
學名　*Melicope pteleifolia* (Champ. ex Benth.) T. Hartley

灌木至中喬木，高 2～8 公尺。三出複葉，小葉倒披針形至橢圓狀倒卵形，長 6～12 公分，寬 2～6 公分，先端漸尖或略尾狀，常於脈上被毛。圓錐聚繖花序，腋生；花瓣 4 枚，卵圓形至長圓形；雄花有雄蕊 4 枚，較花瓣長，花絲線形，光滑無毛。

　　產於中國南部至中南半島；在台灣分布於全島低中海拔森林中。

葉先端漸尖，小枝平滑。

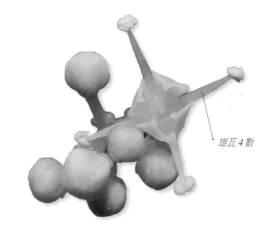

雄蕊 4 數

山刈葉

屬名　三腳鱉屬
學名　*Melicope semecarpifolia* (Merr.) T. Hartley

灌木至中喬木，小枝條被柔毛。三出複葉或少數亦有僅具 1 枚小葉者，小葉近革質，橢圓形至倒卵形，先端圓、鈍或略凹，全緣，表面呈有光澤之綠色。花單性，雌雄異株，亦有為雜性花者；花瓣 4 枚，淡黃綠色，長橢圓形；雄蕊 4 枚。蓇葖果，深裂至基部。

　　產於菲律賓；在台灣分布於全島低海拔森林中。

蓇葖果，深裂至基部。

雌花，花柱突出，退化雄蕊甚小。

約於 9 月開花

果序

假三腳鼈 (蘭嶼山刈葉)

屬名	三腳鼈屬
學名	*Melicope triphylla* (Lam.) Merr.

灌木至中喬木，幼枝條光滑無毛。小葉近革質，橢圓形、倒卵形至倒披針形，先端鈍或銳尖，偶凹頭，表面光滑無毛，全緣。花單性，雌雄異株或有時為兩性花，花瓣 4 枚，淡黃色或白色，雄蕊 8 枚。

　　產於琉球；在台灣分布於本島全島、綠島及蘭嶼之低海拔灌叢中。

幼枝條光滑無毛。花白色。

葉先端鈍或銳尖，偶凹頭，近革質。

月橘屬 MURRAYA

灌木或小喬木。羽狀複葉，小葉互生。繖房或聚繖花序，或花單生；花萼五裂，花瓣 5 枚，雄蕊 10，子房 2 ～ 5 室。果實為漿果。

蘭嶼月橘 (擬山黃皮)

屬名	月橘屬
學名	*Murraya crenulata* (Turcz.) Oliver

小喬木，枝條光滑。一回羽狀複葉，小葉 7 ～ 11 枚，卵狀橢圓形，長 5 ～ 6 公分，寬 2 ～ 3.5 公分，中肋兩側葉片極不對稱，全緣或不明顯淺鋸齒緣，側脈 6 ～ 8 對。花 5 數，萼片圓形，萼緣具細毛，雄蕊 10，子房光滑無毛，柱頭頭狀。果實卵形，長約 6 公釐。

　　產於澳洲、爪哇、新喀里多尼亞、蘇拉威西島及菲律賓；在台灣分布於離島蘭嶼。

大型圓錐花序

花 5 數，雄蕊 10。

7 ～ 8 月開花。

山黃皮（山豆葉月橘）特有種

屬名　月橘屬
學名　*Murraya euchrestifolia* Hayata

常綠小喬木，高可達 5 公尺。奇數羽狀複葉，小葉 5～9 枚，橢圓狀長橢圓形，長 5～7 公分，寬 2～4 公分，側脈 5～7 對。聚繖花序，花瓣及花萼各 4～5 枚，雄蕊 5 或 10。果實球形，成熟時紅色。

　　特有種；分布於台灣中、南部中海拔山區。

花瓣及花萼常各 5 枚，雄蕊 10。

果球形，成熟時紅色。

月橘

屬名　月橘屬
學名　*Murraya exotica* L.

小灌木或小喬木，高可達 4～12 公尺。小葉 3～7 枚，革質或厚紙質，卵形，長 3～6 公分，全緣，具油腺點，上表面呈有光澤的濃綠色，下表面淡綠色。繖房花序，頂生或腋生；花萼筒狀，先端五裂，裂片三角形，先端銳尖；花瓣 5 枚，長橢圓形或長橢圓狀披針形；雄蕊 10，長短相間。果實卵圓形，長 1～1.2 公分。

　　產於熱帶亞洲；在台灣分布於全島之低海拔地區。2015 年許再文等人確認台灣有另一近似種：千里香（*M. paniculata* (L.) Jack var. *paniculata*），僅產屏東瑪家。千里香的小葉片最寬處在中部以下，頂端短尖或漸尖（vs. 小葉片最寬處在中部以上）。

雄蕊 10，5 長 5 短。

果卵圓形，成熟時紅色。

花甚香，故有七里香之稱。

小葉 3～7，卵形。

長果月橘 特有種

屬名	月橘屬
學名	*Murraya paniculata* (L.) Jack. var. *omphalocarpa* (Hayata) Swingle

本變種之葉與花均較承名變種（千里香，見前頁）大，葉圓卵形，長5～7.5公分。萼片外具明顯腺點，花梗長約2公分。果實長1.5～2.2公分，先端突起。

特有變種，分布於蘭嶼及綠島。

花瓣 5，雄蕊 10。

果先端突起，長 1.5～2.2 公分。

本變種的葉與花均較千里香大

黃蘗屬 PHELLODENDRON

落 葉喬木，枝略被毛。羽狀複葉，對生。花單性，雌雄異株，聚繖花序；萼片5～8枚；花瓣5～8枚，淡綠色；雄蕊5～6，花絲被長柔毛；子房5室。核果，漿果狀，黑色。

台灣黃蘗 特有種

屬名	黃蘗屬
學名	*Phellodendron amurense* Rupr. var. *wilsonii* (Hayata & Kanehira) C.E. Chang

落葉喬木，樹皮之內皮鮮黃色。奇數羽狀複葉，小葉7～11枚，卵狀長橢圓形，長6～9公分，寬2～4公分，先端漸尖，基部歪斜，下表面脈上被毛。聚繖花序，花序軸被短柔毛；花5數；花萼裂片寬卵形；花瓣卵狀長橢圓形，長約3公釐；雄蕊突出，花絲被毛。果實球形。

特有變種；分布於台灣中、北部中海拔森林，如阿里山及太平山。

雄花，雄蕊 5。

大型聚繖花序，5～6 月開花。

奇數羽狀複葉，小葉 7～11 枚，葉歪基。

茵芋屬 SKIMMIA

常綠灌木，光滑無毛。單葉，互生，全緣，具透明腺體。花兩性或雜性；花萼四至五裂；花瓣 4 ～ 5 枚，白色；雄蕊 4 ～ 5；子房 2 ～ 5 室，柱頭頭狀。核果，肉質。

　　本屬植物目前在台灣分成二分類群，主要以花絲之直立或彎曲及果實的形狀來區別，但其實常在同一花序中可看到花絲直立及彎曲者同存，或同一果序中有圓球形及橢圓形果實者，顯示台灣產本屬植物之變異頗大，並有連續變異之情形，也極可能有雜交之狀況。

阿里山茵芋 ｜特有種｜

屬名	茵芋屬
學名	*Skimmia japonica* Thunb. subsp. *distincte-venulosa* (Hayata) T. C. Ho var. *distincte-venulosa*

常綠灌木或小喬木，小枝直立，全株光滑無毛。葉互生或叢生於枝端，革質，倒卵狀長橢圓形或長橢圓形，長 2.5 ～ 11 公分，寬 1 ～ 5 公分，先端突銳尖，基部楔形，全緣，中肋表面微凸，側脈 4 ～ 6 對，不甚明顯。花單性或雜性異株，聚繖狀圓錐花序；花萼四或五裂，裂片三角形，長 1.5 公釐；花瓣 4 或 5 枚，白色，卵狀長橢圓形；雄蕊 4 或 5，花絲直，長 3.5 公釐。核果球形，直徑 6 ～ 7 公釐，成熟時深紅色。

　　特有變種；分布於台灣海拔 1,500 ～ 2,300 公尺山區。

雄蕊花絲直

果成熟時紅色

核果球形，徑 6 ～ 7 公釐。

台灣茵芋（茵芋、深紅茵芋）｜特有種｜

屬名	茵芋屬
學名	*Skimmia japonica* Thunb. subsp. *distincte-venulosa* (Hayata) T. C. Ho var. *orthoclada* (Hayata) T. C. Ho

常綠灌木。葉長橢圓狀倒披針形或披針形，先端銳尖，基部楔形或銳尖，長 7 ～ 13 公分，寬 3 ～ 4.5 公分，全緣，中肋表面凹陷，側脈 7 ～ 9 對，不明顯。花兩性或雜性，各部之數為 4 或 5，圓錐花序頂生；萼片具緣毛，花瓣長橢圓形，先端短突尖狀，雄蕊花絲彎曲，柱頭頭狀。核果長橢圓形，長約 8 公釐，徑 6 ～ 7 公釐，成熟時深紅色。

　　特有變種，普遍分布於台灣中、低海拔山區。

葉側脈不明顯

核果長橢圓形

雄蕊花絲彎曲

賊仔樹屬 TETRADIUM

灌木或喬木。羽狀複葉,對生。花單性,聚繖花序,萼片4或5枚,花瓣4或5枚,雄蕊4或5,子房4或5室。蓇葖果,分離或部分合生。

賊仔樹（臭辣樹）

屬名	賊仔樹屬
學名	*Tetradium glabrifolium* (Champ. *ex* Benth.) T. Hartley

喬木,高可達20公尺。奇數羽狀複葉,對生;小葉2～9對,長7～10公分,寬2.5～4公分,全緣,中肋兩側葉片極不對稱,葉背光滑無毛,側生小葉柄長3～15公釐。萼片5枚,偶而亦有4枚者,外面被毛茸;花瓣5枚,卵形,先端銳尖;雄蕊5,花絲有毛茸;花柱短,柱頭五岔,有毛茸。蓇葖果4～5。種子黑色。

產於喜馬拉雅山脈東部至日本南部及蘇門答臘及菲律賓;在台灣分布於全島低中海拔森林。

花柱短,柱頭五岔。

蓇葖果4～5個

花序大型頂生

結果之植株

吳茱萸（毛臭辣樹）

屬名	賊仔樹屬
學名	*Tetradium ruticarpum* (A. Juss.) T. Hartley

落葉喬木,全株被絨毛。奇數羽狀複葉;小葉2～7對,長橢圓形,長6～8公分,寬3～7公分,中肋兩側葉片不對稱,葉背脈上被毛,側生小葉柄長1～3公釐。聚繖花序頂生,雄花疏離而雌花密集;花5數,萼片外被毛,花絲下部被毛。

產於喜馬拉雅山脈東部至台灣;在台灣分布於全島中海拔之山區森林。

雄花,花絲下部被毛,具退化雌蕊。

雌花,花柱短,柱頭擴大成盤狀,萼片外被毛。

蓇葖果表面有瘤凸（許天銓攝）

全株被毛

葉背被白絨毛

幼枝及葉被短柔毛

飛龍掌血屬 TODDALIA

攀 緣性灌木，有刺。三出複葉，互生，小葉無柄。聚繖或圓錐花序，腋生；花單性，乳白色，5 數，花絲被毛，子房 2 ～ 7 室。果實為核果。

三出複葉

飛龍掌血

屬名	飛龍掌血屬
學名	*Toddalia asiatica* (L.) Lam.

攀緣性木質藤木，莖有彎曲銳刺。三出複葉，互生，葉柄長 3 ～ 4 公分；小葉革質，長橢圓形，先端漸尖或銳尖，葉緣齒縫處及葉片均有透明腺點，揉之有香氣，無小葉柄。短圓錐花序，腋生；花小，萼片及花瓣均為 4 ～ 5 枚，花絲被毛。漿果近球形，徑約 5 公釐，果皮肉質，成熟時橙黃色，有明顯的腺點。

　　產於中國南部、印度、斯里蘭卡及菲律賓；在台灣分布於低中海拔之次生林或荒廢地。

攀緣性木質藤木

雌花，具退化雄蕊。

果熟時橙黃色，有明顯的腺點。

雄花（陳柏豪攝）

花椒屬 ZANTHOXYLUM

灌木或喬木，直立或攀緣，常具刺。羽狀複葉，互生，具透明腺點。花單性異株或雜性，萼片 3～8 枚，花瓣 3～5 枚或缺，雄蕊 3～8，心皮 1～5，有柄。果實為菁葖果。

食茱萸（紅刺楤）

屬名	花椒屬
學名	*Zanthoxylum ailanthoides* Sieb. & Zucc.

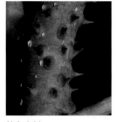

幹有瘤刺

落葉大喬木，樹幹有瘤刺。羽狀複葉，長達 30～80 公分；小葉 7～15 對，披針形，長 9～14 公分，基部圓至心形，略歪，全面布有透明腺點，葉背光滑或被毛，灰白色。雌雄異株，聚繖花序頂生，長 10～30 公分；花密生，徑約 3～4 公釐；花萼小，半圓形；花瓣 5 枚，黃白色，長 2～3 公釐。果實球形，直徑 4～6 公釐，心皮 3 枚，成熟時開裂。

產於中國、韓國、日本、琉球及菲律賓；在台灣分布於全島低海拔森林中。

嫩葉具有強烈的香氣，可用來做氣味特殊的菜餚，為埔里地區常用之野菜。

果球形，徑 4～6 公釐，熟時開裂。

羽狀複葉，長達 30～80 公分。

秦椒

屬名	花椒屬
學名	*Zanthoxylum armatum* DC.

小喬木，枝具長 2 公分之直刺。葉軸及葉柄有闊翼，小葉 5～9 枚，卵形至卵狀披針形，長 3～12 公分，寬 1～3 公分，頂小葉最大，基部 1 對小葉最小，細鋸齒緣。聚繖狀圓錐花序，頂生或腋生，花序軸光滑無毛；花被片 6～8 枚，淡黃色。

產於中國、韓國、日本及琉球；在台灣分布於北部、南投及太魯閣等低海拔地區。

雌花序，心皮 2～3；柱頭彎曲。

果熟黑色種子露出

葉軸及葉柄有闊翼

枝幹具長尖之硬刺（許天銓攝）

狗花椒

屬名　花椒屬
學名　*Zanthoxylum avicennae* Lam.

喬木，枝具刺。小葉 5 ～ 15 對，卵形至菱形，兩側不對稱，長 2 ～ 7 公分，先端漸尖、鈍或凹，全緣或具疏細齒，兩面光滑無毛。花瓣 5 枚，白色。果實表面具腺點，成熟時轉紅再開裂。種子卵圓形，黑色，表面光滑油亮。

　　產於中國東南部、越南、東南亞及菲律賓；在台灣僅分布於八卦山、大肚山及鐵砧山等丘陵地。

果實表面具腺點，成熟時轉紅再開裂；種子卵圓形，黑色，表面光滑油亮。

小葉兩邊不對稱

僅產於八卦山、大肚山與鐵砧山等丘陵地，且族群數量稀少。

幹具瘤刺

雄花（陳柏豪攝）

雌花，花瓣 5 枚，白色。

蘭嶼花椒

屬名　花椒屬
學名　*Zanthoxylum integrifoliolum* (Merr.) Merr.

喬木，高 12 ～ 20 公尺，莖疏生刺，小枝無刺。偶數羽狀複葉，小葉 4 ～ 12 對，對生，倒卵形至橢圓形，長 10 ～ 15 公分，寬 4 ～ 6 公分，全緣，小葉柄長 7 ～ 13 公釐。花大多為 4 數。果卵形。

　　廣布於菲律賓；在台灣僅分布於離島蘭嶼。

果卵形

偶數羽狀複葉，葉全緣。

雙面刺

屬名　花椒屬

學名　*Zanthoxylum nitidum* (Roxb.) DC.

攀緣藤本，小枝、葉軸及小葉均具刺。小葉 3 或 5，甚至可達 11 枚，對生，卵形至橢圓形，長 5 ～ 12 公分，小葉柄長 2 ～ 4 公釐。雄花有雄蕊 4，中間具退化雌蕊。蓇葖果，成熟時開裂。種子黑色。

　　產於摩鹿加群島及新幾內亞；在台灣分布於全島低海拔地區。

雄花具雄蕊 4，中間具退化雌蕊。

蒴果熟開裂，露出黑色種子。

小葉 3 或 5，甚至可達 11 片。

果實，表面可見油腺。

雌花，柱頭頭狀。（陳柏豪攝）

開花成株刺少或近無刺

雙面有刺

三葉花椒 特有種

屬名 花椒屬
學名 *Zanthoxylum pistaciiflorum* Hayata

灌木，小枝與葉無刺。三出複葉，小葉倒卵狀長橢圓形，長約8公分，先端鈍，微凹頭，鋸齒緣，小葉柄長約5公釐。花大多為5數。果實近圓形或橢圓形。

特有種，分布於屏東地區。

葉緣及葉背具腺點

三出複葉

小枝具刺

果實圓，種子黑色。

藤花椒

屬名 花椒屬
學名 *Zanthoxylum scandens* Blume

攀緣性藤本，枝與葉軸具刺。小葉2～13對，近對生至互生，卵形或橢圓狀披針形，長3～9公分，小葉柄長約3公釐。花序軸及萼片被毛，雌花具4枚花瓣，心皮通常3枚，具退化雄蕊。

產於中國、印度、琉球、蘇門答臘、爪哇及婆羅洲；在台灣分布於全島低海拔地區。

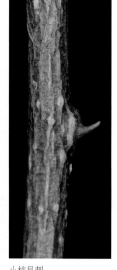

雌花具4枚花瓣，心皮通常3枚，具退化雄蕊。

花序圓錐狀，頂生。

花序軸及萼片被毛

攀緣灌木，枝具短鉤刺。

翼柄花椒

屬名　花椒屬
學名　*Zanthoxylum schinifolium* Sieb. & Zucc.

灌木，枝具刺。葉柄扁平有翼；小葉 5 ～ 8 對，對生，卵狀長橢圓形，長 2 ～ 2.5 公分，粗鋸齒緣，油點顯著，無小葉柄。果實常具 1 ～ 3 枚心皮，大小不一。

　　產於中國、韓國及日本；在台灣分布於中海拔山區森林中。

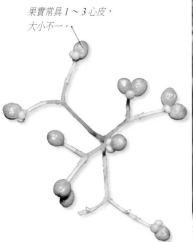

果實常具 1 ～ 3 心皮，大小不一。

花序頂生；小葉甚多對，頂小葉最為狹長。

刺花椒

屬名　花椒屬
學名　*Zanthoxylum simulans* Hance

灌木，枝具刺，小枝之刺雙生。奇數羽狀複葉，葉柄有不明顯的翼；小葉 3 ～ 4 對，對生，卵狀長橢圓形，長 2.5 ～ 3 公分，粗或淺鋸齒緣，無小葉柄。雄蕊 5 ～ 8。果實成熟時紅色。

　　產於中國中部；在台灣分布於中部之低中海拔地區。金門亦有分布。

葉柄有不明顯的翼

雄花序，雄蕊通常 5 枚。

葉密被腺點

刺雙生

生於金門野外，已結果之植株。果成熟時紅色。

屏東花椒 特有種

屬名　花椒屬

學名　*Zanthoxylum wutaiense* I.S. Chen

灌木，高達 3 公尺，枝具刺。葉軸上端略具翼，小葉 3 ～ 13 枚，狹橢圓形或狹披針形，對生，長 3 ～ 10 公分，圓齒緣，無小葉柄。花被片 4 ～ 8 枚，排成一輪，狹披針形；子房卵狀橢圓形。

　　特有種，分布於屏東霧台山區。

花被片 4 ～ 8 枚，一輪，狹披針形，子房卵狀橢圓形。

小葉 3 ～ 13 枚，狹橢圓形或狹披針形。

無患子科 SAPINDACEAE

喬木、灌木、木質藤本或草質藤本。羽狀複葉或三出複葉、掌狀複葉（七葉樹屬及三葉樹屬）或單葉（槭屬），通常互生或對生（槭屬、七葉樹屬及其他少數屬），托葉缺或小。花小，兩性或單性，成總狀、圓錐或繖房狀花序，雌花通常生於花序的下部，雄花生於花序的上部；萼片3～5枚；花瓣常3～5枚，基部常具鱗片狀物，內有蜜腺；雄蕊8～10，插生於花盤內，離生；子房上位，由2～3心皮所構成，2～3室。果實為蒴果、堅果、漿果、核果、離果或翅果。

特徵

萼片3～5枚；花瓣常3～5枚；雄蕊8～10，插生於花盤內。（龍眼）

葉為羽狀或三出複葉、掌狀複葉（七葉樹屬及三葉樹屬）或單葉（槭屬）。（倒地鈴）

子房上位，雄蕊插生於花盤。（番龍眼）

槭屬的果實為翅果（台灣紅榨槭）

核果（無患子）

槭屬 ACER

喬木或灌木。單葉或羽狀複葉,對生。花單性或兩性,成總狀、圓錐、繖形或穗狀花序;花 4 或 5 數,萼片離生,花瓣缺或存,花盤環狀,雄蕊 4 ～ 12,常 8,子房 2 室向中隔扁壓,花柱 2。翅果,具 2 翅,心皮在基部分離。

樟葉槭（飛蛾子樹）**特有種**

屬名	槭屬
學名	*Acer albopurpurascens* Hayata

大喬木。葉革質,卵形、長橢圓形或長橢圓狀倒披針形,長 6 ～ 13 公分,寬 1 ～ 4 公分,先端尾狀漸尖或短尾狀突尖,基部略近心形、圓、鈍或楔形,全緣,不明顯三出脈,葉背常灰色或粉白色。繖房狀圓錐花序,頂生;萼片長橢圓形,花瓣白或黃白色,雄花具雄蕊 8,雌花子房被毛。果實連翅長 2 ～ 3 公分。

特有種;分布於台灣全島低中海拔之森林中。

雌花子房被毛,花柱二岔。

葉子外形頗像樟樹,葉柄甚長。

雄花具 8 雄蕊

果連翅長 2 ～ 3 公分。

台灣三角楓 **特有種**

屬名	槭屬
學名	*Acer buergerianum* Miq. subsp. *formosanum* (Hayata *ex* Koidz.) Sasaki

中喬木,高可達 10 ～ 20 公尺。葉革質,橢圓形或倒卵形,長 6 ～ 8 公分,常前半部三裂,偶不裂,基部圓或略近心形,基出脈 3 條,偶 5 條,葉背淡綠色,被白粉或疏毛。繖房花序,頂生;萼片 5 枚,卵形,無毛;花瓣狹披針形;雄蕊 8,子房密被長柔毛。

特有亞種;分布於台灣北部低海拔近海岸之森林中。

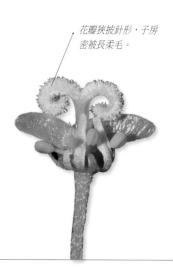

花瓣狹披針形,子房密被長柔毛。

葉前半部三裂

花單性、雜性,有時兩性。

川上氏槭

屬名	槭屬
學名	*Acer insulare* Makino

雄花，雄蕊 8。

落葉中喬木，高可達 20 公尺，小枝光滑無毛。葉不裂或略呈淺三裂，卵形至卵狀長橢圓形，長 6～10 公分，寬 3～5 公分，先端漸尖，基部圓、鈍或略呈心形，鋸齒緣。花小，雜性，雄花與兩性花同株，總狀花序，花與葉同時開展；萼片 5 枚，卵形或卵狀披針形，長 2～2.5 公釐；花瓣 5 枚，卵形或長橢圓形，長 4～4.5 公分，邊緣具齒裂；雄蕊 8，較萼片短；子房微毛，花柱短，柱頭二岔。果實為翅果。花期在 3～4 月。

產於奄美大島；在台灣分布於全島山區。

花柱短，柱頭二岔。

滿樹的花朵

花與葉同時開展

5 月時的果枝

台灣掌葉槭 特有種

屬名	槭屬
學名	*Acer palmatum* Thunb. var. *pubescens* H.L. Li

落葉小喬木，幼枝被白色長柔毛，漸變光滑。葉圓形，徑 7～10 公分，深七裂，裂片卵狀三角形，先端漸尖，鋸齒緣，上下表面脈上被長柔毛。繖房花序，初時有毛；花 4 數；萼片卵狀橢圓形，長 2～3 公釐；雌花子房被長柔毛。

特有變種；分布於台灣中、北部中海拔森林中。

葉深七裂

秋天葉子轉黃

台灣紅榨槭 特有種

屬名　槭屬
學名　*Acer rubescens* Hayata

落葉喬木，小枝光滑無毛。葉五淺裂，中間裂片闊三角形或闊卵狀三角形，先端尾狀漸尖，葉基近心形，重鋸齒緣，葉柄帶紅色。總狀花序，頂生；花瓣 5 枚，卵形，長 1.5～3 公釐，先端鈍；雄蕊 8，花絲短，光滑無毛。

　　特有種；分布於台灣中海拔森林中。

雄花

葉五淺裂

葉柄淡紅色

秋冬葉轉紅

青楓 特有種

屬名　槭屬
學名　*Acer serrulatum* Hayata

落葉中或小喬木，株高可達 20 公尺，小枝光滑無毛。葉掌狀深五裂，裂片三角狀披針形至三角狀卵形，長 6～8 公分，寬 8～10 公分，葉基截形或心形，鋸齒緣。聚繖花序，頂生；萼片 5 枚，邊緣有柔毛；花瓣 5 枚，淡白色；子房微被長柔毛。

　　特有種；分布於台灣全島中海拔森林中，常見。

兩性花，子房被毛。

雄花具 8 枚雄蕊

3～5 月開花，花序下垂。

5 月初果。葉掌狀五至七裂。

成熟果實。葉掌狀五至七裂

11 月的楓紅

散生於中海拔森林中

止宮樹屬 ALLOPHYLUS

小 喬木或灌木。葉具 1 或 3 枚小葉，全緣或鋸齒緣。花雜性或兩性，總狀花序腋生，在基部有少數分枝；萼片 4 枚，成 2 對；花瓣 4 枚，白色或淡黃色，通常有 4 腺體與花瓣對生；雄蕊 5 ～ 8。果實為核果。

止宮樹

屬名	止宮樹屬
學名	*Allophylus cobbe* (L.) Raeuschel

常綠灌木。三出複葉，小葉卵形至橢圓形，長 9 ～ 12 公分，寬 5.5 ～ 8.5 公分，銳尖頭，疏鋸齒緣至鈍齒緣，兩面無毛。圓錐狀總狀花序，花白色，雄蕊 5 ～ 8，花絲有毛，柱頭二岔。核果卵形，徑 6 ～ 8 公釐，成熟時紅色。

  產於菲律賓、馬來西亞及太平洋群島；在台灣分布於恆春半島及台東之海岸。

核果卵形，成熟時紅色。

生於恆春海岸；三出複葉，粗鋸齒緣或波浪緣。

雄花不甚展開，雄蕊 5 ～ 8，花絲具毛茸。

開花之植株

倒地鈴屬 CARDIOSPERMUM

藤 本，莖纖細，多分枝，具卷鬚。二回三出複葉，小葉有粗齒或裂片。聚繖花序，最下 1 對分枝形成卷鬚，花序梗長；花 4 數，雄蕊 8，子房 3 室。蒴果，囊狀。

  近來還有一新歸化植物：大花倒地鈴（*C. grandiflorum* Sw.）。其植株密生黃色毛（vs. 白色毛），花絲光滑（vs. 毛絨），果兩端尖（vs. 頂端鈍）。

倒地鈴

屬名	倒地鈴屬
學名	*Cardiospermum halicacabum* L.

莖纖細，長可達數公尺，莖有溝，略被毛，具卷鬚。二回三出複葉，三角形；小葉卵形至披針形，長 1.5 ～ 6 公分。聚繖花序，腋生；萼片 4 枚，外側 2 枚較小；花瓣白色，有淡綠暈，2 大 2 小；雄蕊 8，花柱三岔。果實囊狀，倒卵形，具三稜。

  原產熱帶地區；在台灣分布於全島平地至低海拔之向陽處。

花瓣白色，2 大 2 小。

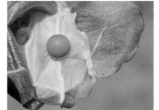

果實囊狀，三稜形，具窄翼。

果實內之種子

種子具心形種臍

二回三出複葉，三角形。

車桑子屬 DODONAEA

喬 木或灌木。單葉或羽狀複葉，互生。總狀或圓錐花序，頂生及側生；花萼5或較少，覆瓦狀排列；不具花瓣；雄蕊5～10，通常8。蒴果2～6瓣，膜質或革質，瓣背有翅。

車桑子（車門仔）

屬名	車桑子屬
學名	*Dodonaea viscosa* Jacq.

常綠小喬木或灌木，樹幹直，上部多分枝，小枝有稜。單葉，革質，倒披針形至線狀倒披針形，長6～12公分，寬0.5～1.5公分，先端銳尖至漸尖，全緣，兩面無毛。雄花不具花瓣，雄蕊7～8。蒴果扁平，有2圓翅。

　　產於印度、馬來西亞、菲律賓、澳洲、太平洋群島及南美洲；在台灣分布於低至中海拔之山坡向陽乾燥處或河床地。

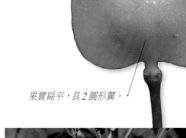

果實扁平，具2圓形翼。

雄花不具花瓣，雄蕊7～8。

雌花

葉線形或線狀披針形

常生於台灣低海拔之荒地

賽欒華屬 EURYCORYMBUS

偶 數羽狀複葉，互生；小葉披針形，鋸齒緣，無毛。花單性，雌雄異株，5數；聚繖花序成圓錐狀，頂生，被密毛；雄蕊約8枚，花絲長為花瓣的2倍。蒴果橢圓狀，革質，3室，有時1～2室不發育。

單種屬。

雄花小，綠色，花瓣有毛，雄蕊8。

賽欒華

屬名	賽欒華屬
學名	*Eucorymbus cavaleriei* (Levl.) Rehd. & Hand.- Mazz.

落葉喬木，高可達10餘公尺。奇數羽狀複葉，小葉披針形，長8～12公分，寬3公分。花單性，聚繖花序頂生，密被短毛；花5數；雄花小，花瓣綠色，被毛；雄蕊8，與花瓣等長，花絲光滑，退化子房稍有毛。果實橢圓狀卵形，長約7公釐。

產於中國南部；在台灣分布於北部及東部之低海拔山區。

喬木，零星分布於北部及東部低山。

雌花序密生短毛

奇數羽狀複葉

子房3室

小葉披針形，長8～12公分，寬3公分，鋸齒緣。

欒樹屬 KOELREUTERIA

落葉喬木。二回奇數羽狀複葉。大型圓錐花序，頂生；花單性或兩性，為不整齊花；花萼成不等之五裂；花瓣黃色，4枚，稀3枚；雄蕊8或較少；子房3室，花柱3。蒴果囊狀，具1黑色種子。

台灣欒樹(苦苓舅) <特有種>

屬名　欒樹屬
學名　*Koelreuteria henryi* Dummer.

小葉披針形至長橢圓狀披針形，大小變異大，多數長6～10公分，寬2～3公分，漸尖頭，細鋸齒緣。圓錐花序頂生，兩性花與單性並存，花序無毛；花5數，為不整齊花，金黃色，雄蕊約8枚。蒴果膨大，膜質，紅褐色，3瓣裂，每室1種子。種子圓形，黑色。

　　特有種；分布於台灣低海拔闊葉林之開闊處。

每室1種子，種子圓形，黑色。

花5數，為不整齊花，雄蕊約8枚。

雌雄同株或雜性，花多數；雌花的花柱突出，雄蕊變短，花藥的花粉闕如或少。

圓錐花叢頂生，大型。

花果大而美，且葉子也會在秋天變成黃色，為一廣泛栽植之樹種。

果序大型

二回羽狀複葉，小葉葉基歪斜，鋸齒緣。

番龍眼屬 POMETIA

喬木。偶數羽狀複葉，小葉近全緣至齒緣，愈近葉柄處愈小，幾成托葉狀。圓錐花序，頂生或腋生；花 5 數，子房 2 ～ 3 室，通常僅 1 室發育。核果 1 ～ 2，球狀或橢圓狀。種子具黏質假種皮。

番龍眼（台東龍眼）

屬名	番龍眼屬
學名	*Pometia pinnata* J.R. Forster & G. Forster f.

根高約 1 公尺。偶數羽狀複葉，小葉 8 ～ 22 枚，長橢圓形至長橢圓狀披針形，長 16 ～ 20 公分，寬 4 ～ 8 公分，先端漸尖至尾尖，常微彎，疏齒緣至近全緣。花白色；雄蕊 5 ～ 7，常 6，花絲被毛。果實球狀，徑約 3.5 公分，成熟時褐色。

產於菲律賓、馬來西亞及大洋洲島群；在台灣分布於離島蘭嶼之雨林中。

兩性花，其雄蕊較短。

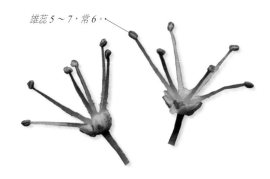

雄蕊 5 ～ 7，常 6。

小葉長橢圓狀披針形，先端漸尖至尾尖，常微彎。

常綠喬木，野生族群僅分布於蘭嶼，本島偶有栽培。

三朵花分別為雄花花藥未開裂、雄花花藥開裂者及未完全開展的兩性花。

果球形，徑 3 ～ 4.4 公分。

無患子屬 SAPINDUS

喬木或灌木。羽狀複葉。花雜性，花序圓錐形；花部 4 ～ 5 數；雄蕊 8 ～ 10，插生於花盤內側；子房 2 ～ 4 室。核果 1 ～ 3，球狀或長橢圓狀。

無患子

屬名	無患子屬
學名	*Sapindus mukorossi* Gaertn.

落葉喬木。小葉 8 ～ 16 枚，長橢圓狀披針形，長 9 ～ 12 公分，寬 2.5 ～ 5 公分，漸尖頭，基部歪，全緣。雌雄同株、異株或雜性，花序圓錐狀；花部 5 數，雄蕊 8；子房 3 室，通常僅 1 室發育，柱頭三岔。果實 1（～ 2 ～ 3），球狀，徑約 1.5 公分，褐色；可當肥皂使用。

　　產於喜馬拉雅山區、印度、中國、日本及琉球；在台灣分布於全島低海拔之次生林中。

果可當肥皂用

花部 5 數，雄蕊常為 8。

果未熟時綠色

果熟時黃褐色

花序圓錐狀，大型。

秋冬葉轉黃

苦木科 SIMAROUBACEAE

喬木或灌木。羽狀複葉,稀單葉,互生。花通常單性,花序總狀、圓錐狀或聚繖狀,稀穗狀,腋生;花萼三至五裂;花瓣3～5枚,稀缺;花盤存在,雄蕊插生於花盤基部;雄蕊與花瓣同數或為其2倍,稀多數,花絲離生;子房多為二至五淺裂,1～5室,或心皮全然分離,花柱二至五岐。果實為核果、蒴果或偶為翅果。

特徵

花瓣3～5枚,稀缺;雄蕊插生於花盤基部,雄蕊與花瓣同數或為其2倍。(苦樹)　　花柱二至五岐(苦樹)　　葉大多為羽狀複葉(臭椿)

楉屬 AILANTHUS

落葉喬木。羽狀複葉,極大。雜性花,小型,具小苞片,圓錐花序頂生;花萼五裂;花瓣5枚;雄蕊10(兩性花者2～3);子房二至五裂,花柱合生。翅果,翼膜質。

臭椿(台灣楉樹) 特有種

屬名	楉屬
學名	*Ailanthus altissima* (Miller) Swingle var. *tanakae* (Hayata) Kaueh & Sasaki

落葉大喬木,高可達25公尺。複葉長45～60公分;小葉13～25枚,鐮狀披針形,長10～15公分,寬2.5～3公分,先端漸尖,基部鈍,除近基部有少數齒外,餘為全緣。圓錐花序著生枝端之葉腋,長5～15公分;花小,雜性,淡綠色。翅果淡紅褐色,長橢圓狀倒披針狀,長3～4公分,寬7～8公釐;種子1粒,著生於中央。

　　承名變種產於中國,特有變種產於台灣中、北部中海拔地區,尤其以梨山附近多見之。

雄花:雄蕊通常為10,花絲下部具毛。

複葉長45～60公分;小葉13～25枚,鐮狀披針形。　　圓錐狀花序腋生或頂生　　翅果,種子1粒,著於中央。(楊智凱攝)

鴉膽子屬 BRUCEA

喬木或灌木，具苦澀味。常奇數羽狀複葉。圓錐花序，花極小；花萼微小，四裂，覆瓦狀；花瓣 4 枚，微小，線形，覆瓦狀；花盤 4 瓣；雄蕊 4。離果具 4 枚小核果。

鴉膽子

屬名	鴉膽子屬
學名	*Brucea javanica* (L.) Merr.

灌木或小喬木，小枝、葉及花序通常被毛。奇數羽狀複葉，小葉 7～9 枚，側小葉對生，卵狀披針形，長 5～6 公分，寬 1.5～2 公分，漸尖頭，基部略歪斜，鈍齒狀齒牙緣。雄圓錐花序長 15～25 公分，雌花序長 7～13 公分；花細小，疏被短毛。橢圓形，長 6～8 公釐，成熟時黑色。

產於中國南部、印度、馬來西亞、菲律賓及澳洲；在台灣分布於中、南部低山及河岸。

雄花，花 4 數，單性。（許天銓攝）

雄花序，花序及花被外側被毛（許天銓攝）　　雌花（陳柏豪攝）

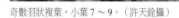

奇數羽狀複葉，小葉 7～9。（許天銓攝）　　果枝（楊智凱攝）

7 月間開花之植株（楊智凱攝）　　生長於略乾燥之丘陵地（許天銓攝）

苦樹屬 PICRASMA

落葉喬木，樹皮極苦。奇數羽狀複葉，極大。雌雄異株或雜性花，圓錐花序，花部 4 ～ 5 數。核果 1 ～ 3，肉質或革質。

苦樹

屬名	苦樹屬
學名	*Picrasma quassioides* (D. Don) Benn.

枝淡紅褐色。奇數羽狀複葉，長 25 ～ 35 公分，小葉 9 ～ 15 枚，卵形或長橢圓狀卵形，長 4 ～ 10 公分，寬 1.5 ～ 3.5 公分，漸尖頭。繖房花序排成圓錐狀，花綠色，雄蕊 5，花絲被毛，雌花柱頭 5 裂，常具退化雄蕊。果實球狀，徑 5 ～ 7 公釐，藍至紅色。

　　產於中國、日本、琉球及印度；在台灣僅知分布於南投、花蓮及霧台等地海拔 300 ～ 1,200 公尺之闊葉林中。

花瓣黃綠色，4 或 5 枚，極小。

雄花；雄蕊花絲被毛。

雌花；柱頭 5 裂，具短的退化雄蕊。

錦葵科 MALVACEAE

草本或木本，常被星狀毛。單葉或複葉，多互生，不裂或裂，常掌狀脈，常具托葉。花常兩性，偶單性，單生或成穗狀、總狀或圓錐花序；輻射對稱，花萼常鑷合狀；雄蕊離生至合生成單體，花藥 1～2 室；子房上位，中軸胎座。果實為漿果、核果、蒴果、蓇葖果或離果。

特徵

雄蕊離生者（繩黃麻）

花常兩性，輻射對稱，雄蕊合生為單體。（山芙蓉）

單葉或複葉，多互生。（野棉花）

常具托葉（黃槿）

子房上位，花輻射對稱。（美麗芙蓉）

秋葵屬 ABELMOSCHUS

直立草本,被星狀毛。葉掌狀裂,中或深裂,托葉線形。花單生,黃色,中央具紫斑;花萼五齒裂,副萼片 7 ～ 9 枚,子房 5 室,花柱五裂。蒴果,背裂。

黃蜀葵(黃葵)

屬名	秋葵屬
學名	*Abelmoschus manihot* (L.) Medik. var. *manihot*

株高可達 2 公尺,全株被粗毛;莖半木質化,被黃色剛毛,分枝多。單葉,互生,卵形至近圓形,掌狀五至七深裂,裂片長披針形或長橢圓形,葉基心形,葉緣鋸齒或不規則粗鋸齒,兩面被長硬毛,托葉線形。花兩性,單生;副萼片卵形;花瓣 5 枚,基部合生成漏斗狀,花冠大,徑達 10 ～ 20 公分,淡黃色,花心紫、黑紫或褐紅色。

原產溫帶及熱帶亞洲;現已歸化於台灣全島。

副萼片卵形

葉掌狀五至七深裂,裂片長披針形或長橢圓形。

生長於開闊地

剛毛黃蜀葵

屬名	秋葵屬
學名	*Abelmoschus manihot* (L.) Medik. var. *pungens* (Roxburgh) Hochreutiner

各部形態與承名變種(黃蜀葵,見本頁)相似,本變種之不同處在於植株全體密被黃色長剛毛。

原產印度、尼泊爾、菲律賓及泰國;現已歸化於台灣野地。

植株全體密被黃色長剛毛
(呂順泉攝)

花瓣 5 枚,淡黃色。(呂順泉攝)

葉掌狀五至七深裂(呂順泉攝)

香葵

屬名	秋葵屬
學名	*Abelmoschus moschatus* Medik. var. *moschatus*

葉紙質,掌狀深裂,裂片粗鋸齒緣。花大,黃色,花心紫黑色,副萼片線形,花萼被絨毛狀星狀毛。果實卵形或橢圓形,長 5 ～ 8 公分,表面被剛毛。

　　產於印度、馬來西亞及太平洋島群;在台灣分布於全島低海拔之荒廢地。

副萼片線形

花大,黃色,
花心紫黑色。

果卵形或橢圓形,表面被剛毛。

葉掌狀深裂,裂片粗鋸齒緣。

蘭嶼秋葵 特有種

屬名	秋葵屬
學名	*Abelmoschus moschatus* Medik. var. *lanyunatus* S.S.Ying

落葉中或小喬木,株高可達 20 公尺,小枝光滑無毛。葉掌狀深五裂,裂片三角狀披針形至三角狀卵形,長 6 ～ 8 公分,寬 8 ～ 10 公分,葉基截形或心形,鋸齒緣。聚繖花序,頂生;萼片 5 枚,邊緣有柔毛;花瓣 5 枚,淡白色;子房微被長柔毛。

　　特有變種,只見於蘭嶼。

葉中至深裂,花序頂生。

果實形態類似香葵,但副萼三角形至披針形,不似香葵的線形。

昂天蓮屬 ABROMA

小 喬木，多分枝，被星狀毛。花序與葉對生或腋生；花萼五裂；花瓣 5 枚，具突爪，基部具腺體；雄蕊 5 束，合生成杯狀；子房無柄，5 室，胚珠多數。蒴果膜質，具 5 角翅。

昂天蓮

屬名	昂天蓮屬
學名	*Ambroma augusta* (L.) L. f.

常綠灌木，高 1 ～ 4 公尺，全株被柔毛。葉互生，紙質，圓形或寬卵狀心形，長 10 ～ 20 公分，寬 5 ～ 24 公分，先端鈍或尖，基部心形，歪斜，3 ～ 7 脈。花單一，腋生，略下垂，紫色，徑約 5 公分；花萼深五裂，裂片披針形；花瓣 5 枚，卵形或倒卵形，長 1.5 ～ 2.5 公分，寬 0.7 ～ 1.2 公分。蒴果卵形，直立向上，具 5 縱翅。

原產印度、澳洲及中國南部；在台灣歸化於全島低海拔之原野或林緣。

花正面

花單一，腋生，紫色，徑約 5 公分，略下垂。

蒴果卵形，直立向上，具 5 縱翅。

偶逸出歸化於林緣地帶（許天銓攝）

莔麻屬 ABUTILON

亞 灌木。葉心形，掌狀脈。花單生或成圓錐花序；副萼缺；花萼盤狀，五裂；花瓣 5 枚，基部與雄蕊筒合生；心皮 5 至多數，花柱與心皮同數。果實為蒴果。

泡果莔

屬名	莔麻屬
學名	*Abutilon crispum* (L.) Medicus

匍匐草本。葉心形，長 4 ～ 7 公分，寬 3 ～ 6 公分，兩面被毛，近無柄。花單生，花萼裂片長三角形，萼緣具毛。果實球形或扁球形，徑 1 ～ 2 公分，具十稜，稜上有毛，先端無突起，宿存花萼明顯較果實短。

原產於熱帶美洲；在台灣歸化於中部之路旁或荒廢地。

果球形或扁球形，具十稜，稜上有毛。

花黃白色

葉心形，兩面被毛。

大葉苘（大葉苘麻）

屬名　苘麻屬
學名　*Abutilon grandifolium* (Willd.) Sweet

植株高 1.5 ～ 4 公尺，莖明顯木質化，分枝多，全株密被白色長柔毛與白色短柔毛。葉卵圓形或近圓形，長 10 ～ 20 公分，寬 10 ～ 20 公分，先端漸尖或長漸尖，基部心形，上表面暗綠色，疏被較短柔毛，下表面密被短柔毛，呈銀白色。花瓣 5 枚，鮮黃色，柱頭黑色。蒴果半球形，被粗毛，分果片大約 10 枚。

　　原產中、南美洲及熱帶美洲；在台灣歸化於全島低海拔之開闊地。

花瓣 5，鮮黃色，柱頭黑色。

蒴果半球形，分果片大約 10，被粗毛。

葉卵圓形或近圓形，基部心形。

毛苘

屬名　苘麻屬
學名　*Abutilon hirtum* (Lam.) Sweet

亞灌木狀草本，高約 80 公分，小枝密被細絨毛及長硬毛。葉圓心形，長 3 ～ 8 公分，寬 3.5 ～ 7 公分，先端尖，基部心形，邊緣具細齒，兩面均被星狀絨毛。花單生於葉腋，花梗較葉柄短，被絨毛及長硬毛；花萼鐘狀，裂片 5，卵形；花冠大，橘黃色，基部紫色，內面無毛。蒴果近圓球形，徑約 1 公分。

　　原產泛熱帶地區；現已歸化於台灣全島低海拔之開闊地。

花大，橘黃色，內面基部紫色，內面無毛。（林家榮攝）

葉圓心形，先端尖，基部心形。（林家榮攝）

蒴果近圓球形，徑約 1 公分。（林家榮攝）

疏花茼麻

屬名	茼麻屬
學名	*Abutilon hulseanum* (Torr. & A. Gray) Torr. *ex* A. Gray

灌木，高 0.5 ～ 2 公尺，全株被星狀毛及長毛。葉心形，長 4 ～ 16 公分，葉緣齒狀，兩面被軟白毛。花粉紅色，花瓣全緣，雄蕊筒光滑無毛，柱頭紫紅色。分果片約 12 枚。

　　原產熱帶美洲；在台灣分布於中南部之荒野及田地。

花粉紅色，柱頭紫紅色。

葉緣齒狀，葉兩面被軟白毛。

分果片約 12 枚

冬葵子(磨盤草)

屬名	茼麻屬
學名	*Abutilon indicum* (L.) Sweet var. *indicum*

直立草本。葉心形至圓形，長 2 ～ 10 公分，寬 3 ～ 11 公分，兩面被星狀毛；葉柄長 3 ～ 13 公分，被毛。花瓣長 7 ～ 8 公釐，雄蕊筒被毛。果實扁球形，先端具突起，宿存花萼明顯較果實短。

　　產於全球之熱帶及亞熱帶地區；在台灣分布於全島之荒廢空地及公路兩旁。

花單生於葉腋

葉心形至圓形

宿存花萼明顯較果實短

畿內冬葵子

屬名　苘麻屬
學名　*Abutilon indicum* (L.) Sweet var. *guineense* (Schumach.) K.M. Feng

亞灌木，高可達 2.5 公尺。葉圓形至心狀卵形，長 3 ～ 9 公分，兩面被絨毛及星狀毛。花萼鐘狀，長約 1.2 公分，花瓣長約 1.8 公分，雄蕊筒光滑無毛，心皮約 14 枚。宿存花萼與果實近等長或較長。

廣布於熱帶與亞熱帶之亞洲、非洲及澳洲，主要產於南半球；在台灣分布於全島低海拔之路旁及荒廢地。

花瓣長約 1.8 公分

葉圓形至心狀卵形，長 3 ～ 9 公分，兩面被絨毛及星狀毛。

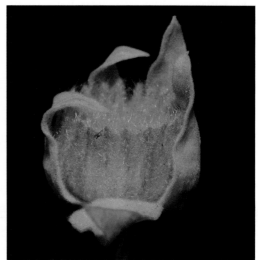

宿存花萼與果實近等長或較長

苘麻

屬名　苘麻屬
學名　*Abutilon theophrasti* Medic.

枝被柔毛。葉圓心形，長 5 ～ 10 公分，先端長漸尖，基部心形，葉緣具細圓鋸齒，兩面均被星狀柔毛；葉柄長 3 ～ 12 公分，被細柔毛。花小，橘色。蒴果半球形，徑約 1.5 公分，被粗毛，分果片 10 ～ 20，頂端具長芒。

廣泛分布於北半球之溫帶地區；在台灣已歸化於全島低海拔開闊地，見於荒地及路旁。

花橘黃色

蒴果半球形，頂端具長芒。

葉闊卵形，花小。

果實之側面

葉柄頂端呈紅色

六翅木屬 BERRYA

喬 木。葉基心形，五至七出掌狀脈，無毛。花序頂生，圓錐狀，基部有很多葉片；花萼鐘形，三至五裂；花瓣 5 枚，匙形；雄蕊多數。蒴果，近球狀，成熟時裂為 3 個果瓣，每果瓣有 2 倒卵形直翅。種子被長毛。

蒴果具 6 翅，翅上有網脈。（許天銓攝）

六翅木

屬名　六翅木屬
學名　*Berrya cordifolia* (Willd.) Burret

大喬木。葉倒卵形，長 10 ～ 20 公分，寬 6 ～ 8 公分，銳尖頭至短突尖，近全緣。花序被柔毛；花萼被細絨毛；花瓣 5 枚，線狀匙形，長為萼片之 2 倍。蒴果圓形，具 6 翅，翅有網脈；3 室，每室具 1 ～ 2 種子。

　　產於印度、斯里蘭卡至菲律賓；在台灣分布於屏東之低山向陽處，如水底寮及枋山一帶山區。

蒴果，近球狀，熟時裂為 3 個果瓣，每果瓣有 2 倒卵形直翅。　成熟之果實

葉倒卵形，葉基心形，5 ～ 7 掌狀脈。

黃麻屬 CORCHORUS

草 本或亞灌木。葉基部常有尾狀構造，齒緣。花兩性，黃色，單生或數朵成聚繖狀；萼片及花瓣 5，稀 4 枚；雄蕊 10 或更多。蒴果，球狀或柱狀，具 2 ～ 5 瓣。

花瓣 4 ～ 5，黃色；雄蕊多數，黃色。

繩黃麻

屬名　黃麻屬
學名　*Corchorus aestuans* L. var. *aestuans*

亞灌木，植株高於 30 公分，莖淡紅褐色，枝有毛。葉卵形或寬卵形，長 2.5 ～ 8 公分，寬 2.5 ～ 5.3 公分，基部圓至略近心形，稍歪斜，近基部具 1 對絲狀線形小裂片，基出脈 3 ～ 5 條，葉背沿脈有稀疏的毛。花與葉對生，單生或 2 ～ 3 朵成聚繖花序；花瓣 4 ～ 5 枚，黃色；雄蕊多數，黃色。蒴果圓柱狀，長 1.5 ～ 3 公分，三至五裂，各裂瓣外具二稜，內有淺橫隔。

　　產於熱帶亞洲、非洲及西印度群島；在台灣分布於中、南部之平野耕地。

花之側面

蒴果圓柱狀，具稜。

葉卵形或寬卵形

短莖繩黃麻 特有種

屬名 黃麻屬
學名 *Corchorus aestuans* L. var. *brevicaulis* (Hosok.) T.S. Liu & H.C. Lo

與承名變種（繩黃麻，見第239頁）相似，差別在於本變種之莖大多平臥，植株較矮小，高10～15公分，節間短，葉卵形，長1～6公分，寬0.5～3公分，蒴果長1.2～2.8公分，5室，常具十稜。

特有變種，模式標本採自小琉球之珊瑚礁岩區。

大約9～10月開花

模式標本採自小琉球珊瑚礁岩區

與繩黃麻相似，但葉較小，卵形。

蒴果長1.2～2.8公分。

黃麻

屬名 黃麻屬
學名 *Corchorus capsularis* L.

亞灌木，高1～2公尺，小枝光滑無毛。葉卵狀披針形或披針形，長5～12公分，寬2～5公分，葉基有2～4條細絲狀構造。花瓣5枚，黃色。蒴果球狀，徑約1公分。

產於熱帶地區；在台灣分布於低山平野荒地。

為著名之纖維作物；嫩葉可食，民間俗稱「麻薏」。

花瓣5枚，黃色。
（林家榮攝）

葉卵狀披針形或披針形（林家榮攝）

山麻（長蒴黃麻）

屬名	黃麻屬
學名	*Corchorus olitorius* L.

一年生草本，無毛。葉卵形或長橢圓狀披針形，長 4～12
公分，寬 1.5～5 公分，葉基有 2 針狀或絲狀構造。花瓣 5 枚，
淡黃色。蒴果圓柱狀，長 4～8 公分。

　　產於中國及印度；在台灣分布於低山平野荒地。

夏秋開花結果，果為細長的圓柱形，具 8～10 條縱紋。

花瓣 5 枚，
淡黃色。

蒴果圓柱狀，長 4～8 公分。葉基
有絲狀構造。

莖直立多分枝，葉互生，葉基具絲狀裂片，花簇生於葉腋。

梧桐屬 FIRMIANA

喬木或直立灌木。單葉，螺旋狀互生，全緣或掌狀裂，尤常在幼時三裂，基部心形，掌狀脈，托
葉小。花似兩性花，但常一性退化，雌雄同株，圓錐或總狀花序；萼片 5 枚，基部常癒合；花
瓣缺；雄蕊 15，雌花 5 心皮。蓇葖果，成熟前開裂。

梧桐

屬名	梧桐屬
學名	*Firmiana simplex* (L.) W. F. Wight

落葉大喬木，樹皮光滑，淡綠色，小枝無毛。葉長寬達 23 公分，三至七淺
至中裂，無毛或近無毛，葉柄長達 27 公分。圓錐花序集生於小枝先端，長
20～50 公分，花小，黃綠色，無花瓣；花萼內外表面有許多毛被物；雄花
的雄蕊合生成蕊柱狀，頂端著生無柄花藥 10～15；雌花之子房球形，被粗
毛。蓇葖果，具長柄，成熟前開裂成葉狀。

　　產於中國、日本、菲律賓及印度；在台灣分布於東部及南部之低海拔
次生林中。

蓇葖果，具長柄，成熟前開裂
成葉狀。

雄花的雄蕊合生成蕊柱
狀，頂端著生無柄花藥
10～15 枚；萼片反捲。

雄花序

圓錐花序，長 20～50 公分。

果序甚大

葉三至七淺至中裂。

捕魚木屬 GREWIA

喬木，或直立或蔓性灌木，略被星狀毛。單葉，互生，有時二列互生，鋸齒狀齒牙緣，稀全緣，三至五出掌狀脈，兩面被星狀毛，表面粗糙；托葉2枚，全緣。繖形花序有梗，腋生，稀頂生，單生或叢生；花雜性，花部5數。果實核果狀。

厚葉捕魚木（扁擔桿子）

屬名	捕魚木屬
學名	*Grewia biloba* G. Don

小喬木，具明顯主幹。葉卵形至橢圓形，長5～10公分，基部鈍，細齒緣，兩面幾無毛或疏生星狀毛。果具2～4分核，光滑無毛。

　　產熱帶亞洲；在台灣分布於東部及南部低地。

雄花：花序繖形，花5瓣。

葉近無毛，狹菱狀卵形、狹橢圓形或狹菱形，具細齒緣。

雌花

大葉捕魚木（大葉扁擔桿子）

屬名	捕魚木屬
學名	*Grewia eriocarpa* Juss.

中喬木。葉歪卵狀長橢圓形，寬達13公分，葉基心形，歪基，五出脈，密細齒緣，葉背密被星狀毛及白絨毛。兩性花，聚繖花序一至數個腋生，花萼較大，花瓣較小。果實密被星狀毛。

　　產於亞洲之熱帶地區；在台灣分布於南部低地，稀有。

兩性花，花萼明顯，花瓣較小而不明顯。

果球形，密被星狀毛。（呂順泉攝）

葉歪卵狀長橢圓形

葉背密被星狀毛及白絨毛

葉基心形，歪基，五出脈。聚繖花序一至數個腋生。

子房被毛

小葉捕魚木

屬名 捕魚木屬

學名 *Grewia piscatorum* Hance

灌木。葉倒卵形或菱形，長 1 ～ 2.3 公分，寬 1 ～ 2 公分，圓頭或鈍頭，基部銳尖或楔形，鋸齒狀齒緣，兩面粗糙，被星狀毛。花單性，雌雄異株，子房被毛。果具 2 ～ 4 分核。

產於中國南部；在台灣分布於中、北部之低地。

果球狀，2 ～ 4 分核。

花單性，雌雄異株；此為雄花。

葉倒卵形或菱形，長小於 3 公分。

莖枝匍匐

菱葉捕魚木 特有種

屬名 捕魚木屬

學名 *Grewia rhombifolia* Kanehira & Sasaki

灌木，幼枝淡黃褐色。葉菱狀卵形至橢圓形，長 2 ～ 5 公分，寬 1 ～ 4 公分，略不規則重鋸齒緣或重齒緣，兩面粗糙，被褐色星狀毛。花單性或兩性花；花柱被包圍在雄蕊內。果具 2 ～ 4 分核。

特有種；分布於台灣全島之低海拔地區。

雄花

雌花，具退化雄蕊。

兩性花

果球狀，2 ～ 4 分核。

開花植株。葉菱狀卵形至橢圓形，以菱形為主。

椴葉扁擔桿

屬名　捕魚木屬
學名　*Grewia tiliaefolia* Vahl

直立灌木，高 5～8 公尺。葉片大，近圓形或闊卵圓形，長 12～17 公分，寬 8～10 公分，先端急短尖，基部偏斜心形，葉緣有細鋸齒，上表面初時被稀疏單毛，漸光滑，僅在脈上有毛，下表面被疏毛或近光滑，葉柄長約 1.5～2 公分。花兩性，聚繖花序，被毛；花較大，徑 1.5～2.2 公分，花瓣黃色，比萼片短；雄蕊多數；子房有毛，花柱比雄蕊略長，柱頭先端五淺裂。

　　分布於中國雲南西南部、非洲、印度、緬甸及中南半島；在台灣見於彰化市之野地。

花瓣黃色，比萼片短；雄蕊多數。

葉大，近圓形或闊卵圓形，葉基明顯歪斜。

山芝麻屬 HELICTERES

直立或略具蔓性之灌木，略被星狀毛。單葉，二列互生，掌狀脈，托葉狹小。繖形、穗狀或總狀花序，腋生，有花序梗；花萼筒狀、漏斗形或二唇形，3～五齒；花瓣 5 枚，爪狀；雄蕊 10，假雄蕊 5。蒴果，5 瓣裂。

山芝麻

屬名	山芝麻屬
學名	*Helicteres angustifolia* L.

灌木，高 50～100 公分。葉長橢圓狀披針形，長 6～8 公分，寬 2～3.5 公分，基部圓，先端銳尖，大多全緣。花序總狀；花瓣 5 枚，大小不等，長約 1 公分，白至紫色。果實密被星狀毛，長達 2 公分。

　　產於東半球熱帶地區；在台灣分布於低海拔平野之向陽乾旱地。

花瓣白至紫色，5 枚，大小不等。

葉大多全緣，長橢圓狀披針形。

果密被星狀毛，長達 2 公分。

銀葉樹屬 HERITIERA

喬木，具板根。單葉，革質，掌狀脈或羽狀脈，下表面密被銀色鱗片或星狀毛茸，葉柄通常兩端膨大；托葉小，早落。花單性，雌雄同株，成多分枝的圓錐花序；花萼癒合；花瓣缺；雄花具 4～20 枚花藥。堅果，具脊或翼。

銀葉樹

屬名	銀葉樹屬
學名	*Heritiera littoralis* Dryand. *ex* Aiton

常綠中喬木，大樹的根基常有明顯板根。葉幼嫩時紅色，長橢圓、倒卵狀長橢圓至披針狀長橢圓形，長 5.5～18 公分，寬達 12 公分，葉背密被銀色鱗片。雌雄同株，成多分枝的圓錐花序；雄花鐘形，花萼四至五裂，內外密被毛，花瓣不存，雄蕊的花絲合生成細長筒狀，花藥 6～20。果實扁橢圓狀，具光澤。

　　產於太平洋島群及亞洲南部；在台灣分布於南部、東部及蘭嶼、綠島等海岸地區。

多分枝的圓錐花序；雄花鐘形，花萼四至五裂，內外密被毛。

果具光澤，扁橢圓狀。

葉背密被銀色鱗片

木槿屬 HIBISCUS

草本、灌木或喬木，被星狀毛。葉略分裂。單花，腋生，副萼片 5 枚或更多，花萼五裂或呈五齒狀，花瓣 5 枚；單體雄蕊；子房 5 室，花柱五岔。果實為蒴果。

大麻槿

屬名	木槿屬
學名	*Hibiscus cannabinus* L.

一年生草本。莖直立，無毛，疏被銳利小刺，少分岔，基部為木質。葉長 10 ～ 15 公分，二型，下部葉心形，不分裂，上部葉掌狀 3 ～七深裂，裂片長 2 ～ 11 公分，寬 6 ～ 20 公釐，呈披針形，先端漸尖，基部心形至近圓形，具鋸齒，兩面均無毛，主脈 5 ～ 7 條，在下面中肋近基部具腺；葉柄長 6 ～ 20 公分，疏被小刺；托葉呈絲狀，長 6 ～ 8 公釐。花徑 8 ～ 15 公分，單生於枝端葉腋間，近無柄；花萼近鐘狀，長約 3 公分，被刺及白色絨毛；花大，呈白色內面基部紅色或紫色，花瓣長圓狀倒卵形，長約 6 公分。果實為蒴果，球形，直徑約 1.5 ～ 2 公分，密被刺毛，頂端具短喙，內有近無毛腎形種子。

原產於西非，後傳播至裏海沿岸及印度，19 世紀之後廣泛分布於世界各地，歸化台灣中南部及東部平地。

花大，呈白色或黃色，內面基部紅色或紫色

莖疏被針刺

花萼基部具綿毛及腺點

葉有二形，上部為掌狀裂葉。

花後之初果

美麗芙蓉

屬名　木槿屬
學名　*Hibiscus indicus* (Burm.f.) Hochr.

常綠大灌木至小喬木，高 3 ～ 4 公尺，全株密被腺
毛。葉圓形，長 8 ～ 12 公分，寬 10 ～ 15 公分，常
三至五淺裂，大鋸齒緣，托葉卵狀三角形。花腋生，
粉紅白色；副萼片寬大，廣披針形；雄蕊筒長 3.5 ～
4 公分。蒴果近球形，徑約 3 公分。

　　分布於中國南部各省及南亞、東南亞；在台灣
生於恆春半島及其鄰近地區。

雄蕊筒長 3.5 ～ 4 公分

花粉紅白色，副萼片寬大，廣披針形。

葉背具毛茸

果熟裂開

植株生態

牧野氏山芙蓉

屬名　木槿屬
學名　*Hibiscus makinoi* Y. Jotani & H. Ohba

小喬木，高 3 ～ 5 公尺，全株密被星狀毛及絨毛。葉
互生，長 7 ～ 15 公分，寬 6 ～ 15 公分，三至五裂，
先端鈍，基部心形，不規則鋸齒緣，葉背被星狀毛與
短絨毛。單花，腋生；副萼片 7 ～ 11 枚，線形；萼片
寬三角形。本種以線形之副萼片與被顆粒狀星狀毛與
短絨毛而有別於台灣產木槿屬之其他種類。

　　分布於日本南部及琉球群島；在台灣產於東部及
北部之淡水、八里。

花瓣白，基部
帶淡紅暈。

花萼

全株被顆粒狀星狀毛

花期甚長，9 ～ 11 月皆有開花植株。

木芙蓉

屬名　木槿屬
學名　*Hibiscus mutabilis* L.

小喬木，枝、葉柄及花梗均被直毛及腺毛。葉紙質，圓形，常五裂，裂片長三角形，先端長漸尖，圓齒緣，上下表面均被星狀毛，上表面之毛疏。花瓣於初開時粉紅色或白色，漸轉變成紅色；副萼片 8 ～ 9 枚，狹長細線形；花梗長 6 ～ 8 公分。果實扁球形，被剛毛及綿毛。

　　產於中國南部；在台灣偶見庭園植栽。

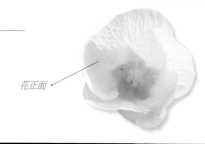

花正面

副萼片 8 ～ 9 枚，狹長細線形。

花瓣初開時粉紅色或白色

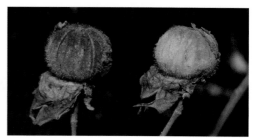

果扁球形，被剛毛及綿毛。

提琴葉槿

屬名　木槿屬
學名　*Hibiscus panduriformis* Burm. f.

植株高可達 2 公尺。葉寬卵形，三至五裂，長 2 ～ 12 公分，寬 2 ～ 10 公分，被短星狀毛及絨毛，中肋及托葉被軟星狀毛及長柔毛與腺狀毛，葉柄長 2 ～ 12 公分。花黃色，花心紫紅色。

　　原產於澳洲、非洲及亞洲；最近被發現歸化於台灣中南部之低海拔地區。

花黃色，花心紫紅色。

植株高可達 2 公尺

刺芙蓉

屬名 木槿屬
學名 *Hibiscus surattensis* L.

亞灌木或草本,枝、葉柄及下表面葉脈具刺。葉圓心形,掌狀三至五裂,長 5 ～ 10 公分,寬 5 ～ 11 公分,鋸齒緣,兩面被糙毛,托葉耳狀。副萼片 10 枚,先端葉狀,並有一長刺狀附屬物;花黃色,花心紫紅色。果實卵球形,長約 1.2 公分,密被長剛毛。

  產於菲律賓、爪哇及海南島;在台灣分布於南部低海拔之荒廢地。

附萼片 10 枚,先端葉狀,並有一長刺狀附屬物。

葉掌狀三至五裂

木槿

屬名 木槿屬
學名 *Hibiscus syriacus* L.

常綠灌木,高 2 ～ 4 公尺,被柔毛。葉菱形,常三裂,基部楔形,前半部不規則齒緣,葉柄長 1 ～ 1.5 公分。花單生於枝端之葉腋;副萼片 6 ～ 7 枚,線形,長 6 ～ 15 公釐;花萼鐘狀,五裂,裂片三角形;花瓣倒卵形,藍紫色、桃紅色或白色,有時重瓣,外被細柔毛。

  產於東亞;在台灣分布於全島低海拔地區。

花瓣倒卵形

葉菱形,常三裂。花有時白色。

山芙蓉（台灣山芙蓉、狗頭芙蓉）特有種

屬名　木槿屬
學名　*Hibiscus taiwanensis* S.Y. Hu

灌木，枝、葉柄被硬直毛。葉紙質，近圓形，長7～9公分，三至七裂，裂片扁三角形，全緣或圓齒緣；葉柄長10～17公分，被長直毛；托葉線形。花白色，漸變為淡紅色；花萼裂片三角形，被絨毛狀星狀毛；副萼片線形，被長直毛。

　　特有種，在台灣分布於全島中低海拔山區。

枝、葉柄被硬直毛，無星狀毛。

花白色，漸變淡紅色。

葉紙質，近圓形，長7～9公分，三至七裂。

花萼裂片三角形，副萼片線形。

黃槿

屬名　木槿屬
學名　*Hibiscus tiliaceus* L.

喬木，近光滑無毛。葉圓形，不裂，先端銳尖，全緣或不明顯齒緣，葉背密被絨毛狀星狀毛；葉柄長3～6公分，被絨毛狀星狀毛；托葉長於2公分，寬於1公分。花黃色，中央暗紫紅色。果實球形。

　　產於熱帶及亞熱帶之濱海地區；在台灣分布於全島海岸附近。

托葉長於2公分

花黃色，中央暗紫紅色。

克蘭樹屬 KLEINHOVIA

喬木。單葉。圓錐花序，大型，頂生，多分枝；花兩性，5 數；花萼深裂，早落；花瓣 5 枚，4 枚近等大，線狀匙形，另 1 枚短圓；子房 5 室。蒴果，梨狀，膨脹，膜質。

單種屬。

萼片 5 枚，披針形；4 枚花瓣
兩兩對生，另 1 枚包圍雌雄蕊
的凹型花瓣先端有點鮮黃色。

克蘭樹

屬名	克蘭樹屬
學名	*Kleinhovia hospita* L.

喬木。單葉，紙質，多少呈心形，15 ～ 22 公分，寬 8 ～ 16 公分，全緣，基出脈掌狀，側脈 6 ～ 8 對，具長柄。圓錐花序，頂生，長 15 ～ 50 公分，具分枝，被毛茸，花多數；花兩性，5 數，粉紅色，有時為白色，徑 5 ～ 9 公釐；花萼深五裂，裂片披針形，淺紅色，較花瓣大，早落；花瓣 5 枚，4 枚近等大，線狀匙形，另 1 枚短圓，先端淡黃色；子房 5 室，包於雄蕊筒中。蒴果，梨狀，膨脹，膜質。

產於馬來西亞、菲律賓、澳洲及東非；在台灣分布於南部之開闊地及次生林中，常見。

分布於台灣南部之開闊地

旋葵屬 MALACHRA

草本或亞灌木，一年生或多年生。莖直立，被微柔毛或粗毛，具黏毛。葉的托葉宿存，絲狀；葉片寬卵形，裂葉或掌狀 3-五裂，基部圓形或截形，邊緣具圓齒或鋸齒，表面通常有毛。花序腋生或頂生，總狀花序排成頭狀。花萼不膨大，深裂，裂片有或無棱，披針形至卵形，表面有糙毛；花冠通常黃色，稀白色或淡雄蕊柱內藏；花柱 10 分岔；柱頭頭狀。果實分裂果，直立，膨大，扁圓形。每 1 分果片 1 種子，無毛。

旋葵

屬名	旋葵屬
學名	*Malachra capitata* L.

一年生直立亞灌木，高至 2 公尺，被亞刺毛。葉寬卵形至圓形，先端鈍，基部鈍形或心形，五出脈，不分裂，下面被星狀毛，邊緣圓齒至鋸齒。花腋生或頂生，花序頭狀，具 3 枚總苞，苞片寬卵形，先端銳尖，頂端反捲，基部心形，具 2 絲狀附屬物，全緣或 1 ～二齒緣，綠色，基部灰白色，長約 1.2 公分，寬 1.4 公分，花序總梗長 1 ～ 3 公分，4 ～ 7 朵花；萼筒長 8 公釐，五裂，裂片狹三角形，長約 4 公釐，常漸尖；花冠黃色，長約 1.3 公分，五裂，裂片匙形，開展，長約 1.1 公分；雄蕊筒長約 1.2 公分；雌蕊花柱 10 叉，柱頭頭狀。離果五裂，每枚離果片具 1 枚種子，離果光滑，三稜的倒卵形，長約 3.5 公釐；種子形態多少似離果片，黑褐色，長約 3 公釐。

原生於熱帶美洲，引進至舊世界。歸化於台灣中南部野地。

花淺黃色，柱頭 10 裂。（許
天銓攝）

分果片 5 枚，無芒尖。（許天
銓攝）

苞片葉狀，心形。（許天銓攝）

分布於台灣南部之開闊地
（許天銓攝）

錦葵屬 MALVA

草本。葉掌狀裂。花簇生於葉腋；副萼片 3 枚；花萼杯狀，萼片 5 枚；雄蕊筒較花瓣短；子房具 9 ～ 15 枚心皮，花柱與心皮同數。離果，無芒。

華錦葵

屬名	錦葵屬
學名	*Malva cathayensis* M.C. Gilbert, Y. Tang & Dorr.

植株直立。葉近腎形，長 2 ～ 6 公分，寬 3 ～ 8 公分，淺五裂，光滑或疏被細柔毛，葉柄長約 4 公分。花淡紫紅色或白色，副萼片長橢圓形，先端圓，花梗長 1 ～ 2 公分。

　原產中國；引進台灣後逸出於野外。

受粉的花冠較開展

初果

花淡紫紅色或白色

葉近腎形，長 2 ～ 6 公分，寬 3 ～ 8 公分，淺五裂。

圓葉錦葵

屬名	錦葵屬
學名	*Malva neglecta* Wallr.

花瓣 5 枚，倒心形。

植株平舖地上，高 25 ～ 50 公分。葉圓腎形，長 1 ～ 2 公分，寬 1 ～ 3 公分，三至七淺裂，兩面被短柔毛；葉柄長 3 ～ 13 公分，被星狀長柔毛；托葉小，卵狀漸尖。花通常 3 ～ 4 朵簇生於葉腋，偶單生於莖基部；副萼片線狀披針形，先端銳尖；花白色至淺粉紅色，徑 1 ～ 1.2 公分，花瓣 5 枚，倒心形；雄蕊筒被短柔毛，花柱十三至十五岔；花梗長 2 ～ 5 公分。果實扁圓形，徑 5 ～ 6 公釐，分果片 13 ～ 15 枚。

　分布於亞洲及歐洲；在台灣為引進種，逸出於野外。

果扁圓形

葉圓腎形，長 1 ～ 2 公分，寬 1 ～ 3 公分，略三至七淺裂。

小花錦葵

屬名	錦葵屬
學名	*Malva parviflora* L.

一年生草本；莖直立，密被星狀毛，下部常木質化。單葉，互生，圓形，先端五裂，裂片短三角形，葉基心形，圓鋸齒緣，五至七出脈，兩面疏被毛，具長柄。花簇生於葉腋；花瓣 5 枚，白色至淡粉紅色，先端凹，幾乎與萼片等長。

　　原產澳洲南部；在台灣歸化於中部中海拔山區。

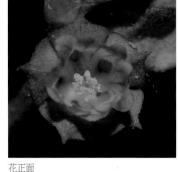
花正面

花瓣 5 枚

果序

單葉，互生，具長柄，圓形，葉基心形。

賽葵屬 MALVASTRUM

草本或亞灌木。花黃色，腋生，單生或簇生，或成穗狀花序；副萼片 3 枚；花萼五裂；子房 5 室，花柱與心皮同數。離果，扁球形。

賽葵

屬名	賽葵屬
學名	*Malvastrum coromandelianum* (L.) Garcke

直立草本，高約 1 公尺。葉卵形至卵狀橢圓形，長 2～5 公分，寬 1～1.5 公分，先端銳尖至鈍，基部鈍或圓，兩面被伏毛，上表面的葉脈下凹且明顯。花單生葉腋或叢聚枝端似頭狀，花瓣黃色或淡黃色，倒卵形，長 6～8 公釐，寬約 4 公釐，先端鈍或圓。

　　原產熱帶美洲；在台灣分布於全島低海拔山區。

花瓣黃色或淡黃色，先端鈍或圓。

葉上表面的脈下凹且明顯

野路葵屬 MELOCHIA

灌木狀草本，直立，纖細。單葉，鈍齒狀鋸齒緣，嫩枝上的托葉明顯。花序成聚繖狀、頭狀或簇生，偶成繖房狀或圓錐狀，腋生及頂生；花兩性，5 數；花萼齒狀至深裂，多毛；花瓣 5 枚；花柱 五岔。蒴果，五裂。

野路葵(馬松子)

屬名	野路葵屬
學名	*Melochia corchorifolia* L.

葉膜質，變化大，三角形、寬卵形至披針形，長達 9 公分，寬達 4.5 公分，較大的葉常三裂，基部寬楔形至圓形，先端銳尖，五出脈，脈上有毛，托葉長 5 公釐。花密集，花序似頭狀，花瓣淡紫色或白色。果實球狀，被腺毛。

　　產於熱帶亞洲；在台灣常見於低海拔之向陽荒地。

果球狀，被腺毛。

花瓣淡紫色或白色

葉形變化大，三角形、寬卵形至披針形。

穗花賽葵

屬名	野路葵屬
學名	*Melochia spicata* (L.) Fryxell.

直立草本。葉卵形，兩面被絨毛。花頂生，成密集之穗狀花序。

　　原產於熱帶美洲；在台灣目前較確知之分布地為小琉球。

花序

僅一份日治時期，採自小琉球的標本，數十年來無再發現及記錄

刺果錦葵屬 MODIOLA

多 年生草本，通常光滑。莖平伏，無黏毛，有時具單毛。葉具托葉，宿存；葉片總是掌狀，具 5 ～ 7 脈，窄三角形；花冠寬鐘狀，橘色，中心常具暗紅；子房 16 ～ 22 心皮；每心皮 1 胚珠；花柱 16 ～ 22 分枝；柱頭頭狀。果實分離果，直立。

刺果錦葵 (卡羅萊納錦葵)

屬名	刺果錦葵屬
學名	*Modiola caroliniana* (L.) G. Don

多年生草本植物，開花時枝條頂端通常斜上、具分枝，通常 0.2 ～ 0.5 公尺，通常在節點生根。托葉長 3 ～ 4 公釐；葉柄長是葉片的 1 ～ 2 倍長；葉片長 1.5 ～ 4 公分，寬 1.5 ～ 4 公分。花冠盤狀，輻射對稱，花瓣 5 枚，橘紅、紅色，喉部暗紅；花梗通常短於葉柄，披毛；總苞片披針形，4 ～ 5 公釐長。花萼 5 ～ 7 公釐，披單毛；花絲筒為黃色；花藥聚集在尖端；柱頭數與花室數相同。分果乾燥後成黑色，頂端具刺。種子 1.5 公釐。

分布於南美洲、中南美洲、太平洋群島（夏威夷）及澳大利亞，歸化台灣中高海拔野地。

花瓣磚紅色

熟果

果實

植株

翅子樹屬 PTEROSPERMUM

喬 木或灌木，小枝、芽及托葉密被毛茸。單葉，在幼樹常呈盾狀，歪基，全緣，基出脈掌狀，三級脈梯狀，葉背密被柔毛。花單生於葉腋或少數簇生或成聚繖花序，有時頂生短總狀；花大而美，白色或黃色轉棕色。雄蕊連生成筒，花絲 20 條，15 條具線形藥，5 條不具藥。蒴果，木質，5 瓣裂。

翅子樹

屬名	翅子樹屬
學名	*Pterospermum niveum* Vidal

落葉性，幼枝密被棕或灰色星狀毛。葉卵狀披針形，幼株之葉常為盾形，長達 20 公分，寬達 6.5 公分，先端漸尖，基部歪心形，下表面密被銀色及棕色星狀毛，葉柄長約 5 公分。花單生於葉腋，花萼淡黃褐色，花瓣歪卵形。果實橢圓狀，長達 9 公分。

產於熱帶亞洲；在台灣分布於離島蘭嶼、綠島之海岸林中。

葉基歪心形，葉背密被銀及棕色星狀毛。

花萼淡黃褐色

果橢圓，長達 9 公分。

花單生於葉腋

梭羅樹屬 REEVESIA

落葉喬木。單葉，全緣，托葉早落。花序聚繖狀，組成頂生繖房狀；花萼鐘狀或漏斗狀，不規則四至六裂；花瓣5枚，爪狀，中部兩側有耳狀物；雄蕊15，假雄蕊5，子房5室。蒴果，木質，五裂。

台灣梭羅樹 特有種

屬名	梭羅樹屬
學名	*Reevesia formosana* Sprague

落葉喬木，枝密被星狀毛。葉倒卵狀長橢圓形，長達10公分，寬達4公分，先端銳尖至漸尖，基部楔形至圓；葉柄兩端略膨大，長達3.2公分。圓錐狀聚繖花序，頂生，密被星狀毛；花瓣淡黃白色，長約1公分；雄蕊的花絲合生成筒狀，並與雌蕊柄貼生而形成雌雄蕊柄，雄蕊管頂端擴大並包圍雌蕊。果實棕色，果梗長達2公分。

特有種，產於台灣中南部及東南部低之海拔地區。

11月時樹上長滿了果實

雄蕊的花絲合生成管狀，並與雌蕊柄貼生而形成雌雄蕊柄，雄蕊管頂端擴大並包圍雌蕊。

4月中旬花盛開

蒴果，倒卵形，木質，長2～3公分，五裂。

金午時花屬 SIDA

亞灌木，疏被星狀毛。葉裂或不裂，齒緣。花腋生，萼片5枚，花瓣黃色，心皮5或更多。果實之成熟心皮頂上具突尖或2芒刺。

細葉金午時花 (銳葉金午時花)

屬名	金午時花屬
學名	*Sida acuta* Burm. f.

直立亞灌木，枝條平展，略被毛或光滑，高可達1公尺。葉披針形，長3～5公分，寬0.5～1.5公分，先端漸尖或銳尖，粗鋸齒緣，兩面近光滑，背被極稀疏星毛，葉柄長4～5公釐，托線形。花萼光滑無毛；花瓣5枚，不對稱之倒心形；雄蕊30～40，雌蕊大多6，心皮6～7枚。分果片頂端具2芒刺。

產於熱帶地區；在台灣分布於全島低海拔之荒廢地、路旁或田野。

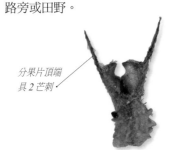

分果片頂端具2芒刺

花瓣5枚，不對稱倒心形。

葉披針形，長3～5公分。

榿葉金午時花

屬名	金午時花屬
學名	*Sida alnifolia* L.

葉倒卵形、略近圓形至菱形，長 2 ～ 5 公分，寬 1 ～ 2 公分，鈍鋸齒緣，葉表綠色至暗綠色。花單生，金黃色，花萼外密生白色星狀毛及緣毛，花柱黃色，6 ～ 8 枚成束，先端離生。分果片 6 ～ 8 枚，具 2 芒刺。

　　產於印度、越南及中國；在台灣廣泛分布於全島海拔 1,400 公尺以下向陽處之荒野。

分果片 6 ～ 8 枚，具 2 芒刺。

葉倒卵形、略圓形至菱形，長 2 ～ 5 公分，寬 1 ～ 2 公分，鈍鋸齒緣。

中華金午時花（中華黃花稔）

屬名	金午時花屬
學名	*Sida chinensis* Retz.

葉形變異甚大，菱形至橢圓形，長 2 ～ 10 公分，寬 1 ～ 4.5 公分。花瓣略歪心形至倒卵狀。果實近球形，分果片 6 ～ 9 枚，頂端無芒刺。與菱葉金午時花（見第 260 頁）相似，但本種的花為金黃色，花瓣近心形，近鑷合狀排列，而菱葉金午時花的花為金黃色或淡黃色，花瓣明顯歪心形，明顯捲旋狀，而且本種的分果片頂端不具芒刺，以茲區別。

　　產於中國；在台灣廣泛分布於全島海拔 1,600 公尺以下向陽處之荒野。

分果片頂端不具芒刺

花瓣金黃色，近鑷合狀，近心形。

葉菱形至橢圓形

果近球形

澎湖金午時花

屬名	金午時花屬
學名	*Sida cordata* (Burm. f.) Borss. Waalk.

亞灌木，平臥或斜上，被星狀毛。葉心形或卵狀心形，長 2 ～ 5 公分，寬 1 ～ 5.5 公分，兩面被細小毛，葉柄長 1 ～ 6 公分。花萼疏被柔毛，花瓣先端倒淺心形，花梗細長，長 3 ～ 4 公分。成熟心皮 5 枚，上端無芒刺。

　　廣泛分布於全世界之熱帶及亞熱帶地區；在台灣分布於全島及澎湖之近海岸地帶。

花金黃色，花萼被毛狀物。

分果片

花梗細長，花瓣先端淺心形。

植株

圓葉金午時花

屬名	金午時花屬
學名	*Sida cordifolia* L.

直立亞灌木，高 30 ～ 160 公分，小枝被星狀毛及長直毛。葉心形或卵形，長 1.5 ～ 4 公分，基部心形，兩面被星狀毛。花常呈淡黃色，花萼被星狀毛，心皮常 8 枚。分果片具 2 芒刺，芒刺長約 4 公釐，其上被倒生粗毛，側面具網格狀紋路。本種的分果片及芒刺為台灣產金午時花屬植物之最大者。

　　產於全世界之熱帶地區；在台灣分布於全島低海拔荒廢地及海濱。

花常呈淡黃色

分果片側面具網格狀紋路

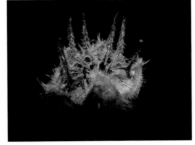

芒刺長約 4 公釐，其上被倒生粗毛。

枝被星狀毛及長直毛，葉心形。

恆春金午時花

屬名　金午時花屬
學名　*Sida insularis* Hatusima

小灌木，莖平臥，於節處偶有刺狀突起。葉厚紙質，菱形、卵圓形或披針形，長 1 ～ 4 公分，寬 1 ～ 2 公分。花較大，徑可達 2 公分，雄蕊 40 ～ 50，雌蕊 6 ～ 8，柱頭淡黃色。分果片頂端具 2 芒刺，刺突出果實外，果實成熟後會完全展開。

　　產於琉球及菲律賓；在台灣分布於全島、蘭嶼及綠島。

分果片頂端具 2 芒刺。

雌蕊 6 ～ 8，柱頭淡黃色，雄蕊 40 ～ 50。

小灌木，莖平臥性。

葉菱形、卵圓形或披針形。

爪哇金午時花

屬名　金午時花屬
學名　*Sida javensis* Cavar.

匍匐性植物。葉心形或圓形，長 1 ～ 3 公分，寬 1 ～ 2 公分，先端銳尖或圓鈍，基部心形，掌狀網脈，基出 7 脈，密生白色長毛。花徑 1.1 ～ 1.2 公分；雄蕊 10，基部合生成雄蕊筒；雌蕊 5，柱頭新鮮時白色；離萼基約 5 公釐之花梗處具有環節。分果片頂端具 2 芒刺。本種是台灣產金午時花屬植物中唯一匍匐性者。

　　產於印尼、馬來西亞、菲律賓、非洲及中國；在台灣目前僅知分布於墾丁一帶。

雌蕊 5，柱頭新鮮時呈白色。

匍匐性植物，葉基心形。

薄葉金午時花

屬名	金午時花屬
學名	*Sida mysorensis* Wight & Arn.

直立亞灌木，全株被腺毛，會分泌黏液，有異味；莖枝密被白色岔狀毛、腺毛及長直毛。葉心形或淺心形，長 3 ～ 7 公分，寬 2 ～ 5 公分，基部心形，兩面被白色岔狀毛、腺毛及長直毛。花萼密被毛，花徑約 1 公分，心皮 5 枚，花梗長 5 ～ 12 公釐。分果片頂端無芒刺，但具 2 矛狀突起。

　　產於亞洲之亞熱帶及熱帶地區；在台灣分布於全島低海拔之田野及路旁。

花徑約 1 公分
（林家榮攝）

莖枝密生白色岔狀毛、腺毛及長直毛。葉心形。（林家榮攝）

分果片頂端無芒刺

菱葉金午時花

屬名	金午時花屬
學名	*Sida rhombifolia* L. var. *rhombifolia*

直立亞灌木，被星狀毛。葉菱形至長橢圓形，先端銳尖或圓鈍，基部楔形或闊楔形，長 1 ～ 5 公分，寬 0.5 ～ 2 公分，兩面被星狀毛。花萼被星狀毛；花黃色，中間偶有一圈紅紋，花瓣 5 枚，捲旋狀；柱頭偶為紅色。果實近球形，成熟心皮 8 ～ 10 枚，頂端具 2 突尖或 2 芒刺；果梗長，具節。

　　產於熱帶地區；在台灣分布於全島低海拔之田野、路邊及荒地。

分果片 8 ～ 10 枚，上端
具 2 突尖或 2 芒刺。

廣布於台灣全島低海拔之田野、路邊及荒地。

花黃色，中間偶有一圈紅紋，花瓣 5 枚，
捲旋狀，雌蕊柱頭偶為紅色。

葉菱形至長橢圓形

果近球形

單芒金午時花

屬名　金午時花屬
學名　*Sida rhombifolia* L. var. *maderensis* (Lowe) Lowe

小灌木。葉菱形至橢圓形，長 2 ～ 9.5 公分，寬 1 ～ 4.8 公分，葉基楔形或闊楔形。花黃色或淡黃色，花冠常捲旋狀，心皮 8 ～ 12 枚。每一分果片僅具 1 芒刺，刺長約 1.7 公釐。

　　廣泛分布於全球熱帶及亞熱帶地區；在台灣見於低海拔荒地。

每一分果片僅
具 1 芒刺

葉菱形至橢圓形

花黃色或淡黃色，花冠常捲旋狀。

刺金午時花

屬名　金午時花屬
學名　*Sida spinosa* L.

多年生小灌木，莖直立，高可達 1 公尺，於葉柄及莖節處有刺狀突起，小枝密被星狀短綿毛。單葉，互生，披針形，長 1.5 ～ 3 公分，寬 0.5 ～ 1 公分，鋸齒緣，基出三或五脈，上表面疏被星狀毛。花單生或簇生於葉腋，且簇生於莖頂；花徑 5 ～ 8 公分，花瓣 5 枚，淡黃色，具紅色脈狀條紋；雄蕊 10，柱頭粉紅色或紅色。分果片頂端具 2 芒刺，芒刺被刺狀毛。

　　原產於全球熱帶及亞熱帶；在台灣歸化於中南部中低海拔地區。

分果片頂端
具 2 芒刺

單葉，互生，披針形。

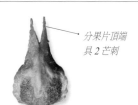

花瓣 5 枚，具紅色脈狀條紋；柱頭粉紅色或紅色。

多年生小灌木，莖直立，高可達 1 公尺。

芒刺被刺狀毛

葉柄與莖節處有刺狀突起

蘋婆屬 STERCULIA

常綠喬木，枝條層狀排列。單葉，常密集於枝端，草質或革質，全緣，主脈三出或掌狀，葉柄先端膝屈狀。雌雄同株或為雜性花，總狀或圓錐花序，腋生、莖生或近頂生，花萼多為五裂，花瓣缺，雄蕊花絲合生；藥無柄，相合成頭狀；心皮 4 ～ 6，與萼片對生；柱頭離生，放射狀。蓇葖果，1 ～ 5 集生，輻射狀分離。

蘭嶼蘋婆

屬名	蘋婆屬
學名	*Sterculia ceramica* R. Brown

常綠中喬木。葉卵形，長 10 ～ 15 公分，寬 7 ～ 10 公分，基部心形，表面光滑無毛，葉柄長達 5.5 公分。圓錐花序，簇生於小枝上部，花雜性；花萼黃綠色，多為五裂，偶四裂，外面密被星狀毛，內面被毛茸；雄花花藥 30 ～ 40，雌蕊心皮 5。蓇葖果 1 ～ 3，具長柄，無毛，成熟時橙紅色。

　　產於菲律賓；在台灣分布於離島蘭嶼及綠島。

果成熟時橙紅色

本種為雜性花，此為其兩性花，花瓣缺。

7 月在蘭嶼的植株，果實成熟開裂。

蘭嶼蘋婆的大樹

雄花較兩性花小些

繳楊屬 THESPESIA

灌木或喬木。葉全緣，光滑無毛。花單生於葉腋；副萼片 3 枚；花萼木質化，杯狀；花冠黃色，中央暗紫色，單體雄蕊。蒴果，果皮木質化。

繳楊（截萼）（黃槿）

屬名	繳楊屬
學名	*Thespesia populnea* (L.) Solad. *ex* Correa

常綠喬木。葉心形，長 7 ～ 18 公分，寬 4.5 ～ 11 公分，先端長漸尖，全緣，葉背被褐色小盾狀鱗片。花單生於葉腋；花萼淺盃狀，緣邊近截形，或不規則之齒牙狀；花冠鐘形，黃色，紫心，花瓣長約 5 公分；雄蕊筒長約 2.5 公分。果實扁球形，徑約 3 公分。

　　產於熱帶地區；在台灣分布於恆春半島之海岸林內。

果扁球形，徑約 3 公分。

葉基心形，表面光亮。（許天銓攝）

花單生於葉腋，花冠鐘形，黃色，紫心。

垂桉草屬 TRIUMFETTA

小 灌木或草本，通常密被星狀毛或單毛。單葉，互生，不裂或三至五裂，不規則鋸齒緣，三或五出掌狀脈，托葉 2 枚。聚繖狀花序排列成總狀或圓錐狀，腋生或頂生；花部一般為 5 數，稀 4 或 6 數；雄蕊通常 10，子房 2～5 室；花柱單一，絲狀。蒴果，有多數棘刺或硬毛，多無柄。

垂桉草 (菱葉／藕頭婆)

屬名	垂桉草屬
學名	*Triumfetta bartramia* L.

亞灌木，幼枝被灰褐色星狀毛及單毛。莖上部之葉橢圓形，不裂；下部葉闊卵形，長 3～9 公分，寬 2～8 公分，三裂，下表面密被星狀毛。萼片狹長橢圓形，先端銳尖；花瓣黃色，狹倒卵形；雄蕊 8～15。果實之刺無毛，先端彎曲。

產於熱帶亞洲及非洲；在台灣分布於全島平野至低山丘陵荒地。

葉形變化大，莖上部及下部的葉形不同。

萼片狹長橢圓形，先端銳尖；花瓣黃色，狹倒卵形。

果刺無毛，先端彎曲。

長葉垂桉草

屬名	垂桉草屬
學名	*Triumfetta pilosa* Roth.

亞灌木，幼枝被淡黃色星狀毛。葉橢圓形至卵形，先端尾狀，莖下部之葉有時三淺裂，上表面綠色，下表面灰綠色，兩面被毛。雄蕊 10，花絲平滑。果實之刺被平展的糙毛。

產於熱帶地區；在台灣分布於中、北部低海拔之開闊地。

葉橢圓形至卵形，先端尾狀。（郭明裕攝）

果刺具平展的糙毛（郭明裕攝）

菲島垂桉草

屬名	垂桉草屬
學名	*Triumfetta semitriloba* Jacq.

直立灌木或亞灌木，幼枝密被單毛及星狀毛。莖下部之葉廣卵形，三淺裂，上部之葉通常長橢圓形。雄蕊 15 枚以上。乾果圓形，果刺近基部被疏生反捲毛，先端微鉤狀。

產於菲律賓；在台灣分布於南部低至中海拔之開闊地。

花黃色，花瓣 5。

莖下部之葉廣卵形，略三淺裂；上部之葉通常長橢圓形。

果刺基部被疏生反捲毛，先端微鉤狀。

臭垂桉草

屬名	垂桉草屬
學名	*Triumfetta tomentosa* Baker

直立，具強裂氣味的半灌木狀草本，分枝及葉下表面均被星狀絨毛。葉卵形或狹卵形，長 1～8 公分，寬 0.5～4 公分，先端尖，基部圓或略呈心形，不整齊鈍鋸齒緣，兩面被毛。雄蕊 8～10。果實之刺先端直，被平展的糙毛。

產於熱帶亞洲；在台灣分布於低海拔之開闊地。

葉卵形或狹卵形，先端尖，基部圓或略呈心形。

果刺先端直，有平展的糙毛。

野棉花屬 URENA

直立亞灌木，被星狀毛。葉卵形至圓形，掌狀裂。花腋生，粉紅色，副萼片 5 枚，花萼五裂，；單體雄蕊心皮 5 枚，成熟時頂端具鉤狀小刺。

野棉花（虱母草）

屬名	野棉花屬
學名	*Urena lobata* L.

小灌木，高達 1 公尺，小枝密被星狀絨毛。葉形變化大，位於枝條下部者近圓形，位於中部者卵形，位於上部者橢圓形或披針形，下部之葉先端三裂，葉柄長 2 ～ 4 公分，托葉線形或披針形。花單生，有時 2 ～ 3 朵叢生，腋生，粉紅色至白色；萼片長於 5 公釐，副萼片長於萼片；柱頭十岔。蒴果心皮（分果）5 枚，圓形至腎形，被星狀毛及鉤毛，成熟時宿存萼片上端緊貼果實。

　　產於熱帶地區；在台灣分布於全島低海拔之路邊及荒廢地。

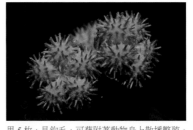
果 5 枚，具鉤毛，可藉附著動物身上散播繁殖。

柱頭十岔

副萼片長或等於萼片

莖下部之葉先端三裂

梵天花

屬名	野棉花屬
學名	*Urena procumbens* L.

小灌木，高約 1 公尺。葉生於枝條下部者卵圓形，上部者菱狀卵形或卵形，長 2 ～ 7 公分，寬 1 ～ 4 公分，不裂或三至五淺裂，裂片略呈菱形，鋸齒緣，被毛，葉柄長 1 ～ 2 公分，托葉鑿形。花粉紅色至白色，徑 1 ～ 1.5 公分，萼片短於 5 公釐。分果具鉤刺及長硬毛，果實成熟時宿存萼片平展或反捲。

　　產於熱帶地區；在台灣分布於全島低海拔之路邊及荒廢地。

葉背被毛

果成熟時宿存萼片平展或反捲

果具鉤刺及長硬毛

葉常三至五淺裂

花粉紅色至白色，徑 1 ～ 1.5 公分。

草梧桐屬 WALTHERIA

直立小灌木，被星狀毛。單葉，鋸齒緣。花密集近似頭狀花序，腋生或頂生；萼片合生呈倒錐形；花瓣匙形，半宿存；雄蕊 5，柱頭畫筆狀。蒴果，2 瓣裂。

草梧桐

| 屬名 | 草梧桐屬 |
| 學名 | *Waltheria americana* L. |

花瓣淡黃色，雄蕊 5

小灌木，植株基部常木質化；小枝上部密生星狀毛，老枝常無毛。葉寬卵狀橢圓形，長 2 ～ 4.5 公分，寬 1.2 ～ 3 公分，葉柄長達 3 公分；托葉絲狀，早落，鋸齒緣，兩面密被毛。花萼密被柔毛，花瓣淡黃色，雄蕊 5，花絲合生成筒。果實倒卵狀，長約 2.5 公釐，先端有長毛。

廣布於熱帶地區之荒地；在台灣分布於平野向陽處，常見。

葉鋸齒緣，兩面密生毛。

花腋生或頂生，密集近似頭狀。

西印度櫻桃科 MUNTINGIACEAE

喬木或灌木，具星狀毛或束毛。單葉，二列互生，鋸齒緣，葉基不對稱，無托葉。花叢生，腋生，4 或 5 數，基部合生；花萼相接而不相疊；花瓣短爪狀，未開時皺摺於花蕾中；花柱粗厚，柱頭圓錐形或頭狀；雄蕊多數。果實為漿果。

西印度櫻桃屬 MUNTINGIA

喬木，枝平展，密被星狀毛。葉二列排列，長橢圓狀卵形，密生絨毛狀腺毛，漸尖頭，歪基，銳齒緣，掌狀 3 ～ 5 出脈，有托葉。花雜性，單生或成對腋生，5 數，白色，雄蕊 10 ～ 100。漿果球狀，多肉，成熟時紅色。

單種屬，原產熱帶美洲。

西印度櫻桃

| 屬名 | 西印度櫻桃屬 |
| 學名 | *Muntingiace calabura* L. |

花瓣 5 枚，白色。

常綠小喬木，高可達 6 ～ 12 公尺。葉互生，二列排列，長橢圓狀卵形，長 4.5 ～ 9 公分，歪基，兩面密被絨毛狀腺毛，側脈 3 ～ 5 對。花單生或成對腋生，雜性；花瓣 5 枚，白色。果實成熟時紅色。

產於熱帶美洲；在台灣歸化於南部低海拔之向陽處，果可食。

漿果，多肉，球狀，成熟時紅色。　葉歪基，兩面密生絨毛狀腺毛。

瑞香科 THYMELAEACEAE

灌木或喬木，樹皮堅韌。單葉，互生或對生，全緣，無托葉。花兩性或單性，常成頭狀、繖形、穗狀或總狀花序，腋生或頂生；花輻射對稱或兩側對稱，花被片 4 ～ 5 枚；雄蕊 8 或 10，著生於花被筒口部或內部；花柱短或長，柱頭頭狀，子房上位。果實為核果或堅果。

特徵

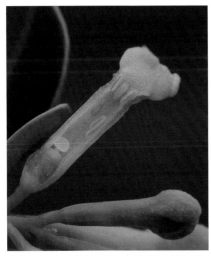

花常位於枝端成頭狀花序（白花瑞香）　　雄蕊 8 或 10，著生於花被筒口部或內部；子房上位，　花輻射對稱或兩側對稱，花被片 4 ～ 5 枚。（白花瑞香）
　　　　　　　　　　　　　　　　　　　　柱頭頭狀。（南嶺蕘花）

瑞香屬 DAPHNE

灌木或喬木。葉螺旋狀排列，具短柄。花簇生或成總狀花序，常由苞片包被；花被片 4；雄蕊 8，二輪；子房 1 室。果實為核果。

台灣瑞香（阿里山瑞香）　**特有種**

屬名	瑞香屬
學名	*Daphne arisanensis* Hayata

常綠小灌木。葉互生至近對生，橢圓狀披針形，長 5 ～ 7 公分，寬 1.5 ～ 2 公分，側脈 4 ～ 7 對，葉柄長 0.5 ～ 1 公分。頭狀花序，頂生；花 6 ～ 7 朵，白或黃色；花被筒長約 4 公釐，先端裂片長約 2 公釐。果實卵形，長約 7 公釐，具突尖。

特有種；分布於台灣中、高海拔之原生林中。

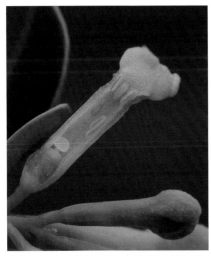

葉脈不明顯

花被片 4（許天銓攝）

花冠筒長
（許天銓攝）

果卵形，長約 7 公釐，具突尖。

葉互生至近對生，橢圓狀披針形。

矮瑞香

屬名 瑞香屬
學名 *Daphne formosana* (Hayata) S.W. Chung

小枝光滑無毛。葉互生，長橢圓形至狹長橢圓形，長 2 ～ 3
公分，寬 0.5 ～ 1 公分，先端圓，略凹頭，邊緣反捲，無柄。
花 3 ～ 5 朵，成頂生之頭狀花序；花被裂片 4，近三角形，基
部明顯具突出耳狀物；花盤不裂。

　　特有種，分布於北大武山、能高越嶺東段、奇萊及南湖
大山等山區。

　　于仁勇（2014）提及早田文藏發
表的矮瑞香，其特徵並未有矮瑞香屬
之特徵，應還隸屬於瑞香屬，並認為
其為台灣瑞香之異變範圍內。作者認
同其為瑞香屬，但其葉形及大小仍有
差異，仍可區別之。

花被筒較短

果橢圓形，成熟時紅色。

葉長橢圓形至狹長橢圓形，長 2 ～ 3 公分，寬 0.5 ～ 1 公分，先端圓，略凹頭，葉緣反捲。

雌花

兩性花；花被裂片近三角形，基部明顯突出呈耳狀。

分布於高山地帶

芫花

屬名　瑞香屬
學名　*Daphne genkwa* Sieb. & Zucc.

落葉小灌木，幼枝密被絲狀毛。葉近對生，稀互生，長橢圓形，長 2 ～ 5 公分，側脈 3 ～ 4 對，葉背脈上被毛，葉柄長 2 ～ 3 公釐。花紫紅色或淡紫紅色，3 ～ 6 朵簇生於近枝頭之葉腋；花被筒外被絹毛，先端四裂；雄蕊 8，子房密被毛。果實肉質，白色。

　　產於中國；台灣分布於東部及北部之低海拔山麓，金門及馬祖也有。。

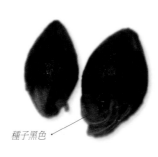

種子黑色

葉背脈上被毛，
側脈 3 ～ 4 對。

葉近對生，稀互生，長橢圓形。

花紫紅者，攝於馬祖。

花期甚長，1 ～ 4 月皆有開花。

花淡紫白色者

果表皮具有毛狀物

白花瑞香

屬名　瑞香屬

學名　*Daphne kiusiana* Miq. var. *atrocaulis* (Rehder) Maekawa

常綠灌木，幼枝及花序被毛。葉長橢圓形，長 5 ～ 8 公分，寬 1.5 ～ 3 公分，上表面深綠色，下表面灰綠色，葉柄長達 5 公釐。花白色，排列成近頭狀花序，頂生；子房光滑無毛。

　　產於中國華南和華中；分布於台灣北部及中部之中海拔山區。

子房光滑無毛，花柱短，柱頭擴張成頭狀。

4 枚長雄蕊外露，另 4 枚內藏。

約 3 月開始開花，6 月中果成熟時紅色。

葉背脈不明顯，葉披針形至橢圓形。

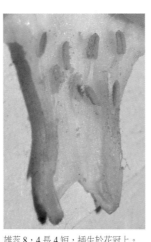
雄蕊 8，4 長 4 短，插生於花冠上。

花及葉叢生枝端

玉山瑞香 特有種

屬名　瑞香屬

學名　*Daphne morrisonensis* C.E. Chang

常綠小灌木，幼枝光滑無毛。葉叢生於枝端，革質，線形或長倒披針形，長 4 ～ 7 公分，寬 3 ～ 4 公釐，先端尾狀漸尖，側脈不明顯，兩面光滑無毛，近無葉柄。花近白色，成頂生或腋生之頭狀花序。

　　特有種，分布於能高山、郡大林道、合歡山、玉山及南湖大山海拔 3,500 公尺以上之山區。

花白色

葉甚窄，寬度不及 5 公釐。

蕘花屬 WIKSTROEMIA

喬木或灌木。葉多為對生。頂生總狀或穗狀花序，無苞片；花被裂片4；雄蕊8，二輪；子房基部具1～4枚鱗片。

南嶺蕘花

屬名 蕘花屬
學名 *Wikstroemia indica* (L.) C. A. Mey.

小灌木；小枝暗褐色，被柔毛，漸變無毛。葉倒卵形、橢圓形或倒披針形，先端鈍圓，側脈5～10對。頂生短總狀花序近於繖形狀排列；花被筒光滑無毛或疏被短毛，黃綠色，先端四裂；雄蕊8。

產於中國、印度、緬甸及澳洲；在台灣分布於全島低海拔地區。

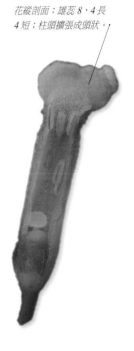
花縱剖面：雄蕊8，4長4短；柱頭擴張成頭狀。

葉多叢生枝端，先端鈍圓。

花黃綠色，花被筒先端四裂。

披針葉蕘花

屬名 蕘花屬
學名 *Wikstroemia lanceolata* Merr.

灌木，幼枝被短毛，後近光滑。葉披針形，長4～6公分，寬0.8～1.2公分，側脈8～10對，具邊緣脈且其與葉緣平行。繖形或短穗狀花序。

產於菲律賓；在台灣分布於南部之中海拔山區。

花黃綠色；花被4枚。

葉披針形，具明顯之邊緣脈。

花梗被毛

開花之植株

花之正面

果實橢圓形，成熟時紅色。（許天銓攝）

紅蕘花 (烏來蕘花) 特有種

屬名　蕘花屬

學名　*Wikstroemia mononectaria* Hayata

小灌木，枝深紫色。葉互生，卵形至闊披針形，長 2.5 ～ 5 公分，寬 1 ～ 2 公分，先端銳尖至漸尖，基部鈍，側脈 6 ～ 8 對。總狀花序，花紅紫色或白色，子房基部縮窄成柄。果實卵形。

　　特有種；分布於台灣中、北部及西部低海拔地區。

子房基部縮窄成柄

花被筒甚長

葉卵形至闊披針形

倒卵葉蕘花

屬名	蕘花屬
學名	*Wikstroemia retusa* A. Gray

灌木，小枝紅褐色，密被倒伏毛。葉倒卵形，長2.5～3公分，寬1.5～2公分，凹頭，側脈8～10對。花序穗狀，密被毛茸；花黃綠色。果實球形，成熟時紅色。

　　產於琉球及菲律賓；在台灣分布於恆春半島、蘭嶼及綠島。

葉倒卵形

花叢生枝端

分布於恆春半島、蘭嶼與綠島。

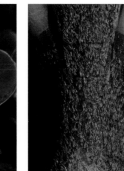
初果

枝條密生倒伏毛，此特徵可與南嶺蕘花相比較。

台灣蕘花 特有種

屬名	蕘花屬
學名	*Wikstroemia taiwanensis* C.E. Chang

小枝紅褐色，被毛。葉橢圓形，長3～4公分，寬1.2～1.8公分，葉背側脈不明顯。花黃綠色，成穗狀花序，光滑無毛，花盤裂成二裂片。果實橢圓形。

　　特有種；分布於台灣南部山區。

葉橢圓形，葉背脈不明顯。

花頂生於枝端，淡黃色。

花被筒先端四裂

果橢圓形

疊珠樹科 AKANIACEAE

落葉喬木。一回奇數羽狀複葉，互生，無托葉，小葉對生。總狀花序，頂生；花兩性，周位；花萼筒鐘狀；花瓣5枚，生於萼筒上；雄蕊8；雌蕊3室，花柱單一。蒴果，常自近果柄基部處裂開。種子橙紅色。

鐘萼木屬 BRETSCHNEIDERA

特 徵如科。

鐘萼木

屬名	鐘萼木屬
學名	*Bretschneidera sinensis* Hemsl.

落葉喬木，高10～20公尺。羽狀複葉，通常長25～45公分；小葉橢圓形至卵狀橢圓形，長7～14公分，寬3～5公分，歪基，側脈8～15對，葉背被白色毛。花序被褐色毛；花瓣粉紅色，內面有紅色縱條紋，闊匙形或倒卵狀楔形，先端圓。果實橢圓形、近球形或闊卵形，長3～3.5公分，徑2～2.5公分，被極短的棕褐色毛，常混生稀疏白色小柔毛，有或無明顯的黃褐色小瘤體，果瓣厚1.2～5公釐；果柄長2.5～3.5公分，有或無毛。外種皮金黃色或橘黃色，種子橢圓球形，橙紅色，光滑無毛，成熟時長約1.8公分，徑約1.3公分。

產於中國四川、雲南、貴州、湖南、湖北、江西、浙江、廣東、廣西、福建及北越；在台灣分布於北部低海拔透光良好的次生林中，如小油坑、金瓜石、侯硐、蘇澳及基隆情人湖等地。

一回奇數羽狀複葉

花序總狀，花內面有紅色縱條紋。

落葉喬木，於春季萌發新葉及開花。

外種皮金黃色或橘黃色

種子橙紅色

結實纍纍的植株

十字花科 CRUCIFERAE (BRASSICACEAE)

草本。葉互生,無托葉。萼片4枚;花瓣4枚,與萼片互生,先端向外平展而呈十字形,具柄;四強雄蕊(4長2短);子房具2側膜胎座。果實為角果。

　　�' 娘蒿(*Sisymbrium irio* L.)及凹果薺薴(*Thlaspi arvense* L.)都是歸化植物,但目前在台灣並不普遍,如拘娘蒿已數十年沒有人發現。

特徵

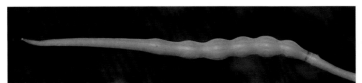

果實為角果(濱萊菔)

萼片4枚;花瓣4枚,形似十字,故名十字花科。(濱萊菔)

雄蕊大多數為6枚(葶藶)

草本。葉互生,無托葉。(齒葉筷子芥)

阿拉伯芥屬 ARABIDOPSIS

　　年、二年或多年生草本,無毛或有混雜的單毛與分枝毛。萼片斜向上展開,近相等;花瓣白色,淡紫色或淡黃色;雄蕊6枚,花絲無齒,花藥長圓形或卵形;雌蕊子房無柄或短柄,花柱短而粗,柱頭扁頭狀,很少近2裂。長角果近圓筒狀,開裂;果瓣有1中脈與網狀側脈,隔膜有光澤。

葉芽阿拉伯芥(葉芽筷子芥)

屬名	阿拉伯芥屬
學名	*Arabidopsis halleri* (Linnaeus) O'Kane & Al-Shehbaz ssp. *gemmifera* (Matsumura) O'Kane & Al-Shehbaz

一年生草本,莖匍匐,有毛,通常在節點生根和葉芽。基生葉近圓形至倒卵形,葉形變化大,長7～9公釐,寬6～8公釐,邊緣淺裂,通常光滑無毛,有柄;莖生葉橢圓形,長10～11公釐,寬7～8公釐,先端圓,邊緣淺裂,有柄。總狀花序,花白色。長角果,線狀,長4～12公釐。結果時在花序軸先端產生葉芽,亦有時不產生葉芽。

　　產於韓國、日本及中國;在台灣分布於北部海拔3,200～3,770公尺山區,如南湖大山、雪山黑森林、合歡山及能高越嶺,常垂生於岩壁上,稀有。

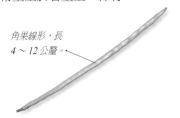

角果線形,長4～12公釐。

結果時在花序軸先端產生葉芽,亦有時不產生葉芽。

莖生葉有柄,近圓形至倒卵形,表面近光滑或光滑。

玉山阿拉伯芥（玉山筷子芥）

屬名　阿拉伯芥屬
學名　*Arabidopsis lyrata* (Linnaeus) O'Kane & Al-Shehbaz ssp. *kamchatica* (Fischer *ex* de Candolle) O'Kane & Al-Shehbaz

多年生草本。基生葉倒披針形至匙形，近全緣、微鋸齒至琴狀裂，有柄；莖生葉倒披針形，全緣至疏鋸齒，稀琴狀裂，有柄。花瓣白色至粉紅色。本分類群在台灣之變異甚大。

　　產於北美洲、阿拉斯加、韓國及日本；在台灣分布於中、高海拔之林緣、草原及開闊坡地。

花及果實

基生葉微鋸齒至琴狀裂，葉被毛。

分布於台灣中、高海拔林緣、草原及開闊坡地。

筷子芥屬 ARABIS

葉單生，被毛。萼片基部常呈囊狀，花瓣白色至深紫色。長角果，扁平，蒴片通常具一明顯中脈。

台灣筷子芥　特有種

屬名　筷子芥屬
學名　*Arabis formosana* (Masamune *ex* S. F. Huang) S. S. Ying

一年生草本，莖直立，高 20～35 公分，2 或 3 分枝。基生葉倒披針形至匙形，近全緣至微鋸齒，長 2～3 公分，寬 5～6 公釐；莖生葉無柄，橢圓形至披針形，近全緣至稀疏微鋸齒。總狀花序或複合的總狀花序，頂生；萼片短，綠色，少毛；花瓣白色或略帶紫色。長角果，平，長 5～6 公分，光滑無毛。種子小，超過 20 粒。與玉山阿拉伯芥（見本頁）近似，但本種的葉子大部分近全緣。

　　特有種；分布於台灣高海拔之坡地。

四強雄蕊，4 長 2 短。

與玉山筷子芥近似，但本種的葉子大部分近全緣。

植株

齒葉筷子芥(齒葉南芥)

屬名　筷子芥屬
學名　*Arabis serrata* Franch. & Sav.

多年生草本。基生葉倒卵形至近圓形，有時基部琴狀裂至具三裂片，近全緣至鋸齒緣，有柄；莖生葉抱莖，披針形至橢圓形，葉緣與基生葉相似。花瓣白色。與玉山阿拉伯芥（見前頁）相似，但本種的莖生葉明顯抱莖。

　　產於日本、韓國及中國；在台灣分布於中、北部之高海拔山區，常生於石縫間。

莖生葉抱莖，是其識別特徵之一。

花序

基生葉通常倒卵形，鋸齒緣。

基隆筷子芥

屬名　筷子芥屬
學名　*Arabis stellaris* DC. var. *japonica* (A. Gray) Fr. Schmidt

多年生草本。基生葉匙形，長 6 ～ 10 公分，葉緣波狀至微凹，無柄；莖生葉倒披針形，基部箭形，近全緣至波狀緣，無柄。花瓣白色。長角果直或稍彎，線形，長 3 ～ 4 公分，寬 1 公釐。

　　產於黑龍江以北之阿穆爾州及俄羅斯庫頁島、韓國及日本；在台灣分布於北部濱海岩岸及基隆嶼，由於北海岸地區之開發，其生育地漸少，族群也日漸稀少。

4 ～ 5 月開花

果實直立

分布於台灣北部濱海岩石及基隆嶼

山芥屬 BARBAREA

基生葉多少琴狀羽裂。花序無苞片，萼片基部略呈囊狀，花瓣黃色，花柱鳥嘴狀。長角果，多少圓柱狀，微扁，具稜角，蒴片具明顯中肋。

山芥菜 特有種

屬名	山芥屬
學名	*Barbarea orthocera* Ledeb. var. *formosana* Kitamura

直立草本，30 ～ 40 公分高，葉長橢圓形至寬卵形，莖生葉通常無柄，側生羽片 2 ～ 7 對，常為 6 對，互生至對生，羽片倒披針形，邊緣不規則淺裂。花密生，黃色，花瓣長 8 ～ 10 公釐。長腳果，長圓柱形，2 ～ 2.5 公分長。

　　特有變種；分布於台灣中、北部高海拔之溪邊沙地。

羽片不規則淺裂

盛花之植株

台灣山芥菜 特有種

屬名	山芥屬
學名	*Barbarea taiwaniana* Ohwi

莖生葉羽裂，側生羽片 6 ～ 12 對，對生，羽片長橢圓狀，全緣。花瓣長 3 ～ 5 公釐。

　　特有種；分布於台灣中部海拔 3,200 ～ 3,950 公尺之冷杉林下或林木界限以上照光之岩石坡。

台灣產山芥屬植物的花為黃色

結果之植株

莖生葉羽裂，羽片長橢圓形，羽片邊緣全緣。

薺屬 CAPSELLA

一年生或二年生草本，全株被毛。基生葉通常簇生；莖生葉基部箭形，無柄。花序無苞片，萼片基部不成囊狀，花瓣白色或粉紅色。短角果，扁平方向與中隔垂直。

薺	屬名　薺屬
	學名　*Capsella bursa-pastoris* (L.) Medic.

一年生草本。基生葉通常簇生，不規則羽裂，羽片向基部漸次變小；莖生葉基部箭形，鋸齒緣，無柄。花甚小，花瓣白色。短角果扁平，倒三角形，先端中央凹入。花果期甚長，常可見花序下部已經結果，上部花朵仍在開放。

　　產於中國、歐洲、西伯利亞、韓國及日本；在台灣分布於全島低至高海拔。

花白色

短角果扁平倒三角形，先端中央凹入。

基生葉通常簇生，不規則羽裂。

碎米薺屬 CARDAMINE

花序無苞片，萼片基部不成囊狀，花瓣白色、粉紅色至玫瑰色。長角果，扁平方向與中隔平行，中隔邊緣突出於蒴片外，開裂時蒴片自基部向上彈捲。

　　《台灣植物誌》（*Flora of Taiwan*）第二版列有 6 種碎米薺屬植物，其中阿玉碎米薺（*C. agyokumontana* Hayata）據 Hayata 發表之原始文獻所附繪圖，其植株形似腎葉碎米薺（見第 280 頁），惟其莖上明顯被毛，除了兩份採於日治時期之引證標本，作者至今尚未看見類似的植物。

　　又，該書記載有日本焊菜（*C. nipponica* Fr. & Sav.），但日本產的日本焊菜特徵為植株小，高約 10 公分，小葉 3～5 對，長度小於 1 公分，全緣，長在高海拔山區；而台灣目前僅有的一份標本，為 1961 年黃增泉老師採集於新竹（地點不詳），檢視該標本，發現其植株高 15～18 公分，且部分葉片並非全緣，筆者認為其較像在台灣有些地區長得較小的焊菜。

　　此外，台灣碎米薺（*C. scutata* Thunb. var. *rotundiloba* (Hayata) T.S. Liu & S.S. Ying）與焊菜之間存有許多中間型及連續變異，無法區別，在此將它們視為同一種。

焊菜	屬名　碎米薺屬
	學名　*Cardamine flexuosa* With.

多年生草本；莖自基部處多分枝，被粗毛，被毛往植物體上部漸稀疏。基生葉不簇生，羽狀複葉，側生羽片 3～6 對，羽片長 2～10 公釐，全緣。花白色。

　　產於北半球溫帶地區；在台灣分布於全島，為平野常見雜草。

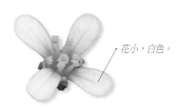

花小，白色。

羽狀複葉，側生羽片 3～6 對。

水花菜

屬名	碎米薺屬
學名	*Cardamine impatiens* L.

一年生至多年生草本；莖單一或分枝，直立，無毛。基生葉簇生，易早落；羽狀複葉，頂生小葉卵形或卵狀披針形，基部耳狀，側生羽片 6 ～ 9 對，羽片長 5 ～ 25 公釐，近全緣至細鋸齒緣。花瓣白色或缺。

　　產於中國、韓國及日本；在台灣分布於中部山區。

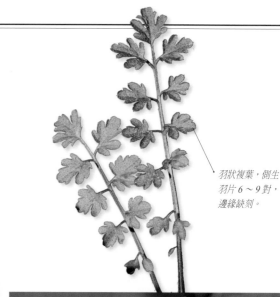

羽狀複葉，側生羽片 6 ～ 9 對，邊緣缺刻。

生長於中海拔林緣濕潤處

果枝

花序

腎葉碎米薺 特有種

屬名	碎米薺屬
學名	*Cardamine reniformis* Hayata

多年生草本，莖枝無毛。單葉，基生葉不裂，圓腎形，長約 4 公分，先端鈍，基部心形，不規則疏細齒裂或波狀葉緣，微被緣毛，具長柄。總狀花序，花葶有少數花，花小，具花梗；花萼 4 枚，離生，二輪，覆瓦狀排列；花瓣 4 枚，匙形，先端圓鈍；雄蕊 6，四強雄蕊，蜜腺體合生。長角果，線形。

　　特有種；分布於台灣中、北部中海拔，濕度較高之山區，如烏來、思源埡口、阿里山及溪頭等。

花瓣與花萼近等長
（許天銓攝）

總狀花序，花葶有少數花，具花梗。

生於濕度較高之山區，如烏來、思源埡口及溪頭等地。

假山葵屬 COCHLEARIA

單 葉至三出複葉，葉多少肉質，無毛。萼片早落；花瓣具短柄，白色、黃色至紫色。短角果，膨大，球形至短圓柱形，蒴片具明顯中肋。

台灣假山葵 特有種

屬名	假山葵屬
學名	*Cochlearia formosana* Hayata

多年生草本，高 8 ～ 10 公分，近乎無毛。單葉或三出複葉，小葉長 2 ～ 3 公分，葉基心形，全緣至波狀鈍齒緣，有柄。總狀花序，花少，花序梗長；萼片 4 枚，匙形，長 1 ～ 2 公釐，白色；花瓣倒卵形，長 2 ～ 3 公釐，白色。短角果近圓柱狀，長約 5 公釐。

　　特有種；分布於台灣北部低山至中海拔。

萼片 4，白色。

短角果長圓形，近圓柱狀。

單葉或三出複葉

濱芥屬 CORONOPUS

單 葉，鋸齒緣或羽狀裂。花序腋生，無苞片；萼片平展，常宿存；花瓣無或甚小，白色。短角果，先端及基部深凹成二圓形，不開裂。子葉內曲。

臭薺（臭濱芥）

屬名	濱芥屬
學名	*Coronopus didymus* (L.) Smith

一年生至二年生草本，具異味，無毛至有毛。葉一回或二回羽狀全裂，長 1.5 ～ 2.5 公分，羽片全緣至缺刻。花小，花瓣線形或無，雄蕊 2。角果先端及基部深凹成二圓形。

　　產於亞洲、歐洲及北美洲；在台灣歸化於全島，為平地之雜草。

花瓣線形，淡白色，雄蕊 2，萼片外有稀疏長毛。

短角果，果序。

葉一回或二回羽狀全裂；花及果甚小。

濱芥

屬名	濱芥屬
學名	*Coronopus wrightii* Hara

一年生至多年生草本，無異味，具毛狀物，莖基部分枝多。單葉，多少肉質，倒披針形至長橢圓狀倒披針形，長 2～4 公分，全緣至鋸齒緣。花序與葉對生；花瓣白色，4 枚，線狀匙形，小，長 1～1.5 公釐，寬 0.25 公釐；雄蕊 2；子房腎形，光滑無毛。果實側扁，基部心形。

產於馬達加斯加、南美洲、澳洲西部、琉球及中國南部；在台灣分布於離島蘭嶼及綠島之海濱礁岩上，不常見。

果表面光滑無毛

葉不為羽狀裂，可與臭薺區分。

分布於蘭嶼與綠島海濱的礁岩石屑地，不常見。

花瓣白色，4 枚。

山薺屬 DRABA

基生葉叢生，明顯被毛。萼片基部囊狀至非囊狀；花瓣白色至黃色，或無。短角果，扁平方向與中隔平行，直立或扭曲。

台灣山薺 <small>特有種</small>

屬名	山薺屬
學名	*Draba sekiyana* Ohwi

一年生草本，被星狀柔毛。基生葉披針形至倒披針形，長 5～7 公釐，基部漸尖，半抱莖，全緣；莖生葉無至 1 或 2 枚。花瓣白色。短角果，扁平，直立或扭曲。

特有種；分布於台灣之高海拔山區，如玉山及雪山近山頂處，喜生於陰濕的岩壁旁。

花瓣白色，近圓形。
（許天銓攝）

短角果，扁平，直立或扭曲。

基生葉披針形至倒披針形

生於高山岩縫中（許天銓攝）

獨行菜屬 LEPIDIUM

基生葉有柄，單葉至三回羽狀複葉；莖生葉有柄至無柄抱莖。花序無苞片；萼片基部不成囊狀，邊緣有時乾膜質；花瓣白色，有時退化成剛毛或無。短角果，膨大方向與中隔垂直。子葉內曲。

南美獨行菜

屬名 獨行菜屬
學名 *Lepidium bonariense* L.

一年生草本，高 20 ～ 80 公分，莖上部具多數分枝。基生葉長橢圓形至橢圓形，羽裂至一至二回羽狀複葉，多數平舖地面；莖生葉較小，幾乎無柄，具少數鋸齒，上部之葉明顯漸小，趨於全緣。花白色，徑 1 ～ 2 公釐。短角果圓形，扁平，先端凹入，徑約 2.5 公釐。種子扁平。

　　原產南美洲；歸化於全台野地。

基生葉羽裂至一至二回羽狀複葉，多數平舖地面。

角果圓形，扁平，先端凹入。

莖上部具多數分枝

獨行菜

屬名 獨行菜屬
學名 *Lepidium virginicum* L.

一年生草本，近無毛至密被毛。基生葉羽裂至羽狀複葉，倒卵形，羽片邊緣缺刻；莖生葉明顯鋸齒緣，上部者漸小，漸趨全緣。總狀花序，長可達 10 公分；花小，花萼 4 枚，綠色，卵形；花瓣 4 枚，白色，倒披針形；雄蕊 2。短角果先端凹入。

　　產於北美洲；在台灣歸化於北部，為低地雜草。

萼片 4 枚，綠色，卵形；花瓣 4 枚，白色，倒披針形；雄蕊 2。

長滿果實之植株

花序

葉明顯鋸齒緣

豆瓣菜屬 NASTURTIUM

豆瓣菜屬與葶藶屬（見下頁）相近，但是本屬為多年生，大多是水生植物，節上生根，下部的莖為空心，羽狀複葉，具 1～9（～15）對小葉，花白色，果實圓筒狀，種子的表皮有網紋。

豆瓣菜(水芥菜)

屬名	豆瓣菜屬
學名	*Nasturtium officinale* R. Br.

花白色（郭明裕攝）

多年生之水生草本，具根莖；莖匍匐，末端常直立，於節上生根。葉莖生，奇數羽狀複葉，但沉水處為單葉，葉柄基部成耳狀，略抱莖；小葉 3～9 枚，寬卵形、長圓形或近圓形，頂小葉較大，長 2～3 公分，寬 1.5～2.5 公分，先端鈍頭或微凹，基部截平，近全緣或淺波狀緣，小葉柄細而扁；側生小葉與頂小葉相似，但基部不對稱。總狀花序，具多朵花；萼片卵形；花瓣白色，長於萼片，倒卵形；中央腺體無，側生腺體 2 枚。角果細圓柱形。

原產於亞洲西南部及歐洲，目前廣泛歸化於世界各地；在台灣多半分布於低至中高海拔溪流、溝渠或池塘中，植株可沉水或挺水生長。

可作為食用或藥用。

角果細圓柱形

水生植物，引進栽培為蔬菜，現已歸化。

中海拔族群較常開花（郭明裕攝）

萊菔屬 RAPHANUS

基生葉有柄，琴狀羽裂；莖生葉往上漸小。花序無苞片；花瓣白、黃至紫色，通常具較深色的脈。長角果不開裂，分節，每節 1 種子，節橫向連結，下半部不明顯，甚短，常與果柄等寬，上半部成熟時各節斷裂。子葉縱向褶合。

濱萊菔

屬名	萊菔屬
學名	*Raphanus sativus* L. f. *raphanistroides* Makino

一年生至二年生草本，被毛。莖下半部之葉羽裂，羽片通常鈍齒，頂羽片通常最大，近圓形。花瓣粉紫色。長角果先端具長嘴喙，圓柱形，略呈念珠狀。

產於日本及琉球；在台灣分布於北部濱海地區。

角果先端具長嘴喙，圓柱形，呈念珠狀。

花瓣粉紫色，具較深色的脈。

基生葉有柄，琴狀羽裂；莖生葉往上漸小。

葶藶屬 RORIPPA

單葉至羽狀複葉。花序無苞片;萼片基部不呈囊狀;花瓣淡黃色至硫黃色,稀白色,偶而無。角果球形、短圓柱至長圓柱形;蒴片 2 ～ 6,不具明顯的脈。

陳世輝教授曾於《東台灣雜草圖鑑 I》(p.64,1997)發表奧地利山芥菜(奧地利葶藶,*R. austriaca* (Crantz) Besser)之新歸化植物,目前僅一次之紀錄。

廣東葶藶

屬名	葶藶屬
學名	*Rorippa cantoniensis* (Lour.) Ohwi

一年生至二年生草本,無毛。葉半抱莖,披針形至卵狀披針形,長 3 ～ 6 公分,寬 1 ～ 2 公分,不規則深裂。單花,腋生;花瓣黃色,不甚開展。角果長 7 ～ 9 公釐。

產於中國及日本;在台灣分布於中、低海拔地區,為農田及濕地之雜草。

角果長 7 ～ 9 公釐。

葉小,半抱莖,披針形至卵狀披針形,不規則深裂。花不甚開張。

小葶藶

屬名	葶藶屬
學名	*Rorippa dubia* (Pers.) Hara

一年生草本,無毛。葉匙形至倒卵狀倒披針形,長 5 ～ 9 公分,不規則琴狀羽裂,鈍齒緣,有柄。總狀花序頂生,花瓣闕如。角果長 1.5 ～ 2.5 公分。

產於日本;在台灣分布於中低海拔山野之雜草。

花瓣闕如,僅有花萼。

角果長 1.5 ～ 2.5 公分。

植株

球果山芥菜(風花菜)

屬名 葶藶屬
學名 *Rorippa globosa* (Turez.) Hayek.

一年生或二年生直立草本。葉長橢圓形至倒卵狀披針形，葉緣呈羽狀缺刻，愈近莖頂葉愈小，常不分裂；莖下部之葉具柄，上部葉無柄。繖房花序腋生或頂生，在結果期花序軸會伸長；花小，黃色，具細梗，萼片4枚，花瓣4枚，具花瓣柄，雄蕊6，子房圓形。短角果近球形，花柱宿存。

分布於日本、韓國、蒙古、越南及俄羅斯；在台灣生於南部之河床或濕地，稀有。在台灣地區最早由英人 Henry 於 1896 記載採自 South Cape，即今日恆春半島鵝鑾鼻地區。

花小，黃色，萼片4，花瓣4，雄蕊6。

短角果近球形（許天銓攝）

莖下部葉之葉緣羽狀缺刻，愈近莖頂葉愈小，常不分裂。

葶藶

屬名 葶藶屬
學名 *Rorippa indica* (L.) Hiern

葉通常長橢圓狀披針形，葉緣不規則缺刻至偶而琴狀羽裂，長5～15公分，寬1～3公分，有柄。總狀花序頂生及腋生，花瓣黃色。角果長1～2公分。

產於中國、馬來西亞、日本及琉球；在台灣分布於全島之路旁草地。

花瓣黃色

果

葉通常長橢圓狀披針形，葉緣不規則缺刻至偶而琴狀羽裂。

濕生葶藶

屬名	葶藶屬
學名	*Rorippa palustris* (L.) Besser.

葉羽裂，長橢圓形至倒卵狀披針形，長 6 ～ 20 公分，羽片 1 ～ 5 對，鈍齒緣。總狀花序頂生或腋生，花瓣黃色。角果長 3 ～ 7 公釐。

原產非洲、亞洲、歐洲及北美洲；歸化於台灣北部及中部，為低地雜草。

其植株形態與葶藶相似，但本種的果實較小僅長 0.3 ～ 0.7 公分。

花瓣黃色

葉之羽片深裂，頂羽片較側生羽片大。

歐亞葶藶

屬名	葶藶屬
學名	*Rorippa sylvestris* (L.) Bess.

一年生至二年生草本。葉羽狀深裂，小羽片 3 ～ 5 對，不規則鋸齒緣。總狀花序，頂生，開花時，莖上葉裂片變細；花萼四裂，花瓣 4 枚，黃色，具長花瓣柄，雄蕊 6。長角果線形。與濕生葶藶（見本頁）相似，皆有深羽狀裂葉，但本種的羽片較小，且果柄較細長。

原產於中國、印度、日本、喀什米爾、俄羅斯、塔吉克、烏茲別克、西南亞及歐洲，歸化於北美至南美及台灣中部之中高海拔山區。

葉片羽狀裂
（楊曆縣攝）

果枝（楊曆縣攝）

歸化於台灣（楊曆縣攝）

山柑科 CAPPARACEAE

灌木或草本，稀喬木，有時具攀緣性，小枝常有刺。單葉或掌狀複葉，互生，稀對生；托葉2，刺狀，小或缺。花常兩性，單生或成總狀或繖房狀；萼片常4枚（4～8）；花瓣4至多枚或不存；雄蕊2至多數，子房上或下位，子房柄特長，雄蕊著生其上。蒴果或漿果，有或無子房柄。

特徵

花瓣常4枚，上瓣常為長爪狀。（加羅林魚木）　　小枝常有刺（小刺山柑）　　果常有子房柄（銳葉山柑）

山柑屬 CAPPARIS

小喬木或灌木，略攀緣。單葉，有短柄，托葉刺狀或剛毛狀。花常白色，成各型花序；萼片4枚，二輪；花瓣4枚；雄蕊多數，著生於子房柄基部；子房有1長柄。果實為肉質漿果。

銳葉山柑

屬名	山柑屬
學名	*Capparis acutifolia* Sweet

蔓性灌木，小枝常具刺。葉披針形，長10～20公分，寬2.5～3公分，先端銳尖、漸尖至尾狀，基部楔形，側脈8～20對，兩面光滑無毛。花瓣邊緣被毛，雄蕊多數，花藥紫黑色。果實歪斜，頂端常具短喙，成熟時紅色。

　　產於中國南部、琉球及越南；在台灣分布於中南部中、低海拔山區。

果實歪斜（郭明裕攝）　　花瓣僅邊緣有毛　　葉卵狀披針形或披針形

多花山柑（繁花山柑）

屬名	山柑屬
學名	*Capparis floribunda* Wight

灌木，枝被黃毛，基部無小鱗片，常無刺，罕有小彎刺。葉硬紙質，長橢圓形，長 5～12 公分，寬 2～2.5 公分，先端漸尖，基部鈍，側脈 7～9 對，兩面同色，葉柄長 0.5～2 公分，托葉非刺狀。圓錐花序長達 15 公分，多花；花瓣白色，長橢圓形，長 3～5 公釐；雄蕊 7～9。果實球形，徑 1.5～2.5 公分。

分布南洋地區至印度、斯里蘭卡；在台灣分布於恆春半島之低海拔地區。稀有。

雄蕊 7～9 枚

初果（郭明裕攝）

圓錐花序長達 15 公分

大型攀緣灌木

山柑（台灣山柑）

屬名	山柑屬
學名	*Capparis formosana* Hemsl.

大型木質藤本，小枝具淡色或紅褐色毛，基部無小鱗片，無刺或具彎刺。葉長橢圓形或長卵形，長 7.5～18 公分，寬 3.3～7.5 公分，鈍頭，基部楔形或銳尖，側脈 6～8 對，光滑無毛，葉柄長 1～2 公分，托葉刺狀。繖形花序腋生，或極少數為頂生的圓錐花序或單生花；花瓣倒卵形，白色，長 1.2～2.8 公分。果實橢圓形，長 4～7 公分，成熟時深紫色。

產於琉球、海南島及廣東；在台灣分布於恆春半島之森林或灌叢中。

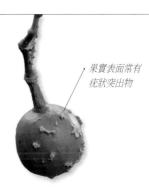

果實表面常有疣狀突出物

葉橢圓形或長卵形

雄蕊多數，45～120。

小刺山柑(山柑仔)

屬名　山柑屬
學名　*Capparis henryi* Matsumura

灌木，光滑無毛，小枝光滑或有毛，基部具小鱗片，刺直或彎。葉長橢圓形，長 10 ～ 15 公分，先端鈍，罕銳尖，葉柄長約 7 公釐，托葉刺狀。花 3 ～ 5 朵腋生；花瓣 4 枚，其中較小之 2 枚為紅色或黃色，另 2 枚為白色，長 1.1 ～ 1.2 公分，寬 3 ～ 3.5 公釐；雄蕊 12 ～ 16，長 2 ～ 2.5 公分。果實球形，徑 2.5 ～ 3.5 公分，成熟時紅色。

　　產於緬甸、泰國、中南半島及馬來西亞；台灣分布於南部低海拔之灌叢或次生林中。

果實球形，成熟時紅色。

葉長橢圓形

枝條具刺

花瓣白色，花基部紅或黃。

蘭嶼山柑

屬名　山柑屬
學名　*Capparis lanceolaris* DC.

蔓性灌木，小枝被倒伏毛，基部無小鱗片，多具直或彎刺。葉略近革質，卵狀長橢圓形，長 6 ～ 12 公分，寬 2 ～ 6 公分，先端銳尖或鈍，基部鈍至心形，側脈 5 ～ 9 對，葉柄長 0.75 ～ 1.5 公分，托葉非刺狀。繖形狀花序腋生，極少數為頂生。果實近球形，長 2.3 ～ 3.5 公分，徑 2 ～ 3.2 公分，成熟時黑色。

　　分布於海南、菲律賓、爪哇、新幾內亞及北澳洲；在台灣僅產於離島蘭嶼。

蔓性灌木，葉卵狀長橢圓形。

雄蕊 20 ～ 40。

毛花山柑(綠島/山柑)

屬名　山柑屬
學名　*Capparis pubiflora* DC.

小灌木，幼枝密被絹毛，老枝近無毛，基部有小鱗片，小刺直或微彎，或缺。葉卵狀披針形，先端漸尖，網脈明顯，葉柄長5～8公釐。花瓣白色；雄蕊20～30，長1.5～2.5公分；子房及子房柄被毛。果實橢圓形。

　　產於中國、印尼、爪哇、新幾內亞、蘇門答臘、婆羅洲、泰國、越南、海南島及菲律賓；在台灣分布於離島綠島之林緣。

葉卵狀披針形，先端漸尖，網脈明顯。（呂順泉攝）

花瓣白色，雄蕊20～30。（呂順泉攝）

毛瓣蝴蝶木(黑葉/山柑)

屬名　山柑屬
學名　*Capparis sabiifolia* Hook. f. & Thomson

灌木，小枝光滑無毛，綠色。葉卵形，長8～11公分，寬3.5～4公分，先端尾狀漸尖，鈍頭，基部楔形，略歪斜，側脈5～7對，兩面光滑無毛，葉柄長約1公分。花常2朵腋生；萼片4枚，長約7公釐，外面光滑，內面被毛；花瓣4枚，長約1.2公分，兩面均被絨毛；雄蕊多數。果實球形或橢圓形，長約1.2公分，成熟時橘紅色。

　　產於泰國、印度、緬甸及中國；台灣分布於中部山區。

花瓣4，兩面均被絨毛。

葉卵形，兩面光滑。

魚木屬 CRATEVA

小 喬木，小枝圓。三出複葉，有柄，葉柄上端有腺體附屬物；托葉細小，早落；小葉無柄或具短柄，側小葉基部歪斜。繖房或總狀花序，頂生；花瓣 4 枚，具長爪；雄蕊與雌蕊合生；具長花梗。果實為漿果。

魚木

屬名	魚木屬
學名	*Crateva adansonii* DC. subsp. *formosensis* Jacobs

果熟呈黃色

落葉小喬木，小枝具白色氣孔斑。三出複葉，互生，葉柄長 7 ～ 17 公分；小葉卵狀長橢圓形，長 5 ～ 8 公分，寬 3.5 ～ 5 公分，先端銳尖，全緣，側脈 4 ～ 7 對，葉背略粉白色，小葉柄長 4 公釐以下。繖房花序，頂生；萼片 4 枚，長橢圓形，長 4 公釐；花瓣 4 枚，倒卵形，長約 2 公分，爪長約 2 公分。漿果卵形或橢圓形，長 6 ～ 7 公分，光滑無毛，無痂狀斑點。

產於中國廣東、廣西及雲南；分布於台灣全島低海拔地區。

三出複葉

6月中旬滿樹的花朵

花瓣4，具長柄。

白花菜科 CLEOMACEAE

草 本，幼枝被毛或腺毛。葉互生，稀對生，單葉或掌狀複葉，托葉刺狀或不存；葉革質，稀紙質，全緣，罕細鋸齒緣。花序總狀、圓錐或繖形，或 2 ～ 10 朵排列成短縱列，腋生或腋上生；花兩性，罕單性或雜性，輻射或兩側對稱；苞葉有或無，早落；萼片 4 枚，基部分離或合生；花瓣 2 ～ 4 枚，常在芽內開展，基部離生，罕合生，覆瓦狀排列，無柄或基部成長爪狀；雄蕊 6，罕 5 或 7，或多數，花絲分離，著生於花托或子房柄頂上，花藥基著，2 室；子房卵形或圓柱形，上位，1 室，多有 1 長柄，側膜胎座，合生心皮，胚珠多數，花柱絲狀，單一，柱頭頭狀。蒴果球形、卵形或圓柱形，常 2 ～ 3 瓣裂。種子數多，腎形至多邊形，外皮光滑或略有雕紋，胚乳少或無。

白花菜屬 CLEOME

草 本，被腺毛。掌狀複葉，互生，小葉 3 ～ 5 枚。花成頂生有葉之總狀花序，兩性或單性；萼片 4 枚；花瓣 4 枚，有長爪；雄蕊 6 或 8 ～ 16，花絲常與子房柄合生成筒狀；子房無柄或有柄。蒴果，常有梗，2 瓣裂。

白花菜

屬名	白花菜屬
學名	*Cleome gynandra* L.

莖直立，略呈紫色，被腺毛。掌狀複葉，僅具 5 枚小葉；小葉披針形，先端漸尖，細鋸齒緣。初開之花多為兩性花，後開之花則為雄花，無子房柄且不孕，花序約有半數兩性花；花白色，雄蕊 6，子房柄上段為單獨子房柄，下段與雄蕊合生成筒。蒴果圓柱形。

產於熱帶地區；在台灣分布於南部之海岸附近及荒廢地，綠島也有。

後開之花為雄花，無子房柄且不孕。

初開之花多為兩性花，子房柄上段為單獨子房柄，下段與雄蕊合生成筒。

掌狀複葉，僅具 5 枚小葉。

平伏莖白花菜

屬名　白花菜屬
學名　*Cleome rutidosperma* DC.

角果線形，2 瓣裂，有長柄。

一年生草本，莖五稜，疏被毛。掌狀複葉，僅具 3 枚小葉；小葉菱狀橢圓形，兩端銳尖，側脈明顯，8 ～ 9 對。花粉紅色，花梗纖細，長 1.2 ～ 2 公分；萼片 4 枚，綠色，分離，狹披針形，長約 4 公釐，先端尾狀漸尖，外面被短柔毛；雄蕊 6，離生；子房短柄，線柱形，光滑無毛，有些花之子房不育，長僅 2 ～ 3 公釐；花柱短而粗，柱頭頭狀。角果線形，長約 5 公分，2 瓣裂，有長柄。種子多數。

　　原產熱帶非洲至澳洲北部；引進台灣後歸化於全島低海拔之路旁、溪流兩岸及荒廢地。

掌狀複葉，僅具 3 枚小葉。

雄蕊 6，離生。

向天癀

屬名　白花菜屬
學名　*Cleome viscosa* L.

一年生草本，莖有腺毛。掌狀複葉，具 3 枚及 5 枚小葉；小葉匙形或倒卵形，先端鈍或圓，全緣。花黃色，萼片倒卵形，外有黏質物，雄蕊 12 ～ 20，花絲較花瓣短，子房無柄。蒴果圓柱形。

　　產於熱帶地區；在台灣分布於全島低海拔之荒廢地或海岸。

雄蕊 12 ～ 20，子房無柄。

果實不具子房柄

分布於台灣全島低海拔荒廢地或沿海岸

莖有腺毛；掌狀葉具 3 及 5 小葉。

蛇菰科 BALANOPHORACEAE

肉質寄生草本，無葉綠素與氣孔，地下莖塊狀，莖直立。葉退化成鱗片狀，互生。花常單性，雌雄異株或同株；花序穗狀，頂生，橢圓形或球形；雄花被三至六裂，雄蕊 3～6；雌花被無。果實為小堅果。
台灣有 1 屬。

特徵

花序穗狀，頂生，橢圓形或球形。（粗穗蛇菰，攝於琉球。）

肉質寄生草本，無葉綠素。葉退化成鱗片。（*Balanophora fungosa* J.R. Forst. & G. Forst. subsp. *indica* (Arn.) B. Hansen）

花大多單性（穗花蛇菰）

蛇菰屬 BALANOPHORA

特徵如科。本屬植物中，日本蛇菰、粗穗蛇菰及屋久島蛇菰的外觀形態極為相似，主要鑑定特徵在於雌花顏色及著生的位置。

雄花花被 4～5 枚
（許天銓攝）

粗穗蛇菰

屬名	蛇菰屬
學名	*Balanophora fungosa* J. R. Forst. & G. Forst.

植物體黃色或紅褐色，高 5～8 公分。葉螺旋排列，覆瓦狀，寬卵形，長 1～1.5 公分，寬 1.5～1.7 公分，先端鈍。雄花生於花序下部，4～5 數，雄花由花被與聚生成團的花藥所構成；雌花生於花序上部，但少數亦生於下部，雌花甚小，僅有單一雌蕊，沒有花被。

產於琉球、菲律賓、蘇拉威西島、新幾內亞、澳洲及太平洋群島；在台灣分布於恆春及蘭嶼，族群不連續，且兩地者之花序顏色有明顯差異。寄主有毛柿、黃心柿、稜果榕及九芎。

生長於恆春毛柿林之族群

雄花生於花序下部，
花 4～5 數。

蘭嶼族群植物體為紅色（許天銓攝）

筆頭蛇菰

屬名	蛇菰屬
學名	*Balanophora harlandii* Hook. f.

雌雄異株，植物體褐紅色至黃白色。雄花序呈卵圓形，長 2～3.5 公分，雄花具顯著花梗，花被 3 數，花藥 3；雌花序卵圓形，長 1～2.5 公分，雌花花被闕如。

產於印度、中國南部及中南半島；在台灣分布於全島低中海拔之森林中。

雄花具 3 枚花被及花藥
（許天銓攝）

雌株（陳柏豪攝）

雄花序呈卵圓形，雄花具花梗，花被 3 數。

日本蛇菰

屬名　蛇菰屬
學名　*Balanophora japonica* Makino

完全異營，必需依賴寄主而生存。植物體紅色。雌花黃色，大部分長在花序主軸上。只有雌花，行無配生殖（不用雄性授粉，也能結果實，產生種子）。

　　產於中國廣東及海南島，日本也有分布；在台灣見於大桶山、東滿步道及三峽組合山。寄主為灰木科等植物。

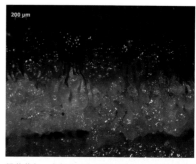

雌花黃色，大部分長在花序主軸上。（謝昀臻攝）

植物體紅色，僅有雌性個體。

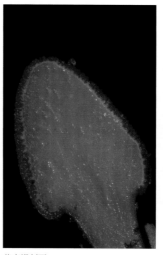

花序縱剖面

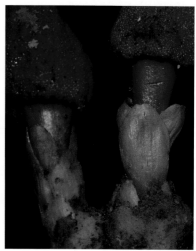

葉退化成鱗片狀

穗花蛇菰

屬名　蛇菰屬
學名　*Balanophora laxiflora* Hemsl.

雌雄異株，植物體紅色或橘色。葉內凹，卵形，長1.5～2公分。雄花序長圓錐形，長可達15公分，雄花花被6數，花藥多數，合生，無花梗；雌花序卵狀圓錐形，長3～5公分，雌花黃色，長在花序軸上或附屬物下部，無花被。

　　產於中國及中南半島；在台灣分布於全島低中海拔森林中。

雄花被通常6數，花藥多數。

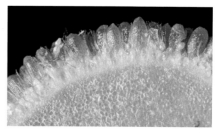

雌花黃色，長在花序軸上或附屬物下部。（許天銓攝）

雌花序卵狀圓錐形，雌花無花被。

雄花序長圓錐形，長可達15公分。

海桐生蛇菰

屬名　蛇菰屬
學名　*Balanophora wrightii* Makino

植物體黃色，高 4 ～ 5.5 公分。葉卵形，先端鈍。花序卵圓形，雄花散生於雌花間；雄花有花梗，花被 3 數，花藥 3；雌花小，密生。

　　產於日本及琉球；台灣目前紀錄侷限在花蓮太魯閣之文山至綠水一帶。寄主有海桐、厚葉石斑木、日本女貞等。

雄花散生於雌花之間；
花被 3 枚。（許天銓攝）

台灣目前紀錄侷限在花蓮太魯閣之文山至綠水一帶

屋久島蛇菰

屬名　蛇菰屬
學名　*Balanophora yakushimensis* Hatus. & Masam.

花序橘色或紅色，雌花長在花序主軸上或附屬物基部，雌花大部分為紅色，僅於花柱最上部帶黃色。只發現雌花，有可能行無配生殖。

　　分布於日本；在台灣見於浸水營、達觀山、南插天山、杉林溪、水社大山及小出山等地。寄主為木荷。

台灣野外只發現雌花，可能行無配生殖。

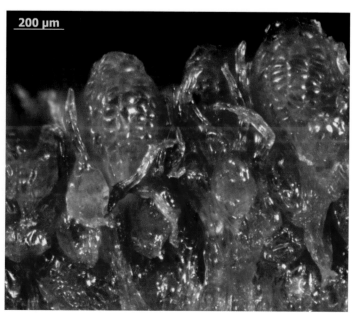

200 μm

雌花整體上為紅色，僅於花柱上部帶黃暈。（謝昀臻攝）

桑寄生科 LORANTHACEAE

半寄生灌木或草本。單葉，常對生或簇生，全緣，或有時退化成鱗片或缺，無托葉。花兩性或單性；花托與子房合生；花被片一或二輪；萼片連生於子房上部；花瓣4～6枚；雄蕊4～6，與花瓣對生；子房下位。果實為漿果或核果。

特徵

半寄生灌木或草本。單葉，全緣。（埔姜桑寄生）

花瓣4～6；雄蕊4～6，與花瓣對生。

桑寄生屬 LORANTHUS

寄生性灌木。葉對生，羽狀脈。花兩性或單性，成穗狀；花被片二輪，各 4 ～ 6 枚，內輪者離生；雄花雄蕊 4 ～ 6，與花被對生；雌花子房下位，具退化雄蕊。果實為核果。

椆樹桑寄生（大葉 檞寄生）

屬名	桑寄生屬
學名	*Loranthus delavayi* Van Tieghem

葉長橢圓狀披針形或橢圓形，長 4 ～ 7 公分，寬 1.5 ～ 2.5 公分，先端鈍，基部漸尖，葉柄長 0.5 ～ 1 公分。花單性，無梗，花被片長 2 ～ 3 公釐，黃白色；雄花叢生，苞片三角形，長約 1 公釐，花萼杯狀，花瓣 6 枚，線狀披針形，長約 2.5 公釐，花藥 4 室；雌花花萼管狀截形，與子房連生，花瓣 5 ～ 6 枚，線形。

產於中國南部；在台灣分布於全島低中海拔，寄生於殼斗科、樺木科及樟科之植物體上。

雄花序（謝牡丹攝）

葉長橢圓狀披針形或橢圓形

核果（陳柏豪攝）

高氏桑寄生（高氏 檞寄生）　特有種

屬名	桑寄生屬
學名	*Loranthus kaoi* (J.M. Chao) H.S. Kiu

枝光滑無毛。葉對生，革質，卵形至長橢圓形，長 3 ～ 4 公分，寬 1 ～ 2 公分，先端鈍或圓，全緣，葉脈不明顯。花兩性，苞片橢圓三角形；花被片 6 枚，長 2 ～ 3 公釐，鑷合狀，光滑無毛。果實近圓球形。

特有種；分布於台灣全島中海拔山區，寄生於大葉楓寄生屬（見第 300 頁）之植物體上。

高氏桑寄生的種子剛發芽，寄生在其它桑寄生之枝條上。

花兩性，成穗狀。

果近圓球形

重寄生於其他桑寄生科物種枝條（許天銓攝）

大葉楓寄生屬 SCURRULA

灌木。葉對生。繖形或總狀花序；花冠筒有一長裂縫，裂片4，反捲；雄蕊著花瓣上，花絲短，花藥近圓形；花柱與花冠近等長。果實梨形、倒卵形或棒形，果皮內有綠色黏性物質。

《台灣植物誌》（Flora of Taiwan）及《台灣樹木圖誌》皆有記載桑寄生（Taxillus parasiticus (L.) S. T. Chiu，依本書之觀點，應採用學名 Scurrula parasiticus L.），但筆者重新檢閱《台灣植物誌》引證之標本，發現皆非桑寄生；桑寄生的果實為球棒狀（連梗），而台灣目前大葉楓寄生屬植物並無具球棒狀的果實者，也就是說，台灣目前尚未發現真正的桑寄生。

此外，Scurrula phoebe-formosanae (Hayata) Dans 的原始發表文獻描述其果實為球棒狀（梨形果），但從林試所典藏的採自奮起湖一帶之模式標本上無法看到其果實。

| **木蘭桑寄生** | 屬名 | 大葉楓寄生屬 |
| | 學名 | *Scurrula limprichtii* (Griining) H.S. Kiu |

| **大葉桑寄生** | 屬名 | 大葉楓寄生屬 |
| | 學名 | *Scurrula liquidambaricola* (Hayata) Danser |

B 型的花

在《台灣樹木圖誌》（呂福原等人，2010）及《中國植物誌》皆描述：芽被紅褐色柱形疊生星狀毛者為大葉楓寄生，而芽被鏽色星狀毛及絨毛者為木蘭桑寄生。

而筆者在野外調查發現，這群「成熟葉之葉背光滑，無紅色絨毛」的大葉楓寄生屬植物有二種類型：A 型之葉較為革質，相對較窄，葉面較平整；B 型之葉稍軟，較寬，葉面常呈波浪狀。

檢視林試所典藏之 *S. liquidambaricola* 模式標本，僅有2枚不完整之葉片，無法判斷屬於那一類（無法判斷是 A 或 B 型）；至於所謂柱形疊生星狀毛或絨毛者，筆者目前仍不解其意，是以在此僅將二者並列，不做進一步處理。

A 型，葉較偏革質，相對較窄，葉面較平整。

A 型的花

A 型的幼葉

A 型的葉子

B 型，葉子稍軟，較寬，葉面常呈波浪狀。

B 型的幼葉

B 型的果枝

忍冬桑寄生

屬名	大葉楓寄生屬
學名	*Scurrula lonicerifolia* (Hayata) Danser

杜鵑桑寄生

屬名	大葉楓寄生屬
學名	*Scurrula rhododendricola* (Hayata) Danser

此 2 種「成熟葉下表面被紅褐色絨毛」之大葉楓寄生屬植物也是混淆不清。忍冬桑寄生的原始發表文獻記載其採自玉山，與杜鵑桑寄生相近，差別在於其有較短的花藥（1.5 公釐）；而杜鵑桑寄生採自阿里山，寄生在杜鵑樹上，原始發表文獻描述其與忍冬桑寄生之差別在於花藥較長（3～4 公釐）。觀察兩者之模式標本，忍冬桑寄生之葉背顏色較深，為深褐色；杜鵑桑寄生葉背顏色較淺。

在野外則可發現二類型：A 型之較成熟的葉（枝條較下端之葉）呈深紅褐色（接近忍冬桑寄生模式標之顏色），其花苞期之花冠筒毛被物亦呈深紅褐色；B 型之成熟葉呈灰白色或淡紅褐色，其花苞期之花冠筒毛被物則呈灰白色。

至於花藥長度，筆者從未看過 Hayata 所稱之較短的花藥（1.5 公釐）。

以目前有限的資料來看，筆者無法判斷此二者的歸屬，是以在此僅將二者並列，不做進一步處理。

A 型，花枝。

A 型，花苞期之花冠筒毛被物呈深紅褐色。

B 型的成熟葉呈灰白色或淡紅色

A 型，較成熟的葉呈現深紅褐色。

B 型，花苞期之花冠筒毛被物呈灰白色。

恆春桑寄生 特有種

屬名	大葉楓寄生屬
學名	*Scurrula pseudochinensis* (Yamam.) Y. C. Liu & K. L. Chen

幼枝密被淡褐色絨毛，不久即脫落。葉薄革質，卵形至卵狀長橢圓形，長 2 ～ 4 公分，寬 1.5 ～ 2.5 公分，先端鈍，基部楔形、漸尖或銳尖，稀鈍，葉柄長 5 ～ 10 公釐。花芽線形管狀，外面密被絨毛，內面光滑；花冠筒長不及 1.5 公分，先端裂片線形或披針形，長約 7 公釐；花藥長約 2.5 公釐。果實橢圓形，長約 4 公釐。

特有種，分布於恆春半島山區，寄生於杜鵑花科、虎皮楠科及灰木科之植物體上。

果實（郭明裕攝）

11 月為花期（郭明裕攝）

開花植株（郭明裕攝）

花冠筒長不及 1.5 公分，雄蕊花藥長約 2.5 公釐。（楊智凱攝）

埔姜寄生 特有種

屬名	大葉楓寄生屬
學名	*Scurrula theifer* (Hayata) Danser

幼枝被絨毛，不久即脫落。葉薄革質，卵圓形、匙形或倒卵狀長橢圓形，長 2 ～ 5.5 公分，寬 2 ～ 2.5 公分，先端圓或鈍，基部楔形。花冠管狀，淡橘黃色，外面幼時被毛後光滑，花冠筒長 1.5 ～ 2 公分；花藥長 2 ～ 4 公釐。果實橢圓形或圓筒形，表面有小瘤體。

特有種；分布於台灣全島低海拔地區，寄生於椆樹屬、大戟科、榆科、漆樹科及薔薇科之植物體上。

果熟呈黃色

葉薄革質，卵圓形、匙形或倒卵狀長橢圓形。

花冠筒長 1.5 ～ 2 公分，花藥長 2 ～ 4 公釐。

蓮華池寄生 特有種

屬名	大葉楓寄生屬
學名	*Scurrula tsaii* (S.T. Chiu) Y.P. Yang & S.Y. Lu

小枝圓柱形，密被脫落性淡橘色絨毛及星狀毛。葉黃綠色，革質，卵形至卵狀長橢圓形，長 5 ～ 6 公分，寬 3 ～ 4 公分，先端鈍，基部圓，葉柄長 7 ～ 10 公釐，成熟葉兩面近同色。萼片倒卵狀圓錐形，被絨毛；花冠紅色，先端淡綠色，近光滑無毛，花冠筒長 1.6 ～ 2.2 公分，先端裂片線形，長 4 ～ 6 公釐；花藥長 2.5 ～ 3.5 公釐，藥室具橫隔。果實圓柱形，先端楔形。

　　特有種；分布於台灣中、南部中低海拔地區。

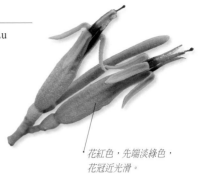

花紅色，先端淡綠色，
花冠近光滑。

成熟葉兩面近同色，葉卵形或卵狀橢圓形，基部鈍。

花之內部

花期之末，雌蕊伸出，雄蕊已枯。

松寄生屬 TAXILLUS

幼枝與幼葉密被絨毛。葉對生。花序繖形，稀總狀。花兩性，4 ～ 5 數；花冠筒有一長縱裂縫，裂片反折；雄蕊 4 ～ 5，與花冠裂片對生。果實球形。與大葉楓寄生屬（見第 300 頁）的主要差別在於本屬的果實基部圓形（vs. 果基狹或長楔形）。

松寄生 特有種

屬名	松寄生屬
學名	*Taxillus matsudae* (Hayata) Danser

繖形花序 2 ～ 5 朵花，
花萼裂片線形。

葉革質，匙形或線狀倒卵形，長 2 ～ 3 公分，寬 0.5 ～ 1 公分，先端圓，基部漸尖。繖形花序，花 2 ～ 5 朵，花冠管狀，光滑無毛，花序軸及花梗光滑無毛。果實球形。

　　特有種；分布於台灣中、高海拔山區，寄生於松科之植物體上。

葉匙形，先端圓；果實球形。

7 ～ 8 月開花（許天銓攝）

檀香科 SANTALACEAE

喬木、灌木或草本，有時寄生於其他植物之莖或根上。葉互生或對生，有時退化成小鱗片或無，全緣，無托葉。花序穗狀、總狀或頭狀；花小，輻射對稱，兩性或單性；花被肉質，三至六裂；雄蕊與花被裂片同數雌花或兩性花具下位或半下位子房；花被管通常比雄花的長，花柱常不分枝，柱頭小，頭狀，截平或稍分裂。果實為堅果或核果。

特徵

花被肉質，三至六裂；雄蕊與花被裂片同數而對生。（椆櫟柿寄生）

核果（椆櫟柿寄生）

植株寄生於其他植物之莖或根上（檜葉寄生）

檜葉寄生屬 KORTHALSELLA

葉退化成小鱗片。花簇生於節上或枝頂，單性，雌雄異株或同株；雄花被筒短，三深裂，雄蕊 3；雌花被與子房合生，三裂，子房下位。果實棒狀或梨果狀。

檜葉寄生

屬名	檜葉寄生屬
學名	*Korthalsella japonica* (Thunb.) Engler

相鄰節間均處於同一平面；花無柄，簇生於節處。（許天銓攝）

小灌木，高 5 ～ 15 公分；枝扁平，明顯具節與節間。葉退化成小鱗片。花淡綠色。果實倒卵形，先端圓。

產於熱帶亞洲、澳洲至玻里尼西亞；在台灣分布於全島及蘭嶼之低中海拔地區。寄生於木犀科、樟科、灰木科、桃金孃科、杜鵑花科、殼斗科及冬青科之植物體上。

花被三裂（許天銓攝）

枝扁平，明顯具節與節間。葉退化成小鱗片。

果生於莖節兩側

百蕊草屬 THESIUM

草本。葉互生，線形。花兩性，單生或排成聚繖狀，腋生；花被筒短，四至五裂；子房下位。堅果，由宿存花被所包被，近於球形。

百蕊草

屬名	百蕊草屬
學名	*Thesium chinense* Turcz.

多年生草本，纖細矮小，高 15 ～ 30 公分，莖無毛。葉線形，肥厚，長 2 ～ 4 公分，寬 0.5 ～ 1.5 公釐，全緣，具單脈。花生於葉腋，小，白色；苞片 1 枚，線狀披針形；花被筒管狀，五深裂。

產於韓國、中國、日本及琉球；在台灣分布於東部及中部之低中海拔地區。

花被四或五裂；子房下位。（許天銓攝）

花生葉腋，小，白色；苞片 1 枚，線狀披針形。

結果時花被仍宿存（許天銓攝）

多年生之纖細草本，經常寄生於其他植物之根上。

槲寄生屬 VISCUM

葉對生，常退化成鱗片狀。花單性，單生或成聚繖狀生於葉腋或節上；雄花被片 4 枚，花藥多室，孔裂；雌花被片 3 ～ 4 枚，合生於子房上。漿果，果皮具黏性膠質。

台灣槲寄生（台灣赤楊寄生） 特有種

屬名	槲寄生屬
學名	*Viscum alniformosanae* Hayata

枝圓形。葉厚革質，卵狀長橢圓形或長橢圓形，長 4 ～ 5 公分，寬 1.2 ～ 2 公分，平行脈 3 ～ 5 條，無柄或具短柄。雌雄異株，頂生聚繖花序或著生於莖之分岔處；雄花序具花 3 朵，雄蕊 3 ～ 4；雌花序具花約 7 朵，花柱球形；無花梗。果實球形，徑 6 ～ 8 公釐，成熟時淡黃色。

特有種，產於台灣中部中海拔山區。寄生於赤楊及梨樹之植物體上。

果球形，徑 6 ～ 8 公釐，成熟時淡黃色。葉具平行脈 3 ～ 5 條。

植株全體呈圓球狀

柿寄生

屬名　槲寄生屬
學名　*Viscum diospyrosicolum* Hayata

小灌木，莖二或三岔，節間稍扁平或圓柱形，有 2～3 縱稜。無正
常葉。聚繖花序 1～3 個，腋生；花淡黃色，花被裂片 4，三角形；
雄蕊 4；殆無梗。果實長橢圓形。

　　產於中國南部至熱帶亞洲及澳洲；在台灣分布於低中海拔地區。
寄生於柿樹科、殼斗科及薔薇科之植物體上。

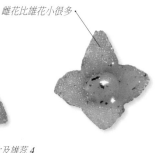

雌花比雄花小很多

雄花花被片及雄蕊 4

柿樹上長滿了稠櫟柿寄生

雌花側面

雌花被片 4

莖二或三岔，節間稍扁平或圓柱形，無正常葉。

果橢圓形

椆櫟柿寄生(赤柯寄生、楓香槲寄生)

屬名　槲寄生屬
學名　*Viscum liquidambaricolum* Hayata

小枝懸垂，二或三岔，節間扁平。無正常葉。雌雄同株；聚繖花序一～3個腋生；單花時為雌花或雄花，3花時則為1雌花於中央，2雄花於兩側；雄花具雄蕊4，無梗。果實橢圓形或卵圓形。

　　產於東南亞之熱帶地區及澳洲；在台灣分布於低中海拔地區。寄生於金縷梅科、殼斗科及樟科之植物體上。

雄花雄蕊4

果圓形

節間扁平且相互垂直，無正常葉。

雌花花被片4

刀葉桑寄生(相思葉桑寄生)

屬名　槲寄生屬
學名　*Viscum multinerve* (Hayata) Hayata

枝細長，對生或輪生，圓形，纖細，小枝有縱稜。葉似相思樹之葉，鐮刀形或披針狀鐮刀形，長4.5～8公分，寬1～2.5公分，先端鈍，10～12脈。花小，成3～5朵之密繖花序。果實倒卵球形。

　　產於中國華西和華南；分布於台灣中部之低海拔地區。寄生於殼斗科之植物體上。

葉似相思樹之葉，鐮刀形或披針狀鐮刀形。果倒卵球形。

常寄生於高大樹木之上冠層上

鐵青樹科 OLACACEAE

常綠或落葉，喬木或灌木。單葉，互生，無托葉。花序穗狀、總狀、圓錐狀或聚繖狀；花兩性，輻射對稱；萼片合生成筒狀或杯狀；花瓣 3 ～ 5 枚，離生或合生；花盤環狀；雄蕊 3，與花瓣對生，花藥 2 室；退化雄蕊 6；子房上位，略埋於花盤中。核果，由增大的萼筒所包被。

鐵青樹屬 OLAX

灌木。葉全緣，有柄。總狀或圓錐狀花序，萼筒杯狀，花瓣離生或合生，雄蕊 3，退化雄蕊 6，子房上位。

花瓣 3 枚，先端略二裂。

果卵球形，成熟時橘紅色。

菲律賓鐵青樹

屬名　鐵青樹屬
學名　*Olax imbricata* Roxb.

攀緣性灌木，莖近乎光滑無毛。葉排成二列，長卵形，長 6 ～ 15 公分，寬 2 ～ 7 公分，先端鈍至銳尖，全緣，側脈 3 ～ 5 對。總狀花序，多花，有毛；花瓣白色，先端有時裂，長約 1 公分；雄蕊 3；退化雄蕊 6，二裂，略與花瓣等長；花柱單一，光滑無毛，柱頭三岔。果實卵球形，成熟時橘紅色，除上端外均為宿存花萼筒所包被。

　　產於印度、爪哇及菲律賓；在台灣分布於離島蘭嶼，生長在岩石或空曠地。

果除上端外均為宿存萼筒所包被

雄蕊 3（黃色花藥者）；退化雄蕊 6。

花序總狀，腋生。（許天銓攝）

山柚科 OPILIACEAE

喬木、灌木或木質藤本。葉互生，無托葉。花序腋生或頂生，穗狀、總狀或圓錐狀；花小，多為兩性；花萼小；花瓣小，4 ～ 5 枚，離生或合生；雄蕊 4 ～ 5；子房上位或下位。果實為核果。

山柚屬 CHAMPEREIA

小喬木或灌木。圓錐狀聚繖花序；花兩性；花被筒短，裂片 5；雄蕊 5；子房上位。核果橢圓形。台灣有 1 種。

兩性花花被外展，長 1 ～ 1.5 公釐。

山柚（擬常山）

屬名　山柚屬
學名　*Champereia manillana* (Blume) Merr.

常綠小喬木，光滑無毛，枝纖細。葉厚紙質，卵形至卵狀披針形，先端漸尖或銳尖，基部銳尖或鈍，全緣，上表面有光澤。圓錐狀聚繖花序；花雜性，兩性花花被外展，長 1 ～ 1.5 公釐；雌花花被直立，長約 0.5 公釐。核果橢圓形，光滑無毛，長 1 ～ 1.5 公分，成熟時橙黃色，再轉為紫紅色。

　　產於馬來西亞及菲律賓；在台灣分布於南部之低海拔森林中。嫩葉可食。

果熟呈紅色

核果橢圓形，熟時橙黃色，再轉成紫紅色。

花序圓錐狀

青皮木科 SCHOEPFIACEAE

喬 木或灌木。單葉，互生，全緣。花單性，雌雄同株，穗狀或總狀花序，雌花常生於花序基部；花萼小，基部與子房合生；花冠呈筒狀，先端四至五裂；雄蕊 4～5，生於花冠筒內，花藥 2 室；無退化雄蕊；子房半下位，略埋於花盤中，柱頭三岔。果實為核果。

青皮木屬 SCHOEPFIA

小 喬木或灌木。葉全緣。花序穗狀或總狀。花冠黃色，筒狀，先端四至五裂；雄蕊 4～5，生於花冠筒內。

華南青皮木

屬名	青皮木屬
學名	*Schoepfia chinensis* Gardn. & Champ.

落葉小喬木，高 2～3 公尺，小枝纖細。葉卵形，先端尾狀漸尖，基部楔形，通常三出脈，側脈 3～5 對，無毛，葉柄紅色。花序穗狀，長 2～3.5 公分，花 1～4 朵；花冠黃白色，筒狀，長 8～14 公釐，先端四至五淺齒裂。果實橢圓形，長 7～12 公釐，成熟時紅色，再轉為紫黑色。

產中國華南及華西；在台灣分布於中、南部海拔 1,000～2,000 公尺之山區。

葉卵形，先端呈尾狀漸尖，基部楔形，無毛，通常三出脈。

花冠裂片基部有一撮白毛
（許天銓攝）

果熟時紅色，再轉成紫黑色。

花冠筒狀，黃白色。

番杏科 AIIZOACEAE

草本，多汁。單葉，對生或輪生，稀互生。花單生或成聚繖花序，輻射對稱，兩性，稀單性；花被片 3 ～ 8 枚，一輪，基部與花絲合生成筒；雄蕊 4 至多數，有時少數而呈花瓣狀；心皮多為 5 枚。果實多為背裂蒴果。

特徵

單葉。花兩性，輻射對稱；花被片 3 ～ 8 枚，一輪；雄蕊 4 至多數。（海馬齒）

海馬齒屬 SESUVIUM

匍匐性草本。葉對生，葉柄基部膨大成鞘狀包住莖，無托葉。花兩性，單生於葉腋，基部有 2 小苞片；花被片 5 枚，花瓣狀；雄蕊多數，與花被片互生；花柱 2 ～ 5。蒴果蓋裂。

海馬齒	屬名　海馬齒屬
	學名　*Sesuvium portulacastrum* (L.) L.

匍匐於地面生長，莖光滑無毛。單葉，對生，葉肥厚扁平，線狀倒披針形至倒披針形，疏被毛。單花，腋生，淡紫紅色，小型；花被片 5 枚，花瓣狀，先端具短突尖；雄蕊多數；花柱 3。蒴果，卵狀長橢圓形。

產於熱帶地區；在台灣分布於全島之海岸附近。

花被片 5 枚，先端具短突尖；雄蕊多數，花柱 3。

常大片群生於鹽鹼地帶

番杏屬 TETRAGONIA

匍匐性草本。葉互生，有葉柄，無托葉。花單生或簇生，兩性或單性；花被片 3～5 枚，黃色；雄蕊 1 至多數；柱頭 2～9。果實為堅果。

番杏

屬名	番杏屬
學名	*Tetragonia tetragonoides* (Pall.) Kuntze

草本，植株肉質，高 30～60 公分，密被絨毛。單葉，互生；葉卵狀菱形或三角狀卵形，長 5～10 公分，寬 1.5～5 公分，先端漸尖或銳尖，基部楔形或心形，具延伸翼柄，全緣，密被球形或扁平狀乳突，葉柄長 2～3 公分。花 1～2 朵腋生，黃色，花被筒鐘形，四裂，裂片廣卵形，雄蕊 9～20，花絲、花藥黃色，柱頭四至六岔。果實為堅果狀核果，菱形，長約 1 公分；宿存花被變形，具 4～5 個角狀突起。

　　產於中國、日本、亞洲南部及大洋洲群島；在台灣分布於全島海岸附近之沙質地。

雄蕊 9～16，花絲、花藥黃色，柱頭四至六岔。

堅果狀核果，長約 1 公分，菱形，宿存花萼變形，具 4～5 個角狀突起。

草本，植株肉質，密生絨毛。

假海馬齒屬 TRIANTHEMUM

草本，匍匐或斜上。葉對生，葉柄基部膨大成鞘狀包住莖，無托葉。花單生或簇生，基部有 2 枚小苞片；花被片 5 枚，粉紅色，基部略合生；雄蕊 5 至多數；柱頭 1。蒴果蓋裂。

假海馬齒

屬名	假海馬齒屬
學名	*Trianthemum portulacastrum* L.

莖多分枝，光滑或被囊狀毛。葉扁平，邊緣常有紅暈，橢圓形至倒卵形，先端鈍至略凹，近無毛或被囊狀毛。花被片 5 枚，粉紅白色；雄蕊 9～16，花藥粉紅色，花絲白色；雌蕊 1，白色。蒴果蓋裂。

　　產於亞熱帶地區；在台灣分布於南部及離島海岸附近之沙質地。

花被片 5，粉紅白；雄蕊 9～16，花藥粉紅，花絲白。

蒴果

葉扁平，邊緣常有紅暈。

莧科 AMARANTHACEAE

草本或灌木。單葉，互生或對生，無托葉。花小，兩性或單性，雌雄同株，少異株；單生或組成聚繖狀、圓錐狀、頭狀或穗狀花序；花被片 3～5 枚或無，略乾膜質、草質或肉質；雄蕊 1～5，花絲離生或基部合生；子房上位，1 室，基生胎座，花柱 1～3，柱頭 2～5，胚珠多為 1 枚。果實各類型皆有，多為胞果。

台灣有 14 屬。

特徵

穗狀花序者（青葙）

單葉，互生或對生，無托葉。（變葉藜）

花被片 3～5 或無，略乾膜質、草質或肉質；雄蕊 1～5，花絲離生或基部合生；子房上位，花柱 1～3，柱頭 1～5。（青葙）

花序多樣，此為頭狀花序者。（假千日紅）

牛膝屬 ACHYRANTHES

粗壯草本。葉對生。花兩性，成穗狀花序；苞片及 2 小苞片刺狀；花被片常 5 枚；雄蕊 5，花絲基部合生，與退化雄蕊互生，花藥 2 室；花柱 1。苞片及花梗於結果時向下彎曲並貼近花序軸。胞果，與花被及小苞片一起脫落。

土牛膝

屬名	牛膝屬
學名	*Achyranthes aspera* L.

莖圓形或近方形，密被毛。葉長卵形，長 4～8 公分，寬 4～5 公分，先端銳尖或鈍，基部楔形或圓，具短突尖，波浪緣，兩面密被毛。穗狀花序頂生，花序軸密被絨毛；花被片 5 枚，披針形；雄蕊 5，退化雄蕊先端具毛。

產於中國、印度、馬來西亞、菲律賓及琉球；在台灣分布於全島低海拔之空曠地及山坡。

花被 5，披針形；雄蕊 5，花絲紅色，退化雄蕊先端具毛。

葉波浪緣，兩面密被毛。

牛膝

屬名　牛膝屬
學名　*Achyranthes bidentata* Blume

莖近方形，密或疏被毛，常呈紅褐色。葉長橢圓形，兩端漸尖，疏被毛或近光滑。花序頂生或腋生，密生花，每朵花具 1 苞片及 2 小苞片；花被片 5 枚，有中脈；雄蕊 5，花絲基部合生，與退化雄蕊互生，退化雄蕊先端淺齒緣，光滑無毛。

　　產於熱帶亞洲及琉球；在台灣分布於全島低海拔之森林內。

花之毛被物較土牛膝稀疏，雄蕊不具緣毛。

幼果花後下垂

葉長橢圓形，兩端漸尖，疏被毛或近光滑。

柳葉牛膝

屬名　牛膝屬
學名　*Achyranthes longifolia* (Makino) Makino

莖近方形，疏被毛，節膨大。葉線狀披針形或披針形，長 4.5 ～ 15 公分，寬 0.5 ～ 3.6 公分，兩端漸尖，疏被毛。穗狀花序腋生或頂生，花多數，每朵花具 1 苞片及 2 小苞片，刺狀；花被片 5 枚，綠色，線形；退化雄蕊頂端無緣毛。

　　產於中國、日本、亞洲之溫帶及副熱帶地區；在台灣分布於全島低海拔之森林內。

花被綠色；每朵花具紅色之 1 苞片及 2 小苞片；雄蕊基部無緣毛。

葉線狀披針形或披針形

絹毛莧屬 AERVA

攀緣性亞灌木。穗狀花序；小苞片不成刺狀；花被片4或5枚；雄蕊4或5，花絲基部合生，與退化雄蕊互生，花藥2室；花梗於結果時不向下彎曲。胞果黑色。

絹毛莧

屬名	絹毛莧屬
學名	*Aerva sanguinolenta* (L.) Bl.

莖密被絨毛。葉對生，卵形，先端鈍或銳尖，兩面光滑或被毛。穗狀花序，頂生；花被片5枚，淡綠色；雄蕊5，花絲基部合生；雌蕊1，子房近光滑。

　　產於中國南部及西南部、非洲、爪哇、馬來西亞及菲律賓；在台灣分布於南部之開闊地。

葉對生，卵形，先端鈍或銳尖，兩面光滑或被毛。　　分布於南部低山　　花被片5，淡綠色，雄蕊5。

蓮子草屬 ALTERNANTHERA

草本，直立或匍匐。葉對生。花兩性，成略延長之頭狀花序，腋生；小苞片3枚；花被片5枚；雄蕊3～5，花絲基部合生，與退化雄蕊互生，花藥1室。果實為胞果。

毛蓮子草

屬名	蓮子草屬
學名	*Alternanthera bettzickiana* (Regel) Nicholson

莖斜上或直立。葉卵形、橢圓形、狹橢圓形或倒披針形，長4～8公分，寬2～2.5公分，兩面被毛。花序無梗；花被片5枚，先端銳尖並具短刺；雄蕊5，花藥1室，條形，黃色；雄蕊與退化雄蕊等長，退化雄蕊帶狀，先端3～5條狀裂。

　　原產南美洲；引進台灣後逸出，生長於廢耕地及路旁。

退化雄蕊帶狀，先端3～5條狀裂。　　葉大多為卵形或橢圓形，兩面疏被毛。

節節花

屬名	蓮子草屬
學名	*Alternanthera nodiflora* R. Br.

莖匍匐性而多分枝，長 20～60
公分，常在節處生根，節間有二
列白捲毛。葉對生，柔軟，線形
或線狀披針形，長 2～6 公分，
寬 3～6 公釐，鈍頭，全緣或具
不明顯之波狀凸齒。穗狀花序球
狀，密生於葉腋，花被片 5 枚，
雄蕊 3，柱頭頭狀。本種與蓮子草
（見第 316 頁）有中間型個體，
以致於兩者有時難以區別。

　　產於中國中南部、馬來西亞、
菲律賓、婆羅洲、印度及琉球；
在台灣分布於全島低海拔之開闊
地或潮濕地。

葉對生，線形或線狀披針形。

匙葉蓮子菜

屬名	蓮子草屬
學名	*Alternanthera paronychioides* St. Hil.

匍匐性草本，幼莖密被白色長毛。葉倒卵形或
匙形，長 1.5～2 公分，寬 3～5 公釐，兩面及
基部有毛。花被片先端不具短刺，雄蕊 5，退化
雄蕊長僅為雄蕊之一半。

　　原產熱帶美洲；在台灣分布於中、南部海
岸附近之開闊地。

葉兩面有明顯長毛

匍匐草本，幼莖密被白色長毛。

空心蓮子草（長梗滿天星）

屬名	蓮子草屬
學名	*Alternanthera philoxeroides* (Mart.) Griseb.

莖斜上或直立，中空，莖幹常呈淡紅色。葉倒披針形或狹倒卵形。花序梗長；花有多型，有雄蕊與退化雄蕊各 5 加上 1 雌蕊者，或具 1 雌蕊加上 5 退化雄蕊者，或具 6 雌蕊（5 雄蕊變成雌蕊）者。

　　原產中美洲；在台灣分布於全島低海拔之潮濕地。

1 雌蕊加上 5 退化雄蕊者

5 雄蕊、5 退化雄蕊再加上 1 雌蕊者。

葉近光滑，花序具長梗。

花有多型，此為 6 雌蕊者。

蓮子草

屬名	蓮子草屬
學名	*Alternanthera sessilis* (L.) R. Brown

莖匍匐或略斜上。葉倒披針形或線狀橢圓形，長 2 ～ 6 公分，寬 0.6 ～ 2 公分，疏齒緣、邊緣略具凹刻或近全緣。頭狀花序，1 ～ 4 個腋生，球形或長圓形，花序梗不長；雄蕊 3，花絲基部合生。胞果倒心形，包於宿存花被片內。

　　產於中國中南部、馬來西亞、菲律賓、婆羅洲、印度及琉球；在台灣分布於全島低海拔之開闊地或潮濕地。

葉疏鋸齒緣

雄蕊 3；胞果倒心形，包於宿存花被片內。

葉疏齒緣、略具凹刻或近全緣。

莧屬 AMARANTHUS

　　一年生草本。葉互生。花單性或雜性,簇生或再成穗狀或圓錐花序;苞片先端常呈刺狀;花被片 3 或 5 枚,膜質;雄蕊 2 ～ 5,花絲分離,花藥 2 室,無退化雄蕊。目前本屬分類在台灣仍處於不明之狀態,仍須深入研究方可清楚種群狀況。

假刺莧

屬名　莧屬
學名　*Amaranthus dubius* Mart. *ex* Thell.

一年生草本,直立或斜生,雌雄同株,高 50 ～ 80 公分。莖下部光滑,上部被毛。葉互生,菱形至卵形,長 8 ～ 12 公分,寬 7-9 公分先端鈍形,頂端具凹口,凹口中有一微小的刺狀突起,光滑。花序穗狀或圓錐狀,腋生或頂生,長至 25 公分。苞片卵形至三角形,長 1.4 ～ 2 公釐,寬 0.6 ～ 1 公釐,具芒。花被 5 枚,卵形至長橢圓形,長(1.5 ～)1.8 ～ 2.3(～ 3)公釐,寬 0.6 ～ 0.8(～ 1)公釐,花藥黃色,長 1 公厘,花絲白色,長 0.8 公厘;雌蕊長 2 ～ 2.3 公釐,柱頭 3 叉。胞果,卵形至壺形,長 1.5 公釐。種子透鏡形,寬 1 公厘,紅棕色。

　　原產於新世界,歸化台灣野地。

花序一部份

花被 5

開花之植株

青莧(紅梗莧)

屬名　莧屬
學名　*Amaranthus hybridus* L. var. *patulus* (Bertol) Thell.

植物體大小差異很大,最高可達 2 公尺,莖光滑或略被軟毛。葉卵形至菱形,先端銳尖或近鈍頭,全緣或略波狀緣,葉面綠色,葉脈明顯,葉背脈上被灰毛。穗狀花序或圓錐花序,花序甚長,花被片與雄蕊各 5 枚。

　　原產熱帶美洲;在台灣生長於荒廢地。可採莖剝皮炒食,是台灣常見之野菜。

花柱明顯伸出花被外

雄花序

植物體高大

凹葉野莧菜

屬名　莧屬
學名　*Amaranthus lividus* L.

一年生草本，莖光滑無毛。葉橢圓形至菱狀卵形，長 1.5～5 公分，寬 1～3.5 公分，先端凹，凹口有一微小的刺狀突起，光滑無毛，葉柄長 1～5 公分。直立穗狀花序或圓錐花序；花被片 3 枚，膜質；雄蕊 3，無退化雄蕊；柱頭 3 或 2。胞果，扁圓形，長 3 公釐，不裂，微皺縮而近平滑。

　　廣泛分布於中國、日本、歐洲、非洲北部及南美洲；在台灣已歸化，生長於路旁或荒廢地。

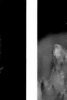

葉先端凹，凹口有一微小突起。

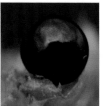
花柱 2 或 3

花被片 3，雄蕊 3。

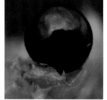
種子近圓形

果實表面近光滑，微皺縮。

一年生草本，莖光滑。

反枝莧

屬名　莧屬
學名　*Amaranthus retroflexus* L.

年生草本，高 20～80 公分，有時達 1 公尺多；莖直立，淡綠色，有時具帶紫色條紋，密生短柔毛。葉片菱狀卵形或橢圓狀卵形，長 5～12 公分，寬 2～5 公分，頂端銳尖或尖凹，有小凸尖，兩面及邊緣有柔毛，下面毛較密；葉柄長 1.5～5.5 公分，淡綠色，有時淡紫色，有柔毛。圓錐花序頂生及腋生，直立，直徑 2～4 公分，由多數穗狀花序形成，頂生花穗較側生者長；苞片及小苞片鑽形，長 4～6 公釐，白色，背面有 1 龍骨狀突起，伸出頂端成白色尖芒；花被片矩圓形或矩圓狀倒卵形，長 2～2.5 公釐，薄膜質，白色，有 1 淡綠色細中脈，頂端急尖或尖凹，具凸尖；雄蕊比花被片稍長；柱頭 3，有時 2。胞果扁卵形，長約 1.5 公釐，包裹在宿存花被片內。種子近球形，直徑 1 公釐，棕色或黑色。

　　原產美洲熱帶，現廣泛傳播並歸化於世界各地。近來歸化台灣野地，目前還屬不常見。

柱頭 3，有時 2。

雄蕊 5

頂生花穗較側生者長

葉近菱形

刺莧

屬名	莧屬
學名	*Amaranthus spinosus* L.

草本，高30～100公分，莖直立，圓柱形或鈍稜形，多分枝，常帶紫色，節上有2刺。葉卵形或長橢圓形。圓錐花序腋生及頂生，長3～25公分，莖下部花穗常全部為雄花；花被片與雄蕊各5枚。胞果，光滑無毛。

原產熱帶美洲，今廣泛分布於溫帶及熱帶地區；在台灣生長於荒廢地。

雌花，花柱3。

雄花花被5；花序上有刺。

莖常為紅色，節上具刺。

莧雁來紅

屬名	莧屬
學名	*Amaranthus tricolor* L.

一年生草本，高80～150公分；莖粗壯，綠色或紅色，常分枝。葉片卵形、菱狀卵形或披針形，長4～10公分，寬2～7公分，綠色或常成紅色，紫色或黃色，或部分綠色加雜其他顏色，頂端圓鈍或尖凹，具凸尖，基部楔形，全緣或波狀緣，無毛。花簇腋生，直到下部葉，或同時具頂生花簇，成下垂的穗狀花序；花簇球形，直徑5～15公釐，雄花和雌花混生；苞片及小苞片卵狀披針形，長2.5～3公釐，頂端有1長芒尖，背面具1綠色或紅色隆起中脈；花被片矩圓形，頂端有1長芒尖，背面具1綠色或紫色隆起中脈。胞果卵狀矩圓形。

原產印度，分佈於亞洲南部、中亞、日本等地。台灣各地均有栽培，有時逸為半野生。

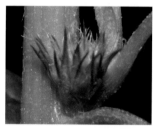

雌花序

花被3，雄蕊3。

植株

野莧菜

屬名	莧屬
學名	*Amaranthus viridis* L.

莖直立，高80公分，近光滑無毛。葉闊三角形或卵形，長3～9公分，寬2.5～6公分，先端凹缺，少數圓鈍。花被片與雄蕊各3枚；花被片長1.2～1.5公釐，內曲，先端急尖，背部有1綠色凸起之中脈；柱頭3或2。胞果球形，具明顯皺紋。

原產熱帶美洲，目前廣泛分布於暖溫帶地區；在台灣生長於荒廢地。

果皮皺縮不開裂

雄蕊3；花被3，是台灣本屬花最小者。

花序通常較短

濱藜屬 ATRIPLEX

多年生草本。葉互生，於莖下方漸成對生，被粉。花單性；雄花無苞片，花被片及雄蕊各 3～5 枚；雌花具 2 苞片，花被片缺，柱頭 2，鑽狀或絲狀，花柱極短。胞果藏於苞片內，果皮膜質，與種子貼伏或貼生。

馬氏濱藜

屬名	濱藜屬
學名	*Atriplex maximowicziana* Makino

莖平臥地面，具分枝，被灰褐色鱗片狀毛。葉卵形至三角形，長 2～5 公分，寬 1～2.5 公分，全緣，兩面被銀灰白色鱗狀毛。花單性，雌雄同株或異株；短穗狀花序，腋生或頂生；雄花有 5 雄蕊；雌花有 2 枚苞片，三角狀廣卵形，兩側二至三齒裂，苞片長寬均 7～8 公釐。胞果，由花被和 2 枚宿存苞片所包被。種子橢圓形，深褐色或黑色。

產於中國南部及琉球；在台灣分布於南部及澎湖之海濱沙地。

葉卵形至三角形

果序

台灣濱藜

屬名	濱藜屬
學名	*Atriplex nummularia* Lindl.

多年生草本，莖多分枝，被粉。葉質厚，橢圓形至圓形，全緣或極少數為波狀齒緣。雄蕊 5。苞片於果期時呈卵形至圓形，全緣或基部具微小齒牙。

產於澳洲；在台灣分布於離島澎湖之海濱沙地。

葉橢圓形至圓形

苞片在果期時卵形至圓形，全緣或基部具微小齒牙。

莖多分枝，被白粉。

雄蕊 5

青葙屬 CELOSIA

草本。葉互生。花兩性,基部具 1 枚苞片和 2 枚小苞片,密生成穗狀或總狀花序;花被片 5 枚;雄蕊 5,花絲基部合生,花藥 2 室,無退化雄蕊,花柱 1。果實為胞果。

　　另有一種:台東青葙(*C. taitoensis* Hayata),其葉披針形或線狀披針形,長 15 ～ 20 公分,先端漸尖;花序長 3 ～ 4 公分,花被片長約 5 公釐。除了模式標本外,至今並沒有再發現之紀錄。

青葙

屬名	青葙屬
學名	*Celosia argentea* L.

葉披針形或卵形,長 5 ～ 8 公分,先端銳尖或漸尖。花序長 5 ～ 8 公分;花被片 5 枚,長 8 ～ 10 公釐,粉紅色;雄蕊 5,花絲基部合生。

　　產於非洲及亞洲之熱帶地區;在台灣分布於全島低海拔之荒廢地或開闊地。

花被片 5;雄蕊 5,
花絲基部合生。

花密生成穗狀

葉披針形或卵形,先端銳尖或漸尖。

藜屬 CHENOPODIUM

　　年生至多年生草本。葉互生,被毛或被粉,稀光滑,有柄。花兩性,無苞片,花被片 3 ～ 5 枚,雄蕊 5,子房常寬大於長,無梗。果實為胞果,無苞片。

　　台灣有 6 種。

變葉藜

屬名	藜屬
學名	*Chenopodium acuminatum* Willd. subsp. *virgatum* (Thunb.) Kitamura

草本,高 30 ～ 70 公分,莖匍匐狀,上部多分枝,光滑無毛。葉卵形至披針形,長 1 ～ 4 公分,基部銳尖至鈍,全緣,明顯三出脈,葉柄長 5 ～ 25 公釐。總狀花序,密集成圓錐狀;花被片 5 枚。胞果,扁球形,種子橫生。

　　產於中國華東、菲律賓至日本及琉球;在台灣分布於全島之海濱。

分布於台灣全島海濱

果序

葉卵形至披針形,長 1 ～ 4 公分,全緣。

藜

屬名　藜屬
學名　*Chenopodium album* L.

葉卵形至披針形，長1～5公分，基部楔形，葉基不具明顯裂片，葉緣波形至鋸齒，葉背初時被粉，葉柄長5～30公釐。花被片5枚。種子橫生。

　　廣布世界各地；在台灣分布於全島中、低海拔，為常見雜草。

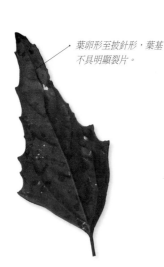

葉卵形至披針形，葉基不具明顯裂片。

花序

花枝

臭杏

屬名　藜屬
學名　*Chenopodium ambrosioides* L.

植物體具腺毛及強烈氣味。葉橢圓形至披針形，長2～10公分，基部楔形，波狀鋸齒緣至深裂，被腺毛，葉柄甚短。花被片5枚，肉質，裂片三角狀卵形，宿存；雄蕊5，花柱三岔。種子橫生及直立。

　　原產於熱帶美洲；在台灣已歸化於低海拔山區，為常見雜草。

莖下半部葉常呈波狀鋸齒緣至深裂

雄蕊5，雌蕊花柱三岔。

莖上半部葉呈披針形

分布於台灣低海拔山區，為常見雜草。葉有濃烈味道。

台灣藜(紅藜) 特有種

屬名　藜屬
學名　*Chenopodium formosanum* Koidz

一年生草本，莖直立，高可達 3 公尺。葉披針形、卵形至三角菱形，長 6 ～ 12 公分，基部截形至鈍，粗鋸齒緣，葉柄長 3 ～ 5 公分。花序頂生，花被片 5 枚。果實扁球形，種子橫生。

　　特有種；分布於台灣南部之低海拔山區。

葉三角菱形
或披針形

果熟呈紅色　　　　　花序甚大　　　　　一年生草本，莖直立，高可達 3 公尺。

灰綠藜

屬名　藜屬
學名　*Chenopodium glaucum* L.

葉狹橢圓形至披針形，長 1 ～ 4 公分，基部楔形，鋸齒緣，葉背明顯被粉，葉柄長 5 ～ 10 公釐。花被片 3 ～ 4 枚。種子橫生及直立。

　　主要產於溫帶地區；在台灣分布於中、南部，為海邊雜草。

海濱植物（陳柏豪攝）　　　　　　　　　植株（楊曆縣攝）

小葉藜

屬名	藜屬
學名	*Chenopodium serotinum* L.

葉線形至狹卵形，長 1～5 公分，基部楔形，波狀緣至鋸齒緣，葉基具 2 明顯裂片，其上方緊鄰處之葉緣多少平行，葉柄長 5～30 公釐。花被片 5 枚。種子橫生。在台灣本種與藜（見第 322 頁）難以區別，其分類尚待釐清。

　　廣布於全球；在台灣為中、低海拔常見雜草。

葉基部具 2 明顯裂片

在台灣本種與藜難以區別，其分類尚待釐清。

漿果莧屬 CLADOSTACHYS

直立或攀緣性草本或亞灌木。葉互生。花兩性或單性異株，成穗狀或總狀花序，或總狀花序後再成圓錐狀排列；花被片 5 枚；雄蕊 5，花絲基部合生，無退化雄蕊。漿果球形。

漿果莧（紐藤）

屬名	漿果莧屬
學名	*Cladostachys frutescens* D. Don

攀緣性亞灌木。葉卵形或卵狀披針形，長 3.5～7 公分，寬約 3 公分，先端漸尖。花序總狀或圓錐狀，長 5～7 公分；花被片 5 枚，雄蕊 5，柱頭 三岔。漿果紅色。

　　產於印度、菲律賓及太平洋群島；在台灣分布於南部之低海拔灌叢中。

果實紅色，具宿存柱頭。

花被片 5，雄蕊 5，柱頭三岔。

果枝

攀緣亞灌木。花枝。葉卵形。

多子漿果莧

屬名 漿果莧屬

學名 *Cladostachys polysperma* (Roxb.) Miq.

株高可達 2 公尺，莖直立，老莖具稜，枝條略匍匐狀。葉長橢圓形、卵形至闊卵形，長 8 ～ 15 公分，寬 4 ～ 7 公分，先端銳尖至鈍，上表面綠色，下表面顏色較淡。花序穗狀，長不及 5 公分。漿果白色。

　　產於馬來半島至摩鹿加群島；在台灣分布於西、南部之低海拔森林中。

枝條略匍匐狀。葉長橢圓形。

漿果白色（許天銓攝）

川牛膝屬 CYATHULA

草本或亞灌木。葉對生。花 1 ～ 3 朵簇生，而後成總狀排列；不孕花及苞片先端有鉤狀芒刺；花被片 5 枚；雄蕊 5，花絲合生，有退化雄蕊，花藥 2 室。果實為胞果。

假川牛膝

屬名 川牛膝屬

學名 *Cyathula prostrata* (L.) Bl..

草本，莖被長柔毛，近圓柱形，偏紫紅色。葉菱狀倒卵形、菱狀矩圓形或長橢圓形，先端銳尖或鈍，基部漸窄，兩面密被柔毛。總狀花序上之花多但排列疏鬆；花被片外面密被白色毛，退化雄蕊頂端二淺裂。

　　產於菲律賓、馬來西亞、中國南部、太平洋群島及舊大陸其他溫暖地區；在台灣分布於中部、南部及蘭嶼之低海拔森林中。

不孕花及苞片先端有鉤狀芒刺

葉菱狀倒卵形、菱狀矩圓形。

瘤果莧屬 DIGERA

單種屬，特徵如種之描述。

瘤果莧

屬名	瘤果莧屬
學名	*Digera muricata* (L.) Mart.

一年生草本，莖單一或基部分枝，高 20 ～ 60 公分，光滑無毛。葉三角形至卵形，長 3 ～ 7 公分，寬 1.8 ～ 3.5 公分，先端尖或漸尖，葉基楔形至近截形，全緣。花序為單一穗狀；花朵光滑無毛，花被片 4 或 5 枚，粉紅色；雄蕊 4 或 5，離生，花絲絲狀，柱頭 2；小苞片 4 枚。果實近球形，堅硬，不開裂。

原產非洲及南亞；近來歸化於台灣中南部。

花被片 5，淡紫色，小苞片 4。

花藥初為粉色，成熟後可見白色花粉散出。（郭明裕攝）

花序為穗狀（郭明裕攝）

千日紅屬 GOMPHRENA

草本或亞灌木，莖有毛。葉對生。花兩性，成頂生有柄之頭狀花序或穗狀花序；小苞片船形，包圍花，具各種顏色；花被片 5 枚；雄蕊 5，花絲合生成長筒狀，花藥 1 室，無退化雄蕊。果實為胞果。

假千日紅

屬名	千日紅屬
學名	*Gomphrena celosioides* Mart.

穗狀花序，圓柱狀，長可達 8.5 公分。

植株白綠色至淡黃綠色。葉長橢圓形或倒披針形，先端鈍，上表面具亮澤或被稀疏毛，下表面光滑或少毛，無柄。穗狀花序，暗白色，圓柱狀，長可達 8.5 公分；小苞片小，先端有不明顯之齒狀。

原產巴西；在台灣歸化於全島及離島之低海拔開闊地。

葉表亮澤或被稀疏毛

花序先端

花序梗具毛，但不似短穗假千日紅般濃密。

短穗假千日紅

屬名　千日紅屬
學名　*Gomphrena serrata* L.

植株綠色至深綠色。葉橢圓形至長圓狀到卵形，先端銳尖，上表面被短柔毛。穗狀花序，白色，球形，長可達 2.5 公分，小苞片沿邊緣有明顯的鋸齒。

　　原產熱帶美洲；在台灣為新歸化植物。

穗狀花序，白色，球形，長可達 2.5 公分。

與假千日紅相比，花序梗之毛茸較密。

葉先端銳尖，上表面被短柔毛。

植株

安旱莧屬 PHILOXERUS

匍　匍性草本，肉質。葉對生。花兩性，緊密排列成頭狀花序或短穗狀花序；苞片 1 枚，小苞片 2 枚；花被片 5 枚；雄蕊 5，花絲基部合生，花藥 1 室，無退化雄蕊；花柱極短。胞果壓扁狀。

安旱莧

屬名　安旱莧屬
學名　*Philoxerus wrightii* Hook. f.

花被片 5，雄蕊 5，花柱極短，柱頭 2。

海岸多年生植物，莖多分枝，匍匐。葉肉質，倒卵形或匙形，長 4～8 公釐，寬 2～3 公釐，全緣，光滑無毛。頭狀花序，花兩性，花被片 5 枚，粉紅色，雄蕊 5，子房闊卵形，花柱極短，柱頭 2。

　　產於中國、日本、琉球及亞洲之亞熱帶地區；在台灣分布於南部之海岸附近，常生於珊瑚礁岩上。

葉倒卵形或匙形，光滑，肉質。

生長於海岸珊瑚礁縫隙（許天銓攝）

鉤牛膝屬 PUPALIA

一年生或多年生草本。葉對生，全緣。穗狀花序，頂生或腋生；花被片5枚，離生，被柔毛；雄蕊5，花柱細長，柱頭頭狀。果實長圓狀倒卵形，略扁壓狀。

小花鉤牛膝

屬名	鉤牛膝屬
學名	*Pupalia micrantha* Hauman

多年生草本，高30～80公分，莖被毛。單葉，對生，卵形，先端漸尖或突尖，長2.5～7公分，寬1.5～4公分，全緣，兩面具毛狀物。花序穗狀，頂生，下部的花簇生，具1兩性花和2不孕的花；兩性花之花被片5枚，離生，被柔毛，雄蕊5，花柱細長，柱頭頭狀。

分布於熱帶非洲及菲律賓；在台灣歸化於山區之路邊。

本種過去常被鑑定為假川牛膝（見第325頁），其主要區別在於本種的莖常呈綠色，而假川牛膝的莖呈紅色。

兩性花的花被片5，具柔毛，雄蕊5，花柱細長，柱頭頭狀。（楊曆縣攝）

不孕的花，具鉤刺。（楊曆縣攝）

莖常呈綠色。單葉對生，全緣，卵形。（楊曆縣攝）

鹼蓬屬 SUAEDA

葉互生，肉質，線狀圓柱形，無柄。花兩性或單性，小苞片3枚，花被片5枚。胞果被宿存花被片所包或相連合。

裸花鹼蓬（鹽定）

屬名	鹼蓬屬
學名	*Suaeda maritima* (L.) Dumort.

直立或斜上升，多分枝，高可達50公分，基部木質化，有時植株呈緋紅色。葉互生，肉質，圓柱狀線形，全緣，表面蠟質。穗狀花序；花單性或兩性，小型；花被片5枚，橢圓形，黃綠色；雄蕊5，柱頭2。胞果包於宿存花被片或相連合，扁球形。

廣布於全球；在台灣見於海濱沙地及泥地。植株耐鹽分，可生於鹽田旁。

開花植株

柱頭2

葉互生，圓柱狀線形，全緣，肉質，表面蠟質。

穗狀花序

植株耐鹽分，可生於鹽田旁。

落葵科 BASELLACEAE

蔓性肉質藤本，光滑或近光滑，有粘液。單葉，互生或近對生，無托葉。穗狀、總狀或圓錐狀花序；花多為兩性，輻射對稱；花被片二輪，外輪 2 枚，內輪 5 枚，下半部合生；雄蕊 5，著生於花被筒上。胞果，由肉質花被片所包圍。

落葵薯屬 ANREDERA

葉互生。花序總狀；外輪花被片中央略隆起，內輪花被片深裂幾達基部；花絲離生或僅於基部合生，花柱 1。

花柱白色，先端三岔。

花被片五裂，雄蕊 5。

洋落葵

屬名	落葵薯屬
學名	*Anredera cordifolia* (Tenore) van Steenis

全株光滑無毛，莖略呈肉質；在老莖的葉腋處，會長出瘤塊狀的肉芽，以進行無性生殖。葉片稍肉質而厚，卵形或披針形，先端漸尖，基部心形，表面光滑無毛，葉柄長 0.5 ～ 1.5 公分。總狀花序，有時具 2 ～ 4 分枝，長 6 ～ 30 公分；花黃白色，花被片五裂，雄蕊 5，花柱白色，先端三岔。

　　原產熱帶美洲；在台灣全島廣泛栽培，且已逸出並歸化。

葉片稍肉質而厚，表面光滑。

花盛開

總狀花序，花多而密。

落葵屬 BASELLA

莖幼時或被毛，成熟後光滑。葉互生。花序穗狀；外輪花被於花後增大，肉質，內輪花被於花後肉質化；雄蕊 5，花絲合生成筒；花柱 3。

落葵

屬名	落葵屬
學名	*Basella alba* L.

多年生纏繞性草本。單葉，互生，卵形或卵圓形，長 3 ～ 8 公分，寬 1 ～ 5 公分，先端漸尖、銳尖至鈍，基部截形至心形，全緣，葉柄長 0.5 ～ 1.5 公分。穗狀花序，長 3 ～ 25 公分；花不全展開，花被筒卵狀壺形，基部白色，先端淡紅色；雄蕊 5，花柱 3。果實成熟時黑色。

　　原產地可能為熱帶非洲；在台灣歸化後廣泛分布於低海拔地區。

多年生纏繞草本

果熟黑色

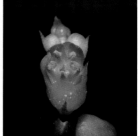

花被筒卵狀壺形

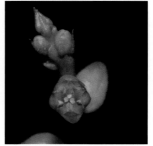

花柱 3　　　　雄蕊 5

石竹科 CARYOPHYLLACEAE

草本，莖節常膨大。單葉，對生，全緣。花輻射對稱，兩性，罕單性；萼片 5 枚，罕 4 枚；花瓣 5 枚，罕 4 枚，常分化成花瓣柄及花瓣簷，花瓣簷先端常二裂；雄蕊常 10，罕 5 或 2，常排成二輪，花藥 2 室，縱裂；花柱離生或成各式合生，子房上位，獨立中央胎座或下部略有分隔。果實為蒴果，稀為漿果。

特徵

草本，莖節常膨大。單葉，對生，全緣。（巴稜石竹）

花瓣簷部常二裂（鵝兒腸）

花瓣常 5，罕 4，常成花瓣柄及花瓣簷。（長萼瞿麥，攝於東莒島）

無心菜屬 ARENARIA

葉 無托葉。聚繖花序；萼片 5 枚，離生；花瓣 5 枚，白色至乳黃色，不分化成花瓣柄及花瓣簷，全緣；雄蕊 5 或 10。蒴果卵圓形，先端開裂，裂片數為花柱數之 2 倍。

無心菜（鵝不食草）

屬名	無心菜屬
學名	*Arenaria serpyllifolia* L.

一年生或二年生草本，莖叢生，高 10 ～ 30 公分，密被白色細柔毛。莖生葉橢圓形或卵形，長 3 ～ 7 公釐，被腺毛。萼片卵狀披針形至披針形；花瓣 5 枚，白色，先端圓鈍；雄蕊 10；花柱 3，線形。蒴果卵圓形，頂端六裂。種子腎形，淡褐色，具細網紋。

　　產於歐洲及亞洲；在台灣分布於本島中、北部，常生於海邊之乾沙地，金門亦普遍可見。

花柱 3，線形；
雄蕊 10。

開花之植株；莖生葉卵形。

亞毛無心菜 特有種

屬名	無心菜屬
學名	*Arenaria subpilosa* (Hayata) Ohwi

高 20 ～ 50 公分，全株疏被毛。葉對生，線形至線狀披針形，長 3 ～ 5 公分，上表面被毛，下表面被毛至近無毛。花小，徑約 5 公釐；萼片卵狀披針形，花瓣 5 枚，雄蕊 5，花柱 3。

　　特有種；分布於台灣之高海拔山區，常生於岩石上。

花瓣 5，雄蕊 5，
花柱 3。

葉對生，線形至線狀披針形。

高山無心菜 特有種

屬名	無心菜屬
學名	*Arenaria takasagomontana* (Masamune) S. S. Ying

花（許天銓攝）

高 25 ～ 35 公分，莖密被腺毛。葉倒卵形至倒披針形，長 1.5 ～ 5 公分，密被毛，近無柄。萼片卵形，花瓣 5 枚，先端凹，雄蕊 10。

　　特有種；分布於台灣之中、高海拔山區，生於岩石上。

葉倒卵形至倒披針形

花瓣 5，先端凹，雄蕊 10。

卷耳屬 CERASTIUM

葉 被腺毛。花單生或成頂生之聚繖花序。萼片 5 枚，離生，邊緣乾膜質；花瓣 5 枚，白色，不分化成花瓣柄及花瓣簷，先端二裂，裂片長度不逾花瓣之二分之一；雄蕊 5 或 10；花柱 3 或 5，離生。蒴果先端開裂，裂片數為花柱數之 2 倍。

卷耳

屬名	卷耳屬
學名	*Cerastium arvense* L.

花瓣裂片圓鈍
（許天銓攝）

多年生草本。葉線狀披針形或長橢圓狀披針形，先端尖，長 1.5 ～ 3.5 公分，寬 1 ～ 1.5 公分，無柄。單歧狀聚繖花序，花數常少於 10 朵；萼片兩面被毛，花瓣橢圓形，裂片先端圓鈍，通常花瓣比萼片稍長，雄蕊 10。

　　廣泛分布於北半球溫帶及暖溫帶地區；在台灣侷限於阿里山及塔塔加一帶，偏好岩塊環境。

開花植株

葉線狀披針形或長橢圓披針形，先端尖。
（許天銓攝）

單歧狀聚繖花序，花數常少於 10。

石灰岩卷耳 特有種

屬名	卷耳屬
學名	*Cerastium calcicola* Ohwi

葉厚革質,線形、倒披針形至寬倒披針形,長 5 ～ 10 公釐,寬 1 ～ 2.5 公釐,通常為乾硬的黃褐色。花枝十分細長,整個花序可佔去全株高度一半以上,花數朵;萼片寬披針形,長 3 ～ 5 公釐;花瓣長 6 ～ 10 公釐,基部被疏毛。

　　特有種,侷限於台灣東部石灰岩地區海拔 1,100 ～ 2,000 公尺之岩屑地,如天長斷崖及研海林道。

花瓣長 6 ～ 10 公釐。

僅見於東部石灰岩環境

花數朵,花枝十分細長,整個花序可佔去全株高度一半以上。

狹葉簇生卷耳

屬名	卷耳屬
學名	*Cerastium fontanum* Baumg. subsp. *triviale* (Link) Jalas var. *angustifolium* (Franch.) H. Hara

一至二年生草本。葉狹卵形、橢圓形、橢圓狀披針形至倒卵形,莖基部之葉有時近匙形,先端漸尖、銳尖或鈍。二岔疏聚繖花序,花數常多於 10 朵;花瓣裂片先端漸尖,花瓣與萼片約略等長或稍短。

　　分布於世界各地;在台灣見於全島中、低海拔之開闊環境。

花瓣與萼片約略等長,或稍短。

花數常多於 10,二岔疏聚繖花序。

球序卷耳

屬名	卷耳屬
學名	*Cerastium glomeratum* Thuill.

葉狹卵形、橢圓形至倒卵形，先端銳尖或鈍，有時具一小突尖，基部匙形。花數多，初時密集生長，接近頭狀花序，而後慢慢開展；花瓣裂片先端漸尖，花瓣比萼片稍長，但有時不具花瓣。

　　分布於世界各地；在台灣見於全島平地至中海拔之開闊環境。

花數多，初時密集接近頭狀，而後慢慢開展。

花瓣比萼片稍長

玉山卷耳 特有種

屬名	卷耳屬
學名	*Cerastium trigynum* Vill. var. *morrisonense* (Hayata) Hayata

二至多年生草本。葉線形，長 0.6 ～ 1 公分，寬 1 ～ 2 公釐，無柄。花單生至 3 朵花之聚繖花序；萼片外表被毛，花瓣倒卵形至倒卵狀披針形。

　　特有種；分布於台灣中、高海拔山區。

葉線形

花單生至 3 朵花之聚繖花序

石竹屬 DIANTHUS

多　年生草本。葉線形。花單生或成聚繖花序，基部有 2 至多枚苞片；萼片 5 枚，癒合成萼筒，具多數平行脈，無萼片癒合脈；通常具花被間柱；花瓣分化成花瓣簷及長花瓣柄，先端條狀裂；雄蕊通常 10，花柱 2。蒴果先端四裂片。

巴陵石竹 特有種

屬名	石竹屬
學名	*Dianthus palinensis* S. S. Ying

葉線形至線狀披針形，長 4 ～ 8 公分，寬 3 ～ 7 公釐，無毛。花基部苞片 10 枚；萼片長 2.8 ～ 3.2 公分，先端裂片具緣毛；花瓣粉紅色，花瓣柄長 3 ～ 3.5 公分，花瓣簷長 1.8 ～ 2.2 公分，先端短條裂，無毛。本種的花瓣先端短裂，可以此與其它台產本屬植物區別。

　　特有種，產於桃園巴陵、秀巒至新光，以及南投春陽、清境一帶。

花瓣粉紅色，先端短條裂，無毛。

常生於北橫巴陵附近山區之岩屑地

花基部苞片 10 枚

玉山石竹 特有種

屬名	石竹屬
學名	*Dianthus pygmaeus* Hayata

葉線形，長 2 ～ 5 公分，寬 1 ～ 4 公釐，無毛。花基部之苞片 4 枚，兩兩對生；萼筒長 1.8 ～ 2.4 公分，光滑無毛；花瓣白色至粉紅色，花瓣柄與花瓣簷相連處具髯毛，花瓣柄長 1.6 ～ 2.2 公分，花瓣簷長 1.5 ～ 2.5 公分，先端長緣毛狀。本種在台灣偶有白花者，應紹舜曾發表此白花品種，名為白花玉山石竹（f. *albiflorus*）。　本種與長萼瞿麥相似，但本種的萼筒較短（1.8 ～ 2.4 公分 vs. 3 ～ 4 公分）。

　　特有種，主要分布於台灣海拔 2,800 公尺以上之高山岩屑地。

花色多變，此為粉紅色者。

萼筒較短，萼片長 1.8 ～ 2.4 公分。

偶見白花個體

清水山石竹 特有種

屬名 石竹屬
學名 *Dianthus seisuimontanus* Masamune

本種與其它石竹屬植物之差別在於：植株粗大，具明顯膨大的節，葉較寬，表面有白粉，基生葉呈十字對生，緊密排列。花白色至粉紅色。

　　特有種，僅分布於清水山海拔 2,000～2,400 公尺之石灰岩地區。

開花植株

花白色至粉紅色

植株粗大，具明顯膨大的節；葉較寬，表面有白粉，基生葉呈十字對生，緊密排列。

長萼瞿麥

屬名 石竹屬
學名 *Dianthus superbus* L. var. *longicalycinus* (Maxim.) Will.

葉線形至線狀披針形，長 5～7 公分，寬 8～12 公釐，無毛。花分為雌花及兩性花二型；花基部之苞片 4～6 枚，兩兩對生；萼筒長 3～4 公分，光滑無毛；花瓣白色至粉紅色，花瓣柄與花瓣簷相連處具髯毛，花瓣柄長 3～4 公分，花瓣簷長 3～3.5 公分，先端長緣毛狀。另應紹舜曾發表台灣瞿麥（*D. superbus* var. *taiwanensis*）與本種的差別在於長萼瞿麥的花瓣簷基部具腺毛，台灣瞿麥花瓣簷基部無腺毛。

　　產於中國北部、東北部、日本及韓國；在台灣分布於中海拔之河床地及裸露岩石區。

兩性花

常出現於台灣中海拔裸露岩石區

本種的花冠筒較長，萼筒長 3～4 公分。

雌花，可見雌蕊伸出花冠外。

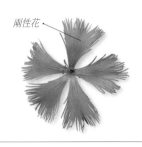

白花品系

馬祖北竿的長萼瞿麥

荷蓮豆草屬 DRYMARIAM

多 年生草本，節處常生根。葉具剛毛狀托葉。萼片 5 枚，離生；花瓣 5 枚，深裂，不分化成花瓣柄及花瓣簷；雄蕊 2 ～ 5；花柱 3，於下部癒合，上部三岔。蒴果三裂片。

荷蓮豆草(菁芳草)

屬名	荷蓮豆草屬
學名	*Drymaria diandra* Blume

葉卵形至寬橢圓形，長 1.5 ～ 2.5 公分，寬 0.6 ～ 2.4 公分，無毛，具葉柄。聚繖花序，腋生或頂生；萼片中脈具腺毛；花瓣倒披針形，長約 3 公釐，深裂至中部；雄蕊 3 ～ 5，花柱 3，子房光滑無毛。

產於熱帶亞洲、非洲及澳洲；在台灣分布於中、低海拔，為常見雜草。

葉卵形至寬橢圓形，長 1.5 ～ 2.5 公分，無毛。

花瓣深裂至中部，子房光滑。

雄蕊 3，花柱 3。

毛荷蓮豆草

屬名	荷蓮豆草屬
學名	*Drymaria villosa* Cham. & Schlecht.

一年生草本；莖纖細，平鋪地上，被長柔毛或長硬毛。葉卵圓形或腎形，長 0.5 ～ 1.5 公分，寬與之相等，先端急尖或具細凸尖，基部心形或楔形，脈不明顯，被極疏之柔毛或無毛。聚繖花序，頂生，多花；萼片 5 枚；花瓣 5 枚，白色，深二裂，與萼片近等長；雄蕊 5，長 2 ～ 3.5 公釐，略短於萼片及花瓣。

原產中美及北美洲，歸化於全球各地；在台灣見於南投、台北及宜蘭等地。

花瓣略長或等長於花萼

與荷蓮豆草相似，但植株被毛狀物。

葉及莖具毛狀物

種阜草屬 MOEHRINGIA

一年生或多年生草本。萼片 5 枚，離生；花瓣 5 枚，白色，全緣，未分化成花瓣柄及花瓣簷；雄蕊 8 或 10，花柱 2 ～ 3。蒴果裂片數是花柱數之 2 倍。種子黑色，具假種皮。

三脈種阜草	屬名	種阜草屬
	學名	*Moehringia trinervia* (L.) Clairv.

一年生草本，莖常匍匐。葉卵形，長 1.5 ～ 2.5 公分，寬 0.7 ～ 1.2 公分，3 主脈，兩面被毛，葉柄長 7 ～ 10 公釐。花單生或成聚繖花序；萼片披針形至橢圓形，具緣毛；花瓣白色，倒卵形，長 4 ～ 5 公釐，短於萼片；花柱 3。

產於歐洲、西伯利亞及日本；在台灣分布於中、北部山區，如合歡山、畢祿溪及觀霧等地。

花柱 3

莖常匍匐

花多單生，花梗細長。

鵝兒腸屬 MYOSOTON

多年生草本，莖匍匐或斜上升，葉卵形；托葉缺。二歧聚繖花序；萼片 5，花瓣 5，白色，二深裂，雄蕊 10。子房 1 室；胚珠多數；花柱 5，與花瓣互生。蒴果卵形。種子多數。

鵝兒腸	屬名	鵝兒腸屬
	學名	*Myosoton aquaticum* (L.) Moench.

多年生草本，莖被毛。莖下部之葉有短柄，長 0.5 ～ 1 公分，疏生柔毛；上部葉無柄或基部抱莖，葉卵形，長 2 ～ 5.5 公分，寬 1 ～ 3 公分，基部心形，葉面無毛，邊緣被腺毛。萼片外表被毛，花瓣長 5 ～ 7 公釐，雄蕊 7 ～ 10，花絲離生，花柱 5。

產於中國、日本、韓國及琉球；在台灣分布於平野，為常見雜草。

雄蕊 7 ～ 10，花絲離生，花柱 5。

莖上部之葉無柄或抱莖，葉卵形，長 2 ～ 5.5 公分。

白鼓釘屬 POLYCARPAEA

一年生或多年生草本。葉對生或假輪生，狹線形或長圓形，托葉膜質。花多數，排成密聚繖花序；萼片5枚，膜質，全透明，無脊；花瓣5枚，小，全緣或二齒裂；雄蕊5；子房1室，具多數胚珠，花柱合生，伸長，頂端不分岔。蒴果3瓣裂。種子腎形，稍扁，胚彎。

白鼓釘

屬名	白鼓釘屬
學名	*Polycarpaea corymbosa* (L.) Lam.

草本，高15～35公分，多少被白色柔毛；莖直立，單生，中上部分枝，被伏柔毛。葉假輪生狀，狹線形或針形，長1.5～2公分，寬約1公釐，先端急尖，中脈明顯，近無毛。花密集成聚繖花序，多數；苞片披針形，透明，膜質，長於花梗；萼片披針形，長2～3公釐，寬0.5～1公釐，先端漸尖，基部稍圓，白色，透明，膜質；花瓣寬卵形，先端鈍，長不及萼片之二分之一；雄蕊短於花瓣；子房卵形，花柱短，頂端不分岔。蒴果卵形，褐色。

產中國華南及華西；在台灣生於宜蘭及金門。

莖被白色綿毛

葉片狹線形或針形

花極小，白色為萼片，紅色為花瓣。

苞片及萼片皆為白色透明，膜質。

瓜槌草屬 SAGINA

一年生或多年生草本，叢生。葉線形，對生。花單生或數朵成聚繖花序；萼片4～5枚，離生，被腺毛；花瓣4～5枚，白色，卵形，全緣，未分化成花瓣柄及花瓣簷，偶缺；雄蕊4或5或10；花柱4～5。蒴果裂片數與花柱數相等。

瓜槌草(漆姑草)

屬名	瓜槌草屬
學名	*Sagina japonica* (Sw.) Ohwi

葉長7～18公釐，寬0.8～1.5公釐。花單生或成稀花之聚繖花序；萼片5枚，橢圓形，被腺毛；花瓣5枚，卵形，長1～1.8公釐，稀無花瓣；雄蕊5，花柱5。種子深褐色，具乳頭狀突起。

產於中國、印度、日本及韓國；在台灣分布於全島，為常見雜草。

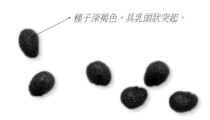

種子深褐色，具乳頭狀突起。

植株小，高不及10公分。

大瓜槌草

屬名 瓜槌草屬
學名 *Sagina maxima* A. Gray

葉線形，長7～14公釐，寬3～4公釐。花單生於葉腋；萼片5枚，稀4枚，卵形，被腺毛；花瓣5枚，稀4枚或無花瓣，卵形。種子黃褐色至深褐色，光滑無毛。植株較瓜槌草（見第339頁）大。

　　產於中國、韓國及日本；在台灣分布於中北部中、低海拔地區。

雄蕊5，花柱5。

蒴果裂開露出種子

主要分布於北海岸一帶

莖、葉及花萼外側被疏至密之腺毛。

仰臥漆姑草

屬名 瓜槌草屬
學名 *Sagina procumbens* L.

多年生植物，經常成地毯狀。葉片線形，8～17公釐，先端尖銳有時有芒，無毛；莖生葉線形，先端尖細到芒。花梗在蒴果發育時期經常反折，絲狀，無毛。花腋生或頂生，4瓣到5瓣；花萼基部無毛；萼片橢圓形至球狀，1.5～(～2.5)公釐，邊緣白色透明，先端鈍到圓形，在蒴果發育時期貼伏，在開裂時發散；花瓣(1)4(～5)，球狀至橢圓形，0.8～1(～1.5)公釐，短於或等長萼片，或有時無；雄蕊4(8)。蒴果(1.5～)2～2.5(～3)公釐，略高於萼片，由基部開裂。種子棕色，斜三角形帶有鮮明的背部的凹槽，(0.3～)0.4(～0.5)公釐。

　　歐洲、中美洲、南美洲南部、亞洲、南極洲，在美國與墨西哥為外來種。歸化台灣。

花萼4枚，無花瓣。（許天銓攝）

植物體極為細小，群生於磚縫或牆角。（許天銓攝）

蠅子草屬 SILENE

葉 不具托葉。萼片 5 枚，合生；花瓣 5 枚，花瓣柄與花瓣簷相接處具二耳狀物，花瓣簷先端全緣至二深裂；雄蕊 10，花柱 3。蒴果或漿果，蒴果下半部具分隔。

花瓣柄與花瓣簷相接處具二耳狀物，花瓣簷先端二深裂。

女婁菜

屬名	蠅子草屬
學名	*Silene aprica* Turcx. *ex* Fisch. & Mey.

一年生或二年生草本，高 30 ～ 100 公分，全株密被灰色短柔毛。基生葉倒披針形或狹匙形，長 4 ～ 8 公分，寬 1 ～ 2.4 公分，先端急尖，基部漸狹成長柄狀，中脈明顯；莖生葉倒披針形、披針形或線狀披針形，比基生葉稍小。小聚繖花序，花朵較鬆散，花序梗長，花瓣白色或淡紅色。花期剛開始時，大部分的花為閉鎖花，之後則會出現開放的兩性花與雌花。

分布於日本、蒙古、俄羅斯、朝鮮及中國；在台灣分布於金門及馬祖野地。

果實卵形

花部密被灰色短柔毛

小聚繖花序具長柄，花較鬆散。

狗筋蔓

屬名	蠅子草屬
學名	*Silene baccifera* (L.) Roth

蔓性草本，可蔓生數公尺長。葉卵形至披針形，長 2 ～ 5 公分，寬 7 ～ 20 公釐，葉緣及脈上有毛，有葉柄。花單生或成二出聚繖花序，花萼鐘形，花瓣柄長 2.5 ～ 3.5 公分，花瓣簷長 1.4 ～ 1.8 公分，雄蕊 10。漿果球形。

產於歐洲、東亞至日本及非洲西北部；在台灣分布於中、高海拔之路旁及草原。

雄蕊 10

蔓性草本，可蔓生數公尺。

花單生，下垂。

漿果球形

堅硬女婁菜

屬名　蠅子草屬
學名　*Silene firma* Sieb. & Zucc

形態與女婁菜（見第 341 頁）相似，惟本種毛被物較少，花序梗較短，雌雄蕊光滑無毛。

　　產於中國北部及長江流域，朝鮮、日本及俄羅斯（遠東地區）也有；在台灣僅見於霧社及谷關附近山區，稀有。

花正面

本種毛被物較女婁菜少

莖生葉披針形

在台灣稀有，僅產於霧社及谷關附近山區。

蠅子草

屬名　蠅子草屬
學名　*Silene fissipetala* Turcz. var. *fissipetala*

多年生直立草本。葉線狀倒披針形至倒披針形，長 2 ～ 4 公分，寬 3 ～ 9 公釐，具緣毛及表面瘤狀凸起。花萼筒長 2.5 ～ 3 公分；花瓣柄長 1.5 ～ 2 公分，花瓣簷長 1.5 ～ 2.5 公分，粉紅色或白色，二裂，裂片先端呈撕裂狀條裂。蒴果長橢圓形。

　　產於中國；在台灣分布於全島低至中海拔山區。

花瓣簷二裂，裂片先端呈撕裂狀條裂。

尖石中海拔山區的族群

林口台地的蠅子草 5 ～ 9 月開花。

基隆蠅子草 特有種

屬名　蠅子草屬

學名　*Silene fissipetala* Turcz. var. *kiiruninsularis* (Masam.) Veldk.

與蠅子草（見前頁）之區別在於
其花瓣二裂後不再細裂，而與二
裂蠅子草（見本頁）差別在於其
花瓣為白色，較寬，花瓣簷寬 8～
13 公釐。

　　特有變種，產於基隆之向陽
海邊。

花瓣二裂後先端不再細裂；花瓣簷寬 8～13 公　產於和平島的基隆蠅子草
釐。（許天銓攝）

二裂蠅子草 特有種

屬名　蠅子草屬

學名　*Silene fortunei* Vis var. *bilobata* Hosokawa

本變種與蠅子草（見前頁）的差別在於其花瓣較為細長，且花瓣二裂後，裂片先端全緣或淺裂但不再細裂，而蠅子草之花瓣
裂片先端呈撕裂狀條裂。

　　特有變種；分布於台灣北部及東部沿海，以及桃園和新竹中、低海拔之石屑地或峭壁上。

葉線狀倒披針形至倒披針形

花瓣較為細長，且前端
二裂後，裂片先端全緣
或淺裂，不再細裂。

匙葉麥瓶草

屬名　蠅子草屬
學名　*Silene gallica* L.

一年生草本，直立或匍匐，高可達60公分。單葉，對生，匙形、長橢圓形或倒卵形，長2～6公分，寬0.5～2公分，全緣，兩面具腺點。本種以其植物體密被黏質腺毛，以及花瓣先端淺齒緣或近全緣等特徵易與台灣產其他蠅子草屬植物區分。

原產於歐洲南部與西亞；在台灣歸化於北部之桃園大園及新竹湖口等低海拔地區，馬祖亦有。

歸化於台灣北部桃園大園及新竹湖口等低海拔地區

花瓣先端淺齒緣或近全緣

植物體密被黏質腺毛

蓬萊蠅子草（南湖大山 蠅子草）特有種

屬名　蠅子草屬
學名　*Silene glabella* (Ohwi) S. S. Ying

多年生草本，植株矮，高5～10公分，全株密被短毛。葉線形，光滑無毛。花單生；花萼筒較小，長0.8～1公釐；花瓣簷長3～4公釐，白色透粉紅色，先端淺裂，裂片漸尖。蒴果長橢圓形。

特有種，僅分布於南湖大山及中央尖山，生於裸露的岩石間，稀有。

花正面

生於南湖大山山區的岩石區

結果植株

花萼筒密被短毛

台灣蠅子草

屬名　蠅子草屬
學名　*Silene morii* Hayata

與堅硬女婁菜極為相似，差異只在莖、葉、萼筒及雌雄花蕊柄明顯被毛。類似的族群也分布於日本，一般處理為堅硬女婁菜的變種（見第 342 頁）。

　日治時期在台北內湖碧山岩、霧社、思源啞口和廬山皆有採集記錄。

花朵正面

生長於中海拔山區林緣（許天銓攝）

莖、葉明顯被毛。（許天銓攝）

果實

花序及萼筒外側被毛（許天銓攝）

玉山蠅子草　特有種

屬名　蠅子草屬
學名　*Silene morrison-montana* (Hayata) Ohwi & H. Ohashi var. *morrison-montana*

多年生直立草本。葉線形，具瘤狀凸起。花萼在向陽面會呈紅色，花萼筒長 1.5 ～ 2 公分，花萼筒縫合脈上有硬毛；花瓣以紅色為主，有時會深至紅紫色，花瓣柄與花萼筒約等長，花瓣簷長 2 ～ 5 公釐，粉紅色，先端二裂。蒴果披針狀卵形。

　特有種，產於台灣本島中、南部之高海拔山區，多生於岩石及碎石間。

花以紅色為主，有時會深到紅紫色。

葉線形。多長於岩石及碎石間。

花萼筒縫合脈上有硬毛

禿玉山蠅子草 特有種

屬名	蠅子草屬
學名	*Silene morrison-montana* (Hayata) Ohwi & H. Ohashi var. *glabella* (Ohwi) Ohwi & H. Ohashi

花萼筒綠色，光滑無毛；花瓣純白色，僅少數個體會略帶粉紅色。

特有變種，產於雪山山脈及中央山脈中段。

花瓣純白

喜生於高山之岩壁上

花萼筒綠色，光滑無毛。

大爪草屬 SPERGULA

一年生或多年生草本，具岔狀或簇生的分枝。葉因葉腋又生葉芽而呈假輪生狀；托葉小，乾膜質。花排成圓錐花序狀的聚繖花序；萼片及花瓣各 5 枚；雄蕊 5 或 10，稀較少，生於周位花盤上；子房 1 室，花柱 5，胚珠多。蒴果開裂為 3 或 5 果片。种子扁壓狀，有邊或翅。

大爪草

屬名	大爪草屬
學名	*Spergula arvensis* L.

多年生或一年生草本，被腺毛，具短根莖。莖無或莖發達並具葉。葉互生，具葉柄，葉緣具長腺毛；托葉無或存且乾膜質，合生於葉柄。花成捲曲總狀花序，偶單生，白色或玫瑰色；萼片及花瓣皆 4 ～ 8 枚，大多為 5 枚，離生或基部合生，覆瓦狀排列；雄蕊與花瓣同數或多；子房上位，胚珠多，花柱 3 ～ 5，離生或基部合生。

主要分布於北溫帶至北非、印度及中國之貴州、雲南及黑龍江等地；在台灣則散見於台 14 甲線梅峰至清境農場附近海拔 1,500 ～ 2,000 公尺之向陽山坡地。

花萼外表有腺毛

葉線形，輪生。

蒴果與宿存萼片近等長（許天銓攝）

歸化於清境等中高海拔之開闊地

擬漆姑屬 SPERGULARIA

年生或多年生草本。葉狹窄而肥厚，十字對生；托葉合生為鞘狀；花瓣全緣；花柱三裂；果實為 3 瓣之蒴果。約有 25 種，主要分布於北半球溫帶。

擬漆姑

屬名	擬漆姑屬
學名	*Spergularia marina* (L.) Griseb.

花被 5 枚，粉紅色。
（許天銓攝）

一年生或越年生草本，極少多年生，高 10～30 公分，全株被有柄之腺毛，花序尤其明顯。葉十字對生，線形，甚為肥厚，長 5～40，寬 1～2 公釐，端具小突尖。花序頂生，聚繖狀，長 2～10 公分。花柄長 2～4 公釐，於開花時直立，結果時反折。花萼 5 枚，淡綠色，卵形，2.5 「4.5 公釐，被腺毛，先端銳尖；花瓣 5 枚，粉紅色，基部白色，近橢圓形，長 1.5～3.0，寬 1.5～2.0 公釐，末端鈍，略短於花萼，全緣，表面光滑；雄蕊 2～5 枚，花絲長約 0.5 公釐。蒴果外側由宿存花萼包覆，卵形，長 5～6 公釐。種子淡褐色，闊卵形，長 0.5～0.7 公釐，表面具細小乳突，極少數邊緣具翅，多數無翅。

亞洲（溫帶及亞熱帶區域）、歐洲、非洲北部及北美。歸化於台灣野地。

生長於帶鹽份之泥灘地（許天銓攝）

莖、葉、花序及萼片被腺毛。（許天銓攝）

葉對生，肉質。（許天銓攝）

種子表面具乳突（許天銓攝）

繁縷屬 STELLARIA

草本。葉不具托葉。萼片 5 枚，離生；花瓣 5 枚，白色，二深裂至近基部；雄蕊 5 ～ 10；花柱 3 或 5。蒴果裂片數為花柱數之 2 倍。

阿里山卷耳 特有種

屬名	繁縷屬
學名	*Stellaria arisanensis* (Hayata) Hayata

多年生草本。葉菱形至三角狀卵形，長 5 ～ 8 公釐，寬 6 ～ 8 公釐，細尖頭，具長柄。花單生；萼片基部被毛；花瓣 5 枚，白色，匙狀倒卵形，先端二裂，裂片長不逾花瓣之二分之一；雄蕊 10，花柱 3。

　　特有種，產於台灣中海拔之森林。

葉菱形至三角狀卵形，細尖頭，具長柄。

花瓣二深裂

常群生中海拔濕潤林下

繁縷

屬名	繁縷屬
學名	*Stellaria media* (L.) Cyrill

一至二年生草本，莖被毛。葉卵形至圓形，長 5 ～ 20 公釐，寬 3 ～ 6 公釐，先端常短尖頭，基部鈍至圓，兩面光滑無毛，具緣毛，有柄。萼片外表被毛，花瓣長 2 ～ 3.5 公釐，雄蕊 3 ～ 5，花絲離生，花柱 3。

　　廣布於世界各地；在台灣分布於全島平野，為常見雜草。

葉卵至圓形，具緣毛，兩面光滑。

雄蕊 3 ～ 5，花絲離生，花柱 3。（許天銓攝）

獨子繁縷

屬名	繁縷屬
學名	*Stellaria monosperma* D. Don

散生柔毛或在莖一側具一列毛。葉長圓狀披針形、寬披針形或倒披針形，先端漸尖，基部楔形，漸狹成短柄，近無毛或在上表面被細柔毛，後漸無毛，或僅下表面沿中脈有毛。萼片質軟，卵狀披針形，漸尖；花瓣較狹，短於萼片，二深裂，裂片近鐮刀形，先端急尖；雄蕊通常5，花柱3。

　　分布於不丹、印度、錫金、尼泊爾、阿富汗及西藏；在台灣產於嘉義瑞里、塔山、屏東大武山及能高越嶺路上。瑞里繁縷（*S. monosperma* var. *taiwaniana* Y.C. Liu & F.Y. Lu）與本種的差異在葉較小而寬、基部圓鈍、葉柄短（0.2～0.4公分），花與種子亦較其小。但整體來看，這些特徵變化似乎具連續性，並無法截然區分。

雄蕊通常5；花瓣5，二淺裂。

葉片長圓狀披針形，先端漸尖。

網脈繁縷 特有種

屬名	繁縷屬
學名	*Stellaria reticulivena* Hayata

一年生草本，莖具粗毛。葉卵形，基部心形至鈍，表面光滑無毛，具緣毛，無柄或短柄。萼片外表無毛，花瓣長2～2.5公釐，雄蕊不定數，3、5或10，花絲基部癒合，花柱3。

　　特有種；分布於台灣北部中海拔森林。

花小，雄蕊不定數，3、5或10，花絲基部癒合，花柱3。

葉卵形，具緣毛，表面光滑，基部心形至鈍。

天蓬草(雀舌草)

屬名　繁縷屬
學名　*Stellaria uliginosa* Murray var. *undulata* (Thunb.) Fenzl

一至二年生草本，莖無毛。葉線形至倒披針形，長 8 ～ 13 公釐，寬 2.5 ～ 4 公釐，無毛，基部漸尖至抱莖，無柄。萼片無毛，花瓣長 2 ～ 4 公釐，雄蕊 3 ～ 5 或 10，花絲離生，花柱 3。

　　產於中國、韓國、日本、琉球、尼泊爾及中南半島；在台灣為低地雜草。

葉無柄

葉線形至倒披針形

雄蕊 3 ～ 5 或 10，花絲離生，花柱 3。

疏花繁縷

屬名　繁縷屬
學名　*Stellaria vestita* Kurz.

多年生草本，莖被星狀毛。葉卵狀披針形，基部心形至圓形，密被星狀毛，無柄。萼片外被星狀毛，花瓣長 3.5 ～ 4 公釐，雄蕊 10，花絲基部癒合，花柱 3。

　　產於中國、喜馬拉雅山區、印度、菲律賓及爪哇；在台灣分布於中、南部中海拔之開闊地。

莖被星狀毛

茅膏菜科 DROSERACEAE

食 蟲性草本植物，常有腺毛。單葉，互生，莖生或基生，無或有托葉。花兩性，常 5 數，輻射對稱，單生或成總狀花序，萼片常離生，花瓣離生，雄蕊與花瓣同數且與其互生，子房上位。蒴果，3～5 瓣縱裂。

特徵

食蟲性草本植物，常有腺毛。（長葉茅膏菜）

花兩性，常 5 數，輻射對稱，雄蕊 5。（長葉茅膏菜）

花兩性，常 5 數，輻射對稱，雄蕊 5。（小毛氈苔）

茅膏菜屬 DROSERA

特徵同科。

金錢草

屬名	茅膏菜屬
學名	*Drosera burmanii* Vahl

草本，密生黏性腺毛。葉基生，倒卵形，上表面及葉緣有腺毛，葉柄長1～1.5公分。花莖長約10公分，花瓣5枚，白色，花柱5，先端再掌狀分岔。

　　產於中國、印度、菲律賓及澳洲；在台灣分布於新竹蓮花寺、桃園富崗、嘉義及金門之低海拔地區，生於潮濕草地或山壁；往昔陽明山及士林亦可見。

花瓣5，白色，花柱5，先端再掌狀分裂。

葉基生，倒卵形，上表面及葉緣有腺毛。　　蒴果　　密生黏性腺毛之草本

長葉茅膏菜

屬名	茅膏菜屬
學名	*Drosera indica* L.

草本，有莖，全株密生黏性腺毛。葉莖生，互生，線形，向前端漸尖，先端彎曲，被腺毛。花白色，萼片全緣；花柱3，每一花柱又二岔至近基部，常呈反曲狀。

　　廣布於熱帶亞洲、非洲及澳洲；在台灣分布於桃園至苗栗之潮濕沙質地或紅土地區，金門亦產之。

花柱3，每一花柱又二裂至近基部，常呈反曲狀。

食蟲性草本植物　　生於野地之植株

茅膏菜

屬名　茅膏菜屬
學名　*Drosera peltata* J. E. Smith

草本，有莖。葉莖生及基生，基生葉橢圓狀圓形，莖生葉半月形或半圓形，邊緣有腺毛。花白色，萼片有緣毛。

　　分布於澳洲、塔斯馬尼亞、紐西蘭北島、東南亞、印度、中國及日本關東以西等地；在台灣分布於桃園及新竹一帶之低海拔草生地或路旁，目前僅知 2 個小族群。

莖生葉半月形或半圓形，
邊緣有腺毛。

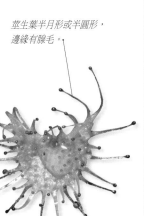

有莖之草本

花白色

小毛氈苔

屬名　茅膏菜屬
學名　*Drosera spathulata* Lab.

花淡紅色，雄蕊 5，花柱 3，
每一花柱再二岔。

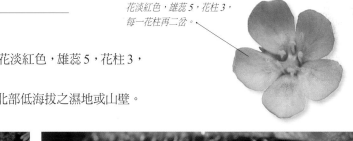

草本，無莖。葉基生，成蓮座狀，匙形，上表面被腺毛。花淡紅色，雄蕊 5，花柱 3，每一花柱再二岔。

　　產於日本、琉球、熱帶亞洲及澳洲；在台灣分布於北部低海拔之濕地或山壁。

葉基生，成蓮座狀，匙形，上表面有腺毛。

葉表面上有許多紅色腺毛

粟米草科 MOLLUGINACEAE

草本。單葉，互生，近對生，常近輪生，多無托葉。花兩性，輻射對稱，單生或排成聚繖花序；萼片 5 枚；花瓣細小或不存，常於先端分裂；雄蕊 3 ～ 20，與萼片互生，花絲常於基部合生，子房上位。蒴果，背裂。

特徵

草本。單葉，互生，近對生，常近輪生。（粟米草）

花兩性，輻射對稱，子房上位，萼片 5 枚，花瓣細小或不存。（光葉粟米草）

蒴果（光葉粟米草）

假繁縷屬 GLINUS

具多莖之草本，被毛。葉對生或 3 ～ 5 枚近輪生。花簇生，腋生；萼片 5 枚，內面黃色；雄蕊 3 ～ 15。蒴果三、四或五裂。種子具長尾狀附屬物。

虎咬癀（星毛假繁縷）

屬名	假繁縷屬
學名	*Glinus lotoides* L.

莖匍匐或斜上，被星狀毛。葉對生或近 3 葉輪生，卵形至倒卵形，長 1 ～ 3.2 公分，寬 0.5 ～ 2 公分，被星狀毛。花近無梗，萼片下表面被星狀毛，雄蕊 5 ～ 10。蒴果五裂。

　　廣布於熱帶地區；在台灣分布於南部低海拔之廢耕地或空曠地。

全株密被白色星狀毛（許天銓攝）

花甚小（郭明裕攝）

分布於台灣南部低海拔之廢耕地或空曠地（郭明裕攝）

葉對生或 3 枚輪生（許天銓攝）

假繁縷

屬名	假繁縷屬
學名	*Glinus oppositifolius* (L.) Aug. DC.

花被 5 枚；雄蕊 3 ～ 4 枚。（許天銓攝）

莖直立或斜上，被單毛。葉多為 3 ～ 5 枚近輪生，橢圓形至長橢圓狀倒卵形，長 0.5 ～ 4 公分，寬 0.3 ～ 1.5 公分，被單毛。萼片長 3 ～ 5 公釐，光滑無毛，雄蕊 3，花柱 3，花梗長 3 ～ 15 公釐。蒴果三或四裂。

　　產於亞洲東部、印度、熱帶非洲及澳洲；在台灣分布於南部地區，為低海拔常見雜草。

莖葉疏被白色單毛（許天銓攝）

葉多呈 3 ～ 5 枚近輪生。

粟米草屬 MOLLUGO

一年生草本，光滑無毛。有基生葉；莖生葉線形至匙形，常近輪生。花序聚繖狀（頂生或與葉對生）或繖形（腋生）；萼片5枚，白色或淡綠色；花瓣缺；雄蕊3（～10），心皮3，子房3室。蒴果三裂。種子無尾狀附屬物。

粟米草

屬名	粟米草屬
學名	*Mollugo stricta* L.

莖多分枝。基生葉近中間部分最寬；莖生葉對生或3～9枚近輪生，披針形至狹披針形。花序聚繖狀，頂生；萼片淡綠色，中央有綠條紋。蒴果近球形。

　　產於中國、東南亞、日本、琉球、馬來西亞及大洋洲島群；在台灣分布於全島中低海拔地區，常見於廢耕地或空曠地。

萼片淡綠色，中央有綠條紋。

莖生葉對生或3～9枚近輪生，披針形至狹披針形。

光葉粟米草

屬名	粟米草屬
學名	*Mollugo verticillata* L.

莖多分枝。基生葉於前半部最寬；莖生葉對生或3～8枚近輪生，倒披針形至線狀倒披針形。繖形花序，腋生；萼片白色，雄蕊3或5，柱頭三岔。蒴果橢圓形。

　　原產於中南美洲；在台灣歸化於本島及金門之低海拔廢耕地。

柱頭三岔

種子紅褐色

莖生葉對生或3～8枚近輪生，倒披針形至線狀倒披針形。

紫茉莉科 NYCTAGINACEAE

草本、灌木或喬木。單葉，互生或對生，全緣，托葉不存。花序變化大，常為聚繖，常有總苞；花輻射對稱，兩性或單性；萼片 3～5 枚，花瓣化，下部合生；花瓣無；雄蕊 1 至多數，通常 3～5；子房上位，內有 1 粒胚珠，花柱 1，柱頭球形，不分岔或分岔；常具苞片或小苞片，有的苞片色彩鮮豔。瘦果或堅果，有稜，常被腺毛。

特徵

花柱 1，柱頭球形；萼片花瓣化，下部合生；花瓣無。（紅花黃細心）

瘦果或堅果，有稜，常被腺毛。（紅花黃細心）

黃細心屬 BOERHAVIA

匍性草本。葉對生。花兩性，花序圓錐形或頭狀聚繖形，無總苞；花被於子房頂處驟縮，漏斗狀，有腺體；雄蕊 1～6，子房上位。果實長橢圓形，三至五稜，被黏性腺毛。

花蓮黃細心（*B. hualienense* S.H. Chen & M.J. Wu），描述特徵為葉披針形，花白色，單生或 2 朵聚生，果稜上有毛，作者未見之。

紅花黃細心

屬名	黃細心屬
學名	*Boerhavia coccinea* Mill.

植物體強壯，莖匍匐，前端略斜升，植株高可達 80 公分。葉卵形或近圓形，長 3～8 公分，寬 2～7 公分。較寬的圓錐花序，頂生；花萼漏斗狀，萼片 5 枚，花瓣化，紫紅色。果實棒狀，具腺點。

原產於熱帶美洲、加勒比海群島，歸化於非洲、澳洲、夏威夷及北美沿海各州。歸化台灣低海拔地區。

果倒卵形，先端圓，密被腺毛。

花及果

花紅色，柱頭紅色。

莖匍匐，前端略斜升。

直立黃細心

屬名	黃細心屬
學名	*Boerhavia erecta* L.

植物體強壯，莖匍匐，前端略斜升，植株高可達 60 公分。葉卵形至披針形，長 3 ～ 4.5 公分，寬 2 ～ 3.5 公分。花白色至淡粉紅色。果實倒圓錐形，頂端截形，具波狀的稜，完全光滑無毛。

原產於熱帶美洲，廣泛引入熱帶及亞熱帶地區，分布於泰國、菲律賓至中國及琉球群島；在台灣生長於中、南部之田邊、路邊及荒地。

花白色

果實倒圓錐形，頂端平截，表面無腺毛。（許天銓攝）

葉卵形至披針形（林家榮攝）

莖直立或斜升（許天銓攝）

光果黃細心

屬名	黃細心屬
學名	*Boerhavia glabrata* Blume

植物體及葉大小之變異很大，植株較細長，匍匐。葉披針形或狹卵形。聚繖或繖形花序，腋生，花序梗長，花白色至淡粉紅色。果實橢圓形或倒卵形，僅於稜兩側有腺毛，稜上無毛。

產於爪哇北部至密克羅尼西亞、琉球及夏威夷群島；在台灣生長於沿海沙坡上或沿海村莊路邊且未離岸太遠處。

果橢圓形或倒卵形，腺毛僅分布稜間溝槽內，稜上無毛。（許天銓攝）

莖匍匐狀

花白至淡粉紅色

匍匐黃細心

屬名　黃細心屬
學名　*Boerhavia procumbens* Banks *ex* Roxb.

多年生匍匐植物，莖下部木質化。葉對生，不等邊，卵形、長橢圓形至近心形，長 1 ～ 5 公分，寬 0.3 ～ 3.8 公分，波浪緣，先端鈍或尖頭。苞片和小苞片 1.5 ～ 2 公釐長，卵形，漸尖，披柔毛，邊緣膜質。花大約 3 公釐長，腋生圓錐花序。花被鐘狀，紫色或白色；雄蕊 2 ～ 3，外露。花絲細長；子房短於 1 公釐長，卵形；花柱大約 1.5 公分長，柱頭頭狀。果倒卵形，3 公釐長，五稜，具腺毛和乳突。

　　分布南亞、印度和巴基斯坦，歸化台灣野地。

花密生為球狀（許天銓攝）

果倒卵形，密被腺毛。（許天銓攝）

莖匍匐，花序大多腋生。（許天銓攝）

黃細心

屬名　黃細心屬
學名　*Boerhavia repens* L.

莖之分枝疏散，光滑或有毛。葉卵形，長 3 ～ 5.5 公分，寬 2 ～ 4 公分，先端銳尖至圓，基部圓至心形，全緣或波狀緣，上表面綠色，下表面灰綠色，葉柄長 1 ～ 3 公分。與紅花黃細心（見第 357 頁）很相似，但本種花序多腋生，果實橢圓形，以茲區別。

　　產於中國南部、琉球、菲律賓、摩鹿加群島、新幾內亞、澳洲及玻里尼西亞；在台灣分布於全島近海岸處。

果橢圓形，先端鈍尖，密被腺毛。（許天銓攝）

與紅花黃細心相似，但花序多腋生且果實橢圓形。

花紫紅色（許天銓攝）

紫茉莉屬 MIRABILIS

一年生或多年生草本。 單葉，對生。花兩性，一至數朵簇生枝端或腋生；每花基部包以 1 個五深裂的萼狀總苞，裂片直立，漸尖，摺扇狀，花後不擴大；花被各色，花被筒伸長，在子房上部稍縊縮，頂端五裂，裂片平展，凋落；雄蕊 5 ～ 6，與花被筒等長或外伸，花絲下部貼生花被筒上；子房卵球形或橢圓體形；花柱線形，與雄蕊等長或更長，伸出，柱頭頭狀。 果球形或倒卵球形。

紫茉莉

屬名	紫茉莉屬
學名	*Mirabilis jalapa* L.

莖直立，高可達 1 公尺，光滑無毛，節間略膨大。葉對生，卵形或卵狀三角形，長 3 ～ 15 公分，寬 2 ～ 8 公分，先端漸尖或短尾狀漸尖，基部圓或略呈心形，全緣或略呈波狀緣，表面呈有光澤綠色，兩面光滑；葉柄長 1 ～ 4 公分。花白色、黃色、紅色、粉紅色，單生於枝端，或呈繖房花序狀；具花萼狀總苞；花萼筒長 4 ～ 5 公分，具細柔毛；裂片 5，卵形或闊卵形，先端凹或淺二裂；雄蕊 5 枚，挺出在花朵外。果實為尖果，卵形，外皮黑色，具稜。

熱帶美洲；台灣於 1,600 年代引進栽植。

花單生於枝端

葉對生，卵形或卵狀三角形。

皮孫木屬 PISONIA

喬木、灌木或有刺之藤本。葉互生、對生或近輪生。花單性，雌雄異株；聚繖花序組成繖狀；花被裂片 4 ～ 6，雄蕊突出。果實為宿存花萼所包被，具稜或瘤狀突起，常具腺體。

腺果藤

屬名	皮孫木屬
學名	*Pisonia aculeata* L.

葉對生或部分互生，倒卵狀橢圓形至橢圓形，長 4 ～ 10 公分，寬 2.5 ～ 6 公分，葉背密被毛。雄蕊突出。果實長橢圓棒狀，具五稜，溝有黏性腺體。

產於中國南部、琉球、印度、馬來西亞及印尼；在台灣分布於南部、東部之低海拔海岸邊或灌叢中，台北芝山岩也可見。

有刺之藤本

果實，溝有黏性腺體。

雄蕊突出

雄花序腋生

果長橢圓棒狀，有五稜。

白避霜花

屬名	皮孫木屬
學名	*Pisonia grandis* R. Br.

常綠無刺喬木，高可達 14 公尺。 葉對生，葉橢圓形、長圓形或卵形，長（7〜）10〜20（〜30）公分，寬（4〜）8〜15（〜20）公分，被微毛或幾無毛，頂端急尖至漸尖，基部圓形或微心形，常偏斜，全緣，側脈 8〜10 對。 聚繖花序頂生或腋生；花梗長 1〜1.5 公釐，頂部有 2〜4 長圓形小苞片；花被筒漏斗狀，長約 4 公釐，五齒裂，有 5 列黑色腺體；花兩性；雄蕊 6〜10，伸出花被約 2 公釐；柱頭毛筆狀，不伸出。 果實棍棒狀，長約 12 公釐。

分布印度、斯里蘭卡、馬爾代夫、馬達加斯加、馬來西亞、印度尼西亞、澳大利亞東北部及太平洋島嶼。台灣產於東沙島。

花冠筒漏斗狀，被毛。（許天銓攝）

葉卵形至長橢圓形；花序頂生，花朵密集。（許天銓攝）

海岸林樹種，可見於東沙島及南沙群島（許天銓攝）

皮孫木

屬名	皮孫木屬
學名	*Pisonia umbellifera* (Forst.) Seem

喬木，高達 14 公尺。葉對生、近輪生或互生，橢圓形至披針形，長 10〜45 公分，光滑無毛。花被片四至五裂，雄蕊 8〜11。果實圓錐形，具五稜，無腺體，溝分泌黏液。

產於澳洲、爪哇、馬來西亞、馬達加斯加、密克羅尼西亞及夏威夷；在台灣分布於東南部近海岸之森林中，台北芝山岩及小蘭嶼亦有產。

果圓錐形，有五稜。

葉對生，近輪生或互生，橢圓至披針形，光滑。

花序

蒜香草科 PETIVERIACEAE

草本、喬木或藤本植物。花序總狀或穗狀，分枝或無；花稍呈兩側對稱，花藥外向，不具蜜腺，柱頭扁平，表面具毛狀物。果實大多具翅，胞果或核果或漿果。

數珠珊瑚屬 RIVINIA

特 徵同科。

珊瑚珠（數珠珊瑚、珍珠一串紅）

屬名	數珠珊瑚屬
學名	*Rivinia humilis* L.

高 50 ～ 100 公分。葉互生，披針狀長卵形，先端漸尖。總狀花序，頂生或腋生；花被片 4 枚，白色；雄蕊 4，與花被片互生；子房具 1 心皮，1 室。漿果球形，豔紅色，有光澤，徑約 5 公釐。

原產於熱帶美洲及西印度群島；在台灣歸化於中、北部地區。

漿果球形，豔紅色，有光澤。

花白色，花被片 4，雄蕊 4。

葉互生，披針狀長卵形，先端漸尖。

商陸科 PHYTOLACCACEAE

直立草本。葉互生，全緣。花兩性，稀單性，排成頂生或與葉對生之總狀花序；苞片1～3枚；花被片5枚，稀4枚；雄蕊5～30；心皮5～15，離生或合生。果實為肉質漿果。

商陸屬 PHYTOLACCA

特徵如科。

美洲商陸

屬名	商陸屬
學名	*Phytolacca americana* L.

草本，高1～2公尺；莖粗，多為肉質，圓柱形，帶紫紅色，光滑無毛。葉長橢圓形或卵狀長橢圓形，葉柄長3～4公分。總狀花序，頂生或與葉對生，略下垂，長達20公分；兩性花，花被片5枚，白色而微帶紅色，雄蕊10，雌蕊10，花梗長0.7～1公分。果序梗下垂，長於2.5公分。種子光滑無毛。

原產北美洲；歸化於台灣北部，生長於路邊或空曠地。

葉長橢圓形或卵狀長橢圓形

花被片5枚，白色而微帶紅色，雄蕊10。

果實

總狀花序

二十蕊商陸

屬名	商陸屬
學名	*Phytolacca icosandra* L.

多年生草本，高1～2公尺，光滑無毛。葉橢圓形至卵形，長7～20公分，寬3～10公分，先端銳尖或漸尖，光滑無毛。總狀花序，長7～16公分；萼片5枚，粉色至淡紅色，寬橢圓形，長3公釐，寬2公釐；雄蕊10～20，通常排成二輪；心皮大多為6～10，合生；子房6～10室；花梗短於2公釐。漿果紫黑色，直徑7～8公釐。

分布於墨西哥、西印度、中美洲、南美洲。台灣歸化中、南部野地。

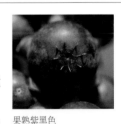
果熟紫黑色

花紫紅色

花序直立，花朵密集。　果序甚長

約於7～8月盛花

日本商陸

屬名 商陸屬
學名 *Phytolacca japonica* Makino

多年生草本，高 1 ～ 1.5 公尺，莖粗大。葉橢圓形，稀倒卵形，脈紋明顯，葉柄長 0.2 ～ 3 公分。總狀花序，直立，長約 20 公分；花瓣 5 枚，白色或淡粉紅色，雄蕊 8 ～ 10，柱頭多岔。果序梗直立，短於 2 公分；漿果，略呈扁球形。

　　產於日本；在台灣分布於全島低、中、高海拔，生長於路邊、林緣及空曠地。

漿果，略呈扁球形。

葉橢圓形。花序直立。

多年生草本，株高 1 ～ 1.5 公尺。

藍雪科 PLUMBAGINACEAE

草本或亞灌木。單葉，互生，托葉不存。花兩性，輻射對稱，常由側偏穗狀花序組成圓錐狀或蠍尾狀聚繖花序；花萼筒漏斗狀，五齒或五裂，常呈膜質或有顏色；花瓣 5 枚，合生成管狀，或僅基部合生；雄蕊 5，與花瓣或花冠裂片對生；子房上位，1 室，1 胚珠，花柱 5，離生或合生。蒴果，包在宿存花萼內。

特徵

穗狀花序組成圓錐狀或蠍尾狀聚繖花序。（石蓯蓉）

花萼筒漏斗狀，五齒或五裂，常呈膜質或有顏色；雄蕊 5。（石蓯蓉）

花瓣 5 枚，合生成管狀，或僅基部合生。（烏面馬）

蒴果包在宿存花萼內。（烏面麻）

石蓯蓉屬 LIMONIUM

葉 基生，成蓮座狀，厚質，全緣，無毛，有柄。花萼基部具十稜，花冠宿存，雄蕊於花冠基部著生，花柱離生。

石蓯蓉（黃花磯松）

屬名	石蓯蓉屬
學名	*Limonium sinense* (Girard) Kuntz.

多年生宿根性草本。葉大多基生，倒卵狀披針形至匙形，長 3 ～ 9 公分，寬 1 ～ 2 公分，主脈 1，側脈不明顯，兩面光滑無毛。聚繖狀圓錐花序，苞片紫褐色，花萼白色或稍帶黃色，花冠淺乳黃色。

　　產於中國東南部及越南北部；在台灣分布於全島之海邊沙質地及沼澤。

花蠍尾狀排列

雄蕊 5；花柱 5，絲狀。

生長於海岸岩壁、土坡或泥灘地。

花序

葉基生，成蓮座狀，長 3 ～ 9 公分，寬 1 ～ 2 公分。

花冠淺乳黃色

烏芙蓉

屬名	石蓯蓉屬
學名	*Limonium wrightii* (Hance) Kuntz.

植株矮小，直立，亞灌木狀，無毛。單葉，互生，蓮座狀排列；葉倒披針形至匙形，長 2 ～ 4 公分，寬 4 ～ 7 公釐，先端圓鈍，脈不明顯。聚繖花序或繖房花序，分枝呈穗狀排列，花序軸由葉腋抽出，自上部二回岔狀分枝；苞片褐色；花萼白色或稍帶黃色；花冠黃色，亦有淡紫色者。

　　產於小笠原群島及琉球；在台灣分布於東部、南部及各離島之岩岸。

葉先端圓鈍，長 2 ～ 4 公分，寬 0.4 ～ 0.7 公分。（許天銓攝）

葉匙形，蓮座狀簇生。

花紫色者

花冠黃色，亦有淡紫色者。

生長於珊瑚礁縫隙中（許天銓攝）

烏面麻屬 PLUMBAGO

多年生蔓性亞灌木。葉互生，紙質，抱莖，無毛。花萼五稜，具黏性腺體；花冠高杯狀；雄蕊不著生於花冠上；花柱合生，柱頭五岔。胞果蓋裂。

花冠高杯狀，
白色。

烏面麻

屬名	烏面麻屬
學名	*Plumbago zeylanica* L.

多年生半蔓性亞灌木，高 2～3 公尺，莖多分枝，有細稜，節上帶紅色，光滑無毛。葉卵形至長橢圓狀卵形，長 4～10 公分，具明顯側脈，基部具 2 早落性耳狀物。穗狀花序，頂生，長 5～25 公分；花萼管狀，長約 1 公分，具五稜，密被長腺毛，具黏性腺體；花冠高杯狀，白色或白而略帶藍色，花冠筒纖細，先端五裂；雄蕊 5。蒴果膜質，長橢圓形，蓋裂。

　　原產於東南亞；荷蘭人於 1645 年引入台灣，目前歸化於全島低海拔灌叢及草原。

葉卵形至長橢圓卵形

常見於中南部路旁荒地

蒴果包在宿存花萼內。花萼外被腺體。

蓼科 POLYGONACEAE

草本、灌木或藤本，莖於節處常腫大。單葉，互生，罕對生，常具托葉鞘。花小型，輻射對稱，單生或成總狀花序；花被片 3～6 枚，覆瓦狀排列，宿存，結果時變大；雄蕊 6～9，排成二輪，花藥 2 室，縱裂；花盤環狀或腺狀；花柱 2～4，柱頭常頭狀，子房上位，1 室，基生胎座或中央獨立胎座。小堅果或瘦果，三角形或雙凸形。

　　台灣有蓼屬之櫻蓼及宜蘭蓼，久未有人紀錄過，本卷未收錄。

特徵

大部分為草本。單葉，互生，罕對生。（華蔓首烏）

莖於節處常腫大，常具托葉鞘。（紅蓼）

小堅果或瘦果，三角形或雙凸形。（節花路蓼）

花被片 3～6 枚，覆瓦狀排列；雄蕊 6～9，排成二輪，花藥 2 室。（花蓼）

珊瑚藤屬 ANTIGONON

藤本，莖基部常木質化，卷鬚腋生。托葉鞘短，常脫落或成細線狀。花序具側生卷鬚，花 3～5 朵簇生，具苞片；花被片 5 枚，紅色至白色；雄蕊 7～9。果實為瘦果。

珊瑚藤

屬名	珊瑚藤屬
學名	*Antigonon leptopus* Hook. & Arn.

單葉，互生；葉紙質，卵狀心形，先端銳尖，基部心形，全緣但略有波浪狀起伏，葉面粗糙，具托葉鞘。總狀花序，圓錐狀，腋生，長可達 30 公分，花序軸頂端具分岔之卷鬚；花被片 5 枚，粉紅色。

　　產於墨西哥；在台灣全島栽植，於平地及低山逸出而歸化。

花粉紅色

宿存花萼內的果實

宿存花萼

植株

蕎麥屬 FAGOPYRUM

一年生或多年生草本，稀半灌木。莖直立，無毛或具短柔毛。葉三角形、心形、寬卵形、箭形或線形；托葉鞘膜質，偏斜，頂端急尖或截形。花兩性；花序總狀或傘房狀；花被五深裂，果時不增大；雄蕊 8，排成二輪，外輪 5，內輪 3；花柱 3，柱頭頭狀，花盤腺體狀。瘦果具三稜，比宿存花被長。

蕎麥

屬名	蕎麥屬
學名	*Fagopyrum esculentum* Moench

莖光滑無毛。葉三角狀，兩面光滑或中脈具疏毛；托葉鞘管狀，不具緣毛。花序總狀，花白色。瘦果三稜形，各稜具翼，成熟時一半以上突出於花被片外。

　　主要種植的國家有俄羅斯、中國、日本、波蘭、加拿大、巴西、南非、澳洲及美國；在台灣為引進之農作物，普遍栽植於中、北部，在野外之分布稀少，並不常見。

瘦果三稜形，各稜具翼，成熟時一半以上突出於花被片外。

花白色

葉三角狀，兩面光滑或中脈具疏毛。

何首烏屬 FALLOPIA

———年生或多年生草本，稀半灌木，莖纏繞。葉互生，卵形或心形，具葉柄；托葉鞘筒狀，頂端截形或偏斜。花序總狀或圓錐狀，頂生或腋生；花兩性，花被 5 深裂，外面 3 片具翅或龍骨狀突起，果期時增大，稀無翅無龍骨狀突起；雄蕊通常 8，花絲絲狀，花　卵形；子房卵形，具 3 稜，花柱 3，較短，柱頭頭狀。瘦果卵形，具 3 稜，包於宿存花被　。

華蔓首烏

屬名	何首烏屬
學名	*Fallopia forbesii* (Hance) Yonekura & H. Ohashi

本種與虎杖（見第 387 頁）相似，但本種的葉圓形至近圓形，短，基部圓形，先端銳尖至短突尖，蒴果相對較大（3.9 ～ 4.8 × 2.1 ～ 2.9 公釐）；果期時花被片的翅窄些。

　　分布中國及韓國。台灣可見於台灣各地低海拔地區，可能是引進歸化。

花側面

葉偏圓形，較虎杖大些。

何首烏

屬名	何首烏屬
學名	*Fallopia multiflora* (Thunb.) Harald.

莖蔓藤狀，光滑無毛。葉卵形，長 3 ～ 8 公分，寬 2 ～ 4 公分，先端漸尖，基部截形至淺心形，兩面光滑無毛；托葉鞘先端截形，無緣毛。花序圓錐狀，花被於花後成乾膜質，三翼狀。

　　產於中國陝西南部、甘肅南部、華東、華中、華南、四川、雲南、貴州及日本；在台灣常見於全島中、低海拔山區，多生於路邊及林緣。

葉卵形，先端漸尖，基部截形至淺心形，兩面光滑。

花序甚大且多

花被於花後成乾膜質，形成三翼狀。

冰島蓼屬 KOENIGIA

一年生草本。莖細弱，分枝。葉互生，具葉柄；托葉鞘短，二裂。花兩性，花被三深裂；雄蕊 3，與花被片互生；花柱 2，極短，柱頭頭狀。瘦果卵形，雙凸鏡狀。

高山蓼

屬名	冰島蓼屬
學名	*Koenigia nepalensis* D. Don

莖柔軟多汁狀，近關節處具倒生毛。葉卵形，長 0.5～2 公分，寬 4～9 公釐，兩面被疏長柔毛；托葉鞘管狀，具緣毛。花白色，2～5 朵頂生。

產於東亞之溫帶地區；在台灣分布於中部海拔約 3,000 公尺山區，如武陵四秀之桃山。

葉卵形，兩面被疏長柔毛。

分布於台灣中部約 3,000 公尺高海拔山區。葉大約 1 公分長。

雪山蓼

屬名	冰島蓼屬
學名	*Koenigia yatagaiana* (Mori) T.C.Hsu & S.W.Chung

一年生纖弱草本；莖斜升或匍匐，常於基部多分枝，光滑無毛。葉互生，寬卵形，長 2.5～6 公釐，寬 2～5 公釐，先端銳尖或鈍，基部淺心形，有時為截形或略下延，光滑無毛；托葉鞘無毛，且不具緣毛。花 1～5 朵簇生於莖頂及葉腋；花被裂片 4，白色；雄蕊 8，可孕雄蕊 3～5；花柱極短，三岔。瘦果頂端突出花被外，有光澤。

分布於印度喀什米爾、錫金、巴基斯坦、尼泊爾、緬甸、中國等喜馬拉雅山區；間斷分布於台灣海拔 2,900～3,500 公尺之高山，如桃山、關山等。

瘦果扁壓狀（許天銓攝）

花 1～4 朵腋生，花被 4 枚。（許天銓攝）

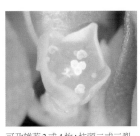

可孕雄蕊 3 或 4 枚；柱頭二或三裂。（許天銓攝）

葉小，不及 1 公分，寬卵形，基部淺心形，有時為截形或略下延，光滑無毛。

春蓼屬 PERSICARIA

一年生或多年生草本，直立或匍匐上升，莖有時木質化。葉狹窄，線狀披針形或橢圓狀卵形，大多沒有腺體，有時具腺點；托葉鞘膜質，管狀，具緣毛。花序穗狀、總狀或有時頭狀；花被裂片 4～5，具腺體，腺體通常與雄蕊互生，雄蕊 4～8，子房雙凸或三稜，具 2～3 絲狀的、合生或離生頭狀之柱頭。堅果雙凸至三稜形，暗棕色至黑色，有光澤，無毛。

毛蓼

屬名	春蓼屬
學名	*Persicaria barbata* (L.) H. Hara var. *barbata*

全株被粗短之倒伏毛。葉披針形，長 7～18.5 公分，寬 1.5～3 公分，具短柄；托葉鞘管狀，長 1.5～3 公分，表面被密毛，上緣剛毛長 1.1～3.2 公分，約與葉鞘等長。花序穗狀，3～6 枝，花朵密集排列；花瓣白色，花梗不突出。瘦果三稜形。

產於中國、喜馬拉雅山脈、印度、馬來西亞及日本南部；在台灣分布於低海拔平地，路邊、溼地及廢耕地常見。

瘦果

緣毛約與葉鞘等長

花序 3～6 枝。

細刺毛蓼

屬名	春蓼屬
學名	*Persicaria barbata* (L.) Hara var. *gracilis* (Dans.) Hara

植株高 30～40 公分，莖直立或斜上，基部分枝，無毛，具疏細刺。葉披針形，葉基圓鈍；葉柄短，長 2 公釐；托葉鞘管狀，疏被粗毛，上端緣毛約為葉鞘長之三分之二。穗狀花序，頂生，花序分枝 1～3，長 3～4.5 公分，苞片具緣毛；花被片 5 枚，綠白色，雄蕊 8，柱頭三岔。

產於日本、琉球、中國、印尼、印度及菲律賓；在台灣分布於台北及花蓮。

莖表面完全光滑

花序分枝 1～3。

葉近無柄

雙凸戟葉蓼

屬名　蓼屬
學名　*Persicaria biconvexa* (Hayata) Nemoto

全株被疏至中度星狀毛，莖具倒鉤刺。葉闊戟形，長 2 ～ 7 公分，寬 2 ～ 5.5 公分；莖中部葉片橢圓狀，基部緊縮；托葉鞘基部管狀，上部水平擴展並生緣毛，全緣或波狀緣。花序頭狀，花白色至粉紅色。瘦果多凸透鏡形或少數呈三稜形。

　　產於中國、印度、日本、韓國及中南半島；在台灣分布於中海拔山區，於林緣、路邊潮濕處常見。

托葉鞘基部管狀，上部水平擴展，全緣或波狀緣，並生緣毛。

林緣、路邊潮濕處常見。

葉闊戟形，基部中央不會向內縮成似蹄狀。

頭花蓼

屬名　春蓼屬
學名　*Persicaria capitata* (Buch.-Ham. *ex* D. Don) H. Gross

葉卵形或橢圓形，長 1.5 ～ 3 公分，寬 1 ～ 2.5 公分，先端尖，基部楔形，全緣，邊緣具腺毛，兩面疏生腺毛，上表面有時具黑褐色新月形斑點。花序頭狀，直徑 0.6 ～ 1 公分，單生或成對，頂生，花序梗具腺毛；苞片長卵形，膜質；花被五深裂，淡紅色，花被片橢圓形，長 2 ～ 3 公釐；雄蕊 8，比花被片短；花柱 3，中下部合生，與花被片近等長，柱頭頭狀，花梗極短。

　　原產喜馬拉雅山區，廣布至中國西南各省、印度北部、尼泊爾、錫金、不丹、緬甸及越南；在台灣歸化於海拔 600 ～ 3,500 公尺之山坡及山谷濕地。

葉卵形或橢圓形，上表面有時具黑褐色新月形斑點。

花序頭狀，直徑 0.6 ～ 1 公分。

開花植株

火炭母草

屬名　春蓼屬

學名　*Persicaria chinensis* (L.) H. Gross var. *chinensis*

莖光滑至被疏毛。葉卵狀橢圓形至卵狀長橢圓形，長 3～8 公分，寬 2～5 公分，基部截形，光滑至脈上被疏毛；托葉鞘管狀，斜截形，無緣毛。花序分枝頭狀，雄蕊 8，花柱 3。花被於花後變成藍黑色肉質狀，外圍透明狀。

　　產於中國、印尼、日本及菲律賓；在台灣分布於全島低中海拔地區，極為常見。

花被於花後成藍黑色肉質狀，外圍透明狀。

雄蕊 8，花柱 3。

葉卵狀橢圓形至卵狀長橢圓形

耳葉火炭母草

屬名　春蓼屬

學名　*Persicaria chinensis* (L.) H. Gross var. *ovalifolia* (Meisn.) H. Gross

莖常呈紅色。葉卵形至卵狀橢圓形，基部截形至心形，托葉狀葉耳明顯；托葉鞘管狀，平截形，無緣毛。花序單枝頭狀，花序梗上有許多腺毛。花被於花後變成藍黑色厚膜質或肉質。

　　分布於喜馬拉雅山區、印度，東至中國及日本南部、馬來西亞；在台灣生於東部低至高海拔之路邊及林緣。

花序單枝頭狀，花序梗上有許多腺毛。

托葉狀葉耳明顯

葉卵形至卵狀橢圓形

水紅骨蛇

屬名　春蓼屬
學名　*Persicaria dichotomum* (Blume) Masam

高可達1公尺，莖上有縱稜，稜上生有逆向刺毛，節間的上部愈靠近節處愈多逆向毛。葉長橢圓狀戟形，長2.5～10.5公分，寬1～2公分，基部尖至戟形，葉背中脈具倒鉤刺；托葉鞘管狀，斜截形，無緣毛。花序短穗狀至頭狀，常有腺毛，花簇密集排列，花白色至粉紅色。

　　產於印度北部至中國南部及琉球、澳洲北部；在台灣分布於北部低海拔之潮濕沼澤地及蘭嶼天池。

葉長橢圓狀戟形，基部尖至戟形。

花簇密集排列

莖及節上生有逆向刺毛

金線草（金線蓼）

屬名　春蓼屬
學名　*Persicaria filiformis* (Thunb.) Nakai

莖被毛。葉橢圓形至倒卵狀橢圓形，被疏至密伏狀毛。托葉鞘管狀，截形，具短緣毛。花序長穗狀，長15～35公分；花柱2，堅硬，宿存，倒鉤狀。

　　產於東南亞及喜馬拉雅山區；在台灣分布於北部海拔1,000～2,000多公尺處，如蘭陽溪上游南山一帶及尖石山區。

花紅色（陳志豪攝）

花序長穗狀，約15～35公分；花柱2，堅硬，宿存，倒鉤狀。

初果，花柱宿存。（陳志豪攝）

紅辣蓼

屬名　春蓼屬
學名　*Persicaria glabru* (Willd.) Gómez

莖光滑無毛，徑粗，常呈紅色。葉披針形，葉背具腺點，葉柄常呈紅色；托葉鞘管狀，無緣毛。花序穗狀，花朵排列緊密；花紅色，雄蕊6～8，花柱二岔。

　　產於亞洲、非洲及美洲之熱帶及亞熱帶地區；在台灣分布於全島低海拔平地，常見於廢耕地及池沼邊。

托葉鞘管狀，無緣毛。

多生長於池沼周遭

花紅色，雄蕊6～8，花柱二岔。

全株光滑，花序穗狀，花排列緊密。

矮蓼

屬名　春蓼屬
學名　*Persicaria humilis* (Meisn.) H. Hara

一年生草本，高3～12公分，莖匍匐，分枝。葉卵形，長5～15公釐，寬3～7公釐，先端銳尖，基部楔形，下延成短柄，兩面疏生長腺毛；托葉鞘管狀，膜質，疏被長腺毛，邊緣不具緣毛。花序頂生，頭狀，花序梗長8～20公釐，疏被長腺毛；花被粉紅色或白色，五淺裂，無毛，花被片橢圓形，長約1公釐，先端尖；雄蕊5或6，花柱二岔。瘦果黑褐色，近圓形，直徑約1公釐。形態上與野蕎麥（見第378頁）相當接近，但本種之植物體通常較為矮小，葉片較小且兩面疏被長腺毛，花序無葉狀總苞。

　　分布於中國、不丹、印度及尼泊爾；在台灣為筆者於2015年發表的新紀錄種，發現於阿里山山脈之塔山山腰。

莖匍匐，生於潮濕之岩壁上。

瘦果黑褐色，近圓形，直徑約1公釐。

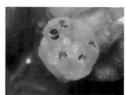

雄蕊5或6，花柱二岔。

葉片較小且兩面疏被長腺毛

水蓼

屬名　春蓼屬
學名　*Persicaria hydropiper* (L.) Delarbre

莖光滑無毛，成熟莖多呈黃綠色，關節處具紅色環紋。葉披針形，長 5 ～ 10 公分，寬 1 ～ 1.3 公分，具腺點，葉脈及葉緣具疏短毛；托葉鞘管狀，具緣毛。花序長穗狀，花被具腺點。

　　產於北半球溫帶及亞熱帶；在台灣分布於北部低海拔地區，中南部少見。

花白色，花被放大後可見散生之腺點。（許天銓攝）

花序垂頭狀（許天銓攝）

莖光滑；葉面無明顯斑塊。（許天銓攝）

蠶繭草

屬名　春蓼屬
學名　*Persicaria japonica* (Meisn.) Nakai

莖光滑無毛。葉長橢圓狀披針形，基部鈍，光滑至被疏毛；托葉鞘管狀，具緣毛。花序穗狀，花白色，密集排列；雄蕊 4 ～ 8；花梗長 3.5 ～ 4 公釐，伸出苞片外。

　　產於中國、韓國、日本及琉球；在台灣北、中、南地區有零星分布，少見。

葉長橢圓狀披針形（葉大裕攝）

花梗較長，伸出苞片外。（葉大裕攝）

早苗蓼

屬名　春蓼屬
學名　*Persicaria lapathifolia* (L.) Delarbre var. *lapathifolia*

莖光滑無毛，常具紅色斑點，節膨大。葉披針形，具腺點，中脈及葉緣具短毛，老葉葉背常被白色綿毛；托葉鞘呈管狀，不具或具極短緣毛。花序分枝穗狀，常彎曲下垂；雄蕊 5～6，花柱二岔。本種與白苦柱（見本頁）常混生，且有中間種，二者有時不易區別或畫分。

　　產於北半球之溫帶；在台灣分布於全島低海拔地區，常見。

雄蕊 5～6，花柱二岔。

莖光滑，常具紅色斑點。

葉披針形，具腺點，中脈及葉緣具短毛。

白苦柱

屬名　春蓼屬
學名　*Persicaria lapathifolia* (L.) Delarbre var. *lanata* (Roxb.) H. Hara

草本，高 30～90 公分，莖直立，略帶紅色。全株密被白色長捲曲狀綿毛。葉披針形，長 7～15 公分，寬 1.5～4 公分；托葉鞘管狀，不具或具極短之緣毛。花序穗狀，花朵排列緊密，白色，四至五裂；花被片橢圓形，外面兩面較大，雄蕊通常 6 枚；花柱二裂。

　　產於東半球熱帶及亞熱帶；在台灣分布於全島低海拔地區，常見。

花序穗狀，花排列緊密，白色。

全株密被白色長捲曲狀綿毛

睫穗蓼

屬名　春蓼屬
學名　*Persicaria longiseta* (Bruijn) Kitag.

莖光滑無毛。葉披針形至橢圓狀披針形，被疏短毛；托葉鞘管狀，具緣毛。花序穗狀，花朵密集排列，苞片具長緣毛，花白色至粉紅色。果實為堅果，長 0.2 ～ 0.3 公分，三稜形，黑色，具光澤。

　　產於中國南部、馬來西亞、日本及韓國；在台灣分布於全島低中海拔地區，常見。

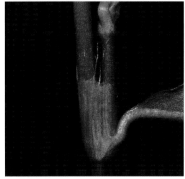

托葉鞘管狀，具緣毛。

花之苞片具長緣毛

莖光滑。葉披針形至橢圓狀披針形。

春蓼

屬名　春蓼屬
學名　*Persicaria maculosa* Gray

一年生草本，高 20 ～ 70 公分，直立或斜升，莖被疏毛至中度毛。葉披針形至長橢圓形，長 2.5 ～ 7 公分，寬 1 ～ 1.7 公分，先端尖，光滑至被疏毛；托葉鞘管狀，具短緣毛，緣毛長度短於托葉鞘之三分之一。花序單枝穗狀，花朵排列緊密，底部者較疏。瘦果卵形，扁平，雙凸，黑褐色。

　　產於北半球之溫帶；在台灣分布於中、北部之低中海拔地區。

葉披針形至長橢圓形。花序單枝穗狀。

花朵排列緊密

托葉鞘管狀，具短緣毛。

野蕎麥(尼泊爾蓼)

屬名　春蓼屬
學名　*Persicaria nepalensis* Meisn.

莖光滑或偶被倒生疏毛。葉卵形，長 1.5 ～ 5 公分，寬 0.5 ～ 2 公分，基部截形或圓鈍，沿葉柄下延呈翼狀或耳垂形抱莖狀，兩面疏至中度被柔毛，下表面具腺點。花序頭狀，由苞片包圍數朵小花之花簇組成；雄蕊 5 ～ 6，柱頭二至三岔。瘦果凸透鏡形。

　　產於中國西部、印度、日本及韓國；在台灣分布於全島中、高海拔山區。

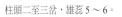
柱頭二至三岔，雄蕊 5 ～ 6。

葉下表面具腺點

葉基部截形、圓鈍，沿葉柄下延呈翼狀或耳垂形，抱莖狀。

紅蓼

屬名　春蓼屬
學名　*Persicaria orientalie* (Linn.) Spach

全株密被直立狀絨毛。葉卵形至卵狀披針形，長 10 ～ 20 公分，寬 5 ～ 12 公分，兩面密被柔毛；托葉鞘管狀，上部邊緣擴展成綠色盤狀，上生密長毛。花序穗狀，花朵排列密集；花白色至粉紅色，至果期時呈紅色。瘦果扁豆狀。

　　產於印度、日本及澳洲南部；在台灣分布於中、南部低海拔之平地。

花朵密生為圓柱狀（許天銓攝）

托葉鞘管狀，具許多長絨毛。

葉密生絨毛

花蓼

屬名　春蓼屬
學名　*Persicaria posumbu* (Buch.-Ham. *ex* Don) H. Gross

一年生草本，高 15～60 公分，莖光滑無毛。葉卵狀披針形，長 3～7.5
公分，寬 0.6～1.7 公分，先端尾狀，中度至密被柔毛；托葉鞘管狀，具緣毛。
花序長穗狀，花排列疏鬆，白色至粉紅色，花梗突出於苞片外。

　　產於印度至日本，南至爪哇；在台灣常見於全島低中海拔之路邊、林
緣及水邊沼澤。

花梗突出於苞片外

花序長穗狀，花白至粉紅色，排列疏鬆。

花亦有白色者

細葉雀翹

屬名　春蓼屬
學名　*Persicaria praetermissa* (Hook. f.) H. Hara

莖高 15～80 公分，具倒鉤刺。葉披針形，長 2.5～8 公分，寬 0.5～1.5 公分，基
部銳尖至戟形，葉背中脈具倒鉤刺；托葉鞘管狀，先端斜截形，具短緣毛。花序穗狀，
具腺毛，花 1～5 簇，間隔疏鬆，雄蕊 5。與水紅骨蛇（見第 373 頁）相似，但本種
的花較稀疏。

　　產於印度北部、中國、澳洲、菲律賓、琉球、日本及韓國；在台灣分布於低至中
海拔之潮濕地。

莖具倒鉤刺；托葉鞘管狀，先端斜截形。

花序穗狀，具腺毛，花簇 1～5，
間隔疏鬆。

植物體特別矮小之族群曾被稱為「小箭葉蓼」，可見於北部山地池
沼。（許天銓攝）

葉披針形

腺花毛蓼(八字蓼)

屬名　春蓼屬
學名　*Persicaria pubescens* (Blume) H. Hara

高可達 170 公分，莖具短粗毛及腺點。葉披針形，長 5～9.5 公分，寬 1.5～2.5 公分，兩面被短毛，上表面有 2 黑紫色斑塊，下表面具腺點；托葉鞘管狀，具緣毛。花序長穗狀，花朵排列疏鬆；花被下部綠色，上部紅白色，具腺點。

　　產於印度、喜馬拉雅山脈、中國、菲律賓、琉球、日本及韓國；在台灣分布於中、北部之低海拔地區。

具花梗，花被下方綠色，上方紅白色。

管狀托葉鞘具緣毛

雄蕊 8，花柱三岔。

花序長穗狀，花朵排列疏鬆。葉面上有 2 塊黑紫斑。

箭葉蓼

屬名　春蓼屬
學名　*Persicaria sagittata* (Linn.) H. Gross

莖具倒鉤刺。葉箭形，長 2.5～4.5 公分，0.7～1.5 公分，光滑無毛，葉背常紫紅色，中脈具倒鉤刺；托葉鞘管狀，無緣毛。花序單枝頭狀；花白色，先端淡粉至紫色。

　　產於北美洲、印度、韓國、日本、中國及西伯利亞東部；在台灣目前僅見於北部之鴛鴦湖畔。

花通常常 5

種子

葉箭形，光滑，下表面常紫紅色，中脈具倒鉤刺。　莖具倒鉤刺

目前僅見於鴛鴦湖沼澤畔

盤腺蓼

屬名	春蓼屬
學名	*Persicaria tenella* (Blume) H. Hara

莖光滑或偶被極疏毛。葉線狀披針形至長橢圓狀披針形，長 3.5 ～ 7.5 公分，寬 0.4 ～ 1 公分，被短毛；托葉鞘管狀，具緣毛。花序穗狀，花朵密集排列。瘦果凸透鏡形。

　　產於印度、喜馬拉雅山區、緬甸、泰國及中國；在台灣分布於中、北部低海拔之潮濕地區，多見於湖邊及河邊沼澤地、路邊、水溝。

托葉鞘管狀，具緣毛。

花序穗狀，花朵密集排列。

葉線狀披針形至長橢圓狀披針形，中央有一紅斑。（許天銓攝）

絨毛蓼

屬名	春蓼屬
學名	*Persicaria tomemtosa* (Willd.) Bicknell

高可達 100 公分，全株密被直立狀絨毛。葉披針形，長 7 ～ 14 公分，寬 1.5 ～ 2.5 公分；托葉鞘管狀，具短緣毛，緣毛短於托葉鞘長之三分之一。花序穗狀，花朵排列緊密，雄蕊 5，花柱二岔。

　　產於中國南部、印度、菲律賓及馬來西亞；在台灣分布於台南、屏東附近平地之池塘沼澤，稀少。

雄蕊 5，花柱二岔。

全株密被直立狀絨毛

托葉鞘管狀，具短緣毛。　花序穗狀，花朵排列緊密。

香蓼（粘毛蓼）

屬名 春蓼屬
學名 *Persicaria viscosa* (Buch.-Ham.) H. Gross *ex* Nakai

全株密被直立狀絨毛及有柄腺體，基部老葉常脫落，莖多呈深紅色。葉披針形，長 3.5 ～ 7 公分，寬 0.8 ～ 3 公分，先端漸尖，兩面具毛狀物，葉柄具窄翅；托葉鞘管狀，具緣毛。花序穗狀，花朵排列緊密，紅色，花被片 5 枚，卵形至橢圓形，雄蕊 8，花柱三岔。瘦果褐色至深褐色。

產於印度、日本及韓國；在台灣分布於中、北部之低中海拔潮濕地區，如田中及蓮華池等，採集地甚少。

全株被直柔毛及短腺毛

直立草本，莖多分枝。

花紅色，花被片 5。

花梗上具黃色有柄腺體

蓼屬 POLYGONUM

草本、灌木或亞灌木，一年生，極少數為多年生。葉莖生葉，大都為互生葉，具柄或無柄；托葉鞘宿存，常為透明，白色或銀色，二裂，革質，光滑；葉片線形、披針形、橢圓形或近圓形，全緣。花序腋生或頂生，近穗狀或單生；花梗有或無。花兩性；花被白色或白綠色或粉紅色，鐘狀至瓶狀，光滑；花被裂片 5，內層常扁平，外層扁平或有時具具龍骨狀和頂端帽狀；雄蕊 3 ～ 8；花絲顯著，離生或合生花被筒上，光滑；花藥白色、黃色、粉紅色至紫色，橢圓形至長橢圓形；花柱 2 ～ 3，大都開展；柱頭 2 ～ 3，頭狀。果實黃綠色、褐色或黑色，無翼，光滑。

扁蓄

屬名 蓼屬
學名 *Polygonum aviculare* L.

莖光滑無毛，具稜。葉披針形至橢圓狀披針形，長 0.7 ～ 1.5 公分，寬 2 ～ 5 公釐；托葉鞘尖條狀破裂。花數朵簇生於葉腋，雄蕊 8，花柱 3。瘦果表面具粗糙網紋，無光澤。

原產於歐洲及亞洲北部，目前已廣泛分布於熱帶及亞熱帶地區；在台灣生長於中部中、高海拔山區，如思源埡口、梨山一帶之路邊或溪邊。

雄蕊 8，花柱 3。

披針形至橢圓狀披針形

長箭葉蓼（長葉梨避）

屬名　蓼屬
學名　*Polygonum hastatosagittatum* Makino

莖光滑無毛，關節基部具短倒鉤刺。葉橢圓形至倒披針形，基部尖至戟形，具簇生毛，葉背中脈具倒鉤刺；托葉鞘管狀，先端截形，具緣毛。花序短穗狀至頭狀，花序梗長。本種近似箭葉蓼（見第380頁），但箭葉蓼僅產於鴛鴦湖。

產於中國及日本；在台灣分布於中、北部低海拔之潮濕環境。

生長於休耕水田、濕地。（許天銓攝）

花序短穗狀至頭狀，具長梗。（許天銓攝）

花密生，白色至粉紅色。（許天銓攝）

葉橢圓形至倒披針形，基部尖至戟形。（許天銓攝）

長戟葉蓼

屬名　蓼屬
學名　*Polygonum maackianum* Regel

全株密被星狀毛，莖具倒鉤刺。葉長戟形，莖中部之葉片長橢圓狀；托葉鞘基部管狀，上部水平擴展，銳鋸齒緣。花序頭狀。瘦果三稜形。

產於中國、日本及韓國；在台灣分布於中、北部之低海拔地區，所有標本皆採集於日治時期（最近的紀錄為1933年），可能已於本島絕跡。

葉呈戟形

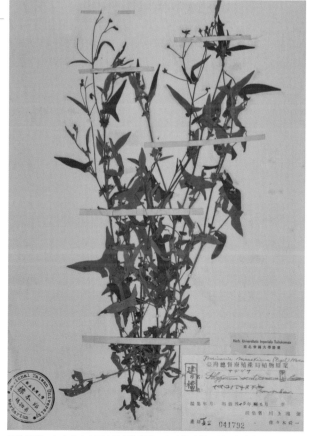

日治時期，在台北市有不少的採集記錄，但由於地貌丕變，數十年來已無採集記錄。

小花蓼

屬名 蓼屬
學名 *Polygonum muricatum* Meisn.

莖光滑無毛，關節基部具短倒鉤刺。葉卵狀橢圓形，長 0.5 ～ 6 公分，寬 0.8 ～ 2 公分，基部截形至戟形或箭形，具簇生毛及星狀毛，葉背中脈具倒鉤刺；托葉鞘管狀，先端截形，具緣毛。花序短穗狀，具腺毛。

　　產於日本、韓國、中國及印度北部；在台灣分布於中、南部低海拔之潮濕地。

葉卵狀橢圓形　　葉基部截形至戟形或箭形

花序短穗狀，具腺毛。

葉柄及莖關節基部具短倒鉤刺

莖匍匐，花序柄長。（許天銓攝）

扛板歸

屬名 蓼屬
學名 *Polygonum perfoliatum* L.

莖蔓藤狀，具倒鉤刺。葉三角形，長 7 ～ 20 公分，寬 3.5 ～ 10 公分，葉背中脈具倒鉤刺，葉柄盾狀著生；托葉鞘水平擴展，光滑，無緣毛。花序單枝穗狀，花被於花後成藍紫色肉質狀。瘦果橢圓球形。

　　產於亞洲及印度西部及南部；在台灣普遍分布於全島平地至中海拔。

葉盾狀三角形

畢祿山蓼 特有種

屬名 蓼屬
學名 *Polygonum pilushanense* Y.C. Liu & C.H. Ou

莖蔓狀，光滑或偶被疏毛。葉卵形，長 3 ～ 8 公分，寬 1.5 ～ 4 公分 ，先端漸尖，基部截形至心形；托葉鞘管狀，具短緣毛。花序單枝，頭狀；花被片 5 枚，雄蕊 8，藍黑色，花柱三岔。花被於花後呈黑色厚膜質狀。

　　特有種；分布於台灣中部海拔近 2,000 公尺之山區。

花序單一或偶具少數分枝；花頭狀簇生。（許天銓攝）

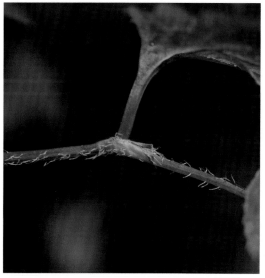
托葉鞘管狀，具短緣毛。

莖蔓狀。葉卵形。

節花路蓼（假扁蓄）

屬名 蓼屬
學名 *Polygonum plebeium* R. Br.

莖平臥，具稜，光滑無毛，基部分枝。葉長橢圓狀披針形至倒披針形，托葉鞘尖條狀破裂。花數朵簇生於葉腋，花被綠白色或淡紅色，雄蕊 5 ～ 6，花柱三岔，偶二岔。瘦果寬卵形，具三稜，黑褐色，具光澤，光滑無毛。

　　產於亞洲、非洲、澳洲之熱帶及亞熱帶；在台灣常見於全島低海拔地區。

花被綠白色或淡紅色

瘦果寬卵形，具三稜，表面平滑，黑褐色，具光澤。

莖平臥。葉長橢圓狀披針形至倒披針形。

散血丹（玉山蓼）

屬名　蓼屬
學名　*Polygonum runcinatum* Buch.-Ham. *ex* D. Don

常匍匐狀，高30～80公分，莖光滑，關節處具倒生柔毛。葉卵狀，基部羽裂狀，上表面常有黑塊斑，葉柄具翼；托葉鞘管狀，光滑或被疏毛，無緣毛。花序頭狀，花白色或粉紅色，雄蕊8，花柱三岔，具花梗。瘦果三稜形。

　　產於中國、印度及喜馬拉雅山脈；在台灣分布於高海拔山區之草生地及路邊。

葉卵狀，基部羽裂狀，上表面常有黑塊斑。

花序頭狀，花白色或粉紅色，雄蕊8，花柱三岔。

刺蓼

屬名　蓼屬
學名　*Polygonum senticosum* (Meisn.) Fr. & Sav.

莖具倒鉤刺及疏柔毛。葉三角形，基部截形，中央向內縮成似蹄狀，長1.5～7公分，寬2～6.5公分，被疏至密柔毛，不具刺毛，脈具倒鉤刺；托葉鞘基部管狀，上部常水平擴展。花序頭狀，具腺毛，雄蕊8，花柱三岔。瘦果三稜形。

　　產於日本、韓國及中國；在台灣分布於全島低中海拔地區。

雄蕊8，花柱三岔。

葉三角形，基部截形，中央向內縮成似蹄狀。托葉鞘基部管狀，上部常水平擴展。

分布於台灣全島低中海拔地區。

花序頭狀，具腺毛。

虎杖屬 REYNOUTRIA

多年生草本。根狀莖橫走。莖直立，中空。葉互生，卵形或卵狀橢圓形，全緣，具葉柄；托葉鞘膜質，偏斜，早落。花序圓錐狀，腋生；花單性或兩性，雌雄異株，花被五深裂；雄蕊 6 ～ 8；花柱 3，柱頭流蘇狀。雌花花被片，外面 3 片果時增大，背部具翅。 瘦果卵形，具三稜。

虎杖

屬名	虎杖屬
學名	*Reynoutria japonica* Houtt.

莖直立，粗硬，常呈紅色，葉片基部具斑點，光滑或被疏毛。葉卵形至橢圓狀卵形，長 4 ～ 12 公分，寬 2 ～ 6.5 公分。花序圓錐狀，花白色，雄蕊 8，花柱 3。花被於花後呈紅色乾膜質，形成三翼狀。

產於中國、韓國及日本；在台灣分布於海拔 2,000 ～ 3,800 公尺山區，多生長於路邊或林緣。

花白色，雄蕊 8，花柱 3。　　果枝　　　　　　　　　　　花序圓錐狀。葉卵形至橢圓卵形。莖常呈紅色。

酸模屬 RUMEX

葉二形，基生葉與莖生葉不同；托葉鞘筒狀，早落。花常輪生聚集於花序軸；花被片二輪，內輪者較大，果期時常膨大且常具鋸齒緣及瘤狀凸出；雄蕊 6。

酸模

屬名	酸模屬
學名	*Rumex acetosa* L.

根肥厚。基生葉箭形，葉基裂片先端朝向莖端，長 3 ～ 11 公分，寬 5 ～ 35 公釐，具酸味。花單性，花被片常帶粉紅色；果期時宿存花被片基部具瘤狀凸出。

產於北半球溫帶地區；在台灣分布於北部開闊地，為歸化雜草。

基生葉箭形　　　　　　　　　分布於台灣北部開闊地，為歸化雜草。　　　果時宿存；花被片基部具瘤狀凸出。

小酸模

屬名　酸模屬
學名　*Rumex acetosella* L.

具根莖。基生葉戟形，葉基裂片先端不朝向莖端，而朝前或朝外，長 2 ～ 6 公分，寬 4 ～ 20 公釐，具酸味。花單性，花被片常帶紅色或為綠色；果期時宿存花被片平滑。

　　產於北半球溫帶地區；在台灣生長於具酸性土之中高海拔平野，為歸化雜草。

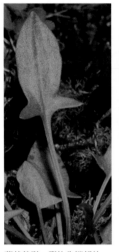
葉基戟形，裂片先端朝外

雌花序

花單性，花被片常帶紅色或為綠色。

生長於台灣之中高海拔平野，為歸化雜草

皺葉酸模

屬名　酸模屬
學名　*Rumex crispus* L. var. *crispus*

多年生草本。基生葉披針形至長橢圓狀披針形，長 10 ～ 30 公分，寬 2 ～ 8 公分，基部楔形至圓，葉緣波狀皺摺，兩面無毛。內輪花被片綠色；果期時宿存花被片全緣至近全緣。

　　產於北半球溫帶地區；在台灣分布於平野，為歸化雜草。

一段花序

果期時宿存花被片全緣至近全緣

葉緣波狀皺摺，葉兩面無毛。

羊蹄

屬名 酸模屬
學名 *Rumex crispus* L. var. *japonicus* (Houtt.) Makino

莖直立，高 50 ～ 100 公分。基生葉長橢圓形或披針狀長橢圓形，長 8 ～ 25 公分，寬 3 ～ 10 公分，先端急尖，基部圓或心形，葉緣微波狀；莖上部葉狹長橢圓形。花序圓錐狀；花被片 6 枚，內輪花被綠白色。近似承名變種（皺葉酸模，見前頁），但葉基為心形，果期時宿存花被片細齒牙緣。

　　產於日本及琉球；在台灣分布於平野，為歸化雜草。

果期時宿存花被片細齒牙緣

基生葉長橢圓形，莖上部葉狹長橢圓。

小羊蹄

屬名 酸模屬
學名 *Rumex dentatus* L. subsp. *nipponicus* (Franch. & Sav.) Rech. f.

一年生至二年生草本。基生葉披針形至橢圓狀披針形，長 4 ～ 8 公分，寬約 1 公分，基部截形至心形，全緣，有時波狀緣。內輪花被黃綠色；果期時每邊具 2 ～四齒牙，齒牙長 1.5 ～ 3 公釐。

　　產於日本、韓國及中國；在台灣分布於平野，為雜草。

果期時宿存花被每邊具 2 ～四齒牙，齒牙長 1.5 ～ 3 公釐。

葉全緣

花被片綠色，小。

小果酸模

屬名　酸模屬
學名　*Rumex microcarpus* Campdera

一年生草本，莖直立，高 40 ～ 80 公分，無毛。莖下部之葉長橢圓形，長 10 ～ 15 公分，寬 2 ～ 5 公分，先端急尖或稍鈍，基部楔形，全緣；莖上部之葉狹橢圓形，較小，葉柄長 2 ～ 4 公分。花被 6 枚，二輪，黃綠色花，宿存，雄蕊 6 枚，與花被對生；雌蕊柱 3 枚。瘦果卵形，內輪的宿存花被片全緣，長 1 ～ 2 公分，具三銳棱，褐色，有光澤。

　　產於印度及越南；歸化於台灣。

內輪的宿存花被片全緣

莖上部之葉狹橢圓形，較小。

大羊蹄

屬名　酸模屬
學名　*Rumex obtusifolius* L.

多年生草本。基生葉狹卵形至寬卵形，長 10 ～ 30 公分，7 ～ 15 公分，基部心形，葉緣多少鈍齒。宿存花被之齒牙數每邊多於 2，長 1 ～ 2 公釐。

　　原產於歐亞大陸，目前廣布於北半球之溫帶；在台灣歸化於中海拔山區。

宿存花被齒牙數每邊多於 2，長 1 ～ 2 公釐。

雄花

雌花

葉基心形

分布於台灣中海拔，為歸化植物。

長刺酸模

屬名　酸模屬
學名　*Rumex trisetifer* Stokes

多年生草本，高10～60公分。莖下部之葉披針形或披針狀橢圓形，長4～15公分，寬5～20公釐。花兩性，總狀花序，由多花簇成輪繖狀所組成。瘦果，堅果狀，橢圓形，兩端尖，三稜，長1～2公釐，黃褐色，有光澤，為內輪花被所包被。種子三稜角卵形，帶紅褐色。

　　產於中國、歐洲、中亞、西伯利亞及蒙古；在台灣分布於全島。

花甚小，花被片綠色。

莖下部葉披針形或披針狀橢圓形，長4～15公分。

喜生於開闊之荒地

宿存花被齒牙甚長。

馬齒莧科 PORTULACACEAE

草本或亞灌木，常肉質。單葉，螺旋狀著生或有時對生，托葉缺或成毛狀。花單生或成總狀或聚繖狀花序，花兩性，稀單性，輻射對稱；萼片通常 2 或 3，基部與花瓣及花絲合生；花瓣 4～6 枚或多數；雄蕊 2～12，與花瓣對生；子房上位或半下位，花柱 2～8。果實為蒴果。

特徵

草本或亞灌木，常肉質。單葉。蒴果。（沙生馬齒莧）

花單生或成總狀或聚繖狀花序，兩性，輻射對稱；花瓣 4～6 枚或多數；雄蕊 2～12，與花瓣對生；子房上位或半下位，花柱 2～8。（馬齒牡丹）

馬齒莧屬 PORTULACA

草本。葉對生、近對生或螺旋狀著生，或常叢生於莖頂。花單生或成頭狀或總狀花序；萼片 2 枚；花瓣 4～6 枚，基部合生；雄蕊 4 至多數，一輪。蒴果蓋裂。

馬齒莧

屬名	馬齒莧屬
學名	*Portulaca oleracea* L.

肉質草本，高約 50 公分，莖多分枝，常匍匐，光滑無毛。葉螺旋狀著生至近對生，倒卵形至倒披針形，腋處被少數短毛。花黃色。

產於溫帶地區；在台灣分布於全島低海拔，為常見雜草。

花黃色（許天銓攝）

葉稍肉質（許天銓攝）

生於小蘭嶼的馬齒莧

毛馬齒莧

屬名　馬齒莧屬
學名　*Portulaca pilosa* L. subsp. *pilosa*

草本，高約 30 公分，莖多分枝，匍匐或斜上。葉螺旋狀著生至近對生，腋處明顯被毛，肉質，線狀倒披針形、倒卵形至橢圓形。花瓣短於 1 公分，紫色。

　　廣布於熱帶地區；在台灣分布於全島低海拔，為常見雜草。

花瓣短於 1 公分，紫色。

生於小蘭嶼的毛馬齒莧

大花馬齒莧

屬名　馬齒莧屬
學名　*Portulaca pilosa* L. subsp. *grandiflora* (Hook.) Geesink.

一至二年生或宿根性多年生草本，植株多肉質，高 10 ～ 15 公分，匍匐橫生，莖多分枝。葉互生，圓柱狀線形，肥厚多肉。花單生或數朵簇生於枝端，徑 2.5 ～ 4 公分，日開夜閉；總苞 8 ～ 9 枚，葉狀，輪生，被白色長柔毛；萼片 2 枚，淡黃綠色，卵狀三角形，長 5 ～ 7 公釐，先端急尖，多少具龍骨狀凸起，兩面均無毛；花瓣 5 枚或重瓣，紅色、紫色或黃白色，倒卵形，長 1.2 ～ 3 公分，先端微凹；雄蕊多數，長 5 ～ 8 公釐，花絲紫色，基部合生；花柱與雄蕊近等長，柱頭五至九岔，線形。

　　原產於南美洲；在台灣各地皆有栽培。

花甚大且豔麗

園藝植物，偶見逸出族群。葉線形。

沙生馬齒莧（東沙馬齒莧）

屬名　馬齒莧屬
學名　*Portulaca psammotropha* Hance

草本，高約 10 公分，莖多分枝。葉螺旋狀著生，肉質、橢圓形或近矩橢圓形，長 3 ～ 10 公釐，厚度約寬度之半，腋處被毛。花瓣黃色，長約 3 公釐。

　　產於琉球及菲律賓；在台灣分布於恆春半島及小琉球、東沙、蘭嶼、馬祖、澎湖等離島之珊瑚礁岩石或珊瑚礁砂石地。模式標本採自東沙島。

花瓣黃色，長 3 ～ 5 公釐。（許天銓攝）

蒴果蓋裂

果實開裂，露出黑色種子。攝於小琉球。

喜生於珊瑚礁岩石或珊瑚礁砂石地

四瓣馬齒莧

屬名　馬齒莧屬
學名　*Portulaca quadrifida* L.

草本，莖匍匐，常帶紫色，節上被毛。葉全部對生，橢圓形至倒卵形。花瓣 4 枚，黃色；雄蕊 8 或 12，花柱大部分四岔。

　　產於熱帶地區，澳洲除外；在台灣分布於全島低海拔之沙質地。

花 4 瓣，黃色，雄蕊 8 或 12，花柱大部分四岔。（許天銓攝）

葉子及花都很小

土人參科 TALINACEAE

一年生或多年生草本或亞灌木，主根常粗厚，莖直立。葉互生，偶對生，略肉質，無托葉。總狀或圓錐花序，頂生；花粉紅色，有梗；萼片2枚，早落；花瓣5枚，罕8～10枚；雄蕊5至多數；子房上位，1室，花柱三岔。蒴果三裂或不規則裂。

土人參屬 TALINUM

葉螺旋狀排列，但莖基部者對生，無托葉。聚繖花序，而後分枝成圓錐狀；花粉紅色，有梗；萼片2枚，早落；花瓣常5枚；雄蕊5至多數，花柱三岔。蒴果三裂或不規則裂。

土人參

屬名	土人參屬
學名	*Talinum paniculatum* (Jacq.) Gaertn.

植株高約80公分，全株光滑無毛，莖葉柔軟多汁，肉質狀。葉橢圓形至倒卵形，先端銳尖至漸尖。花成聚繖花序而後排成圓錐狀；花小，多數，淡紫紅色；花瓣5枚，倒卵形或橢圓形；雄蕊10餘枚，花絲纖細；子房球形，花柱細長，柱頭三深岔，先端向外微彎。

原產熱帶美洲；在台灣常栽培於庭園，並逸出成雜草。

花瓣5枚；雄蕊10餘枚，花絲纖細；子房球形，花柱細長，柱頭三深岔。

在台灣常栽培於庭園並且逸出成雜草

稜軸假人參

屬名	土人參屬
學名	*Talinum triangulare* Willd.

多年生草本，株高30～60公分。葉互生或近對生，稍肉質，倒披針狀長橢圓形，先端鈍或微凹，基部狹楔形，全緣。圓錐花序，頂生，花莖三稜，常二岔狀分枝；萼片卵形，紫紅色，早落；花瓣5枚，長橢圓形或倒卵形，紫紅色；雄蕊15～20，比花瓣短；花柱線形，基部具關節，柱頭三岔，稍開展。

原產於泰國；在台灣分布於全島。

花瓣紫紅色

葉倒披針狀長橢圓形

中名索引

學名索引

C

M

T